普通高等教育“十三五”规划教材

石油工程 HSE

主　编　刘均荣
副主编　周　童　金业权

中国石化出版社

内 容 提 要

本书以HSE管理体系为核心，以事故致因及预防理论为基础，系统介绍了石油钻井工程、油气开采工程和海洋油气开采企业HSE风险识别、风险评价和风险控制措施。通过应急预案及“两书一表”的编制，阐述了基层组织HSE风险控制的具体操作要求；通过石油工程“三防”技术及人身安全与救治的介绍，讲述了在野外施工过程中，如何进行人身防护和救治。

本书可作为高等院校石油工程专业和安全工程专业的教材，也可作为石油工程安全管理人员的参考书。

图书在版编目(CIP)数据

石油工程HSE / 刘均荣主编．—北京：中国石化出版社，2019.12

ISBN 978-7-5114-5538-3

Ⅰ．①石…　Ⅱ．①刘…　Ⅲ．①石油工程-风险管理　Ⅳ．①TE

中国版本图书馆CIP数据核字(2019)第249470号

中国石化出版社出版发行

地址：北京市朝阳区吉市口路9号

邮编：100020　电话：(010)59964500

发行部电话：(010)59964526

http://www.sinopec-press.com

E-mail：press@sinopec.com

北京柏力行彩印有限公司印刷

全国各地新华书店经销

*

787×1092毫米 16开本 14.75印张 370千字

2019年12月第1版　2019年12月第1次印刷

定价：49.00元

前　言

党的十八大以来，国家领导人作出一系列重要指示，深刻阐述了安全生产的重要意义、思想理念、方针政策和工作要求，强调必须坚守“发展决不能以牺牲安全为代价”这条不可逾越的红线，要以对人民群众生命高度负责的态度，坚持预防为主、标本兼治，以更有效的举措和更完善的制度，切实落实和强化安全生产责任，筑牢安全防线。

健康、安全、环保管理体系已成为各行业“安全生产、清洁生产、可持续生产”的重要保障。通过实施HSE管理，促进企业管理水平提升，树立企业良好形象，接轨国际市场；降低事故发生率，减少环境污染，提高员工健康质量，实现有限资源科学利用。

石油天然气是国家的重要战略资源。石油天然气行业是一个资金高度密集、技术高度集中、风险高度存在的行业，健康、安全、环保生产尤为重要。鉴于此，为了培养新时代高校学生的HSE理念，笔者根据石油工程专业认证背景下的培养目标和毕业要求，结合新工科大学生素质培养的需要，编写了《石油工程HSE》一书。

该书是石油工程专业学生的一门跨学科发展专业课程，旨在使学生适应现代企业健康、安全与环境管理这一全新的管理模式要求，熟悉石油安全工程管理的内容和知识，初步掌握石油安全生产的思想和安全评估的方法，掌握钻井、油气开采和海洋石油钻采过程中风险识别、预防和控制的基本知识，为从事石油工程安全生产管理和安全评估奠定基础、培养能力。全书共九章，第一、第二和第六章由周童编写，第三、第四和第五章由金业权编写，第七、第八和第九章由刘均荣编写。全书由刘均荣统稿。

由于编者水平有限，书中错误和遗漏在所难免，敬请读者批评指正。

目　　录

第一章　绪论 ……………………………………………………………（1）

第一节　石油天然气工业生产特点 ……………………………………（1）

第二节　石油工程企业实施 HSE 的重要性 …………………………（5）

思考题 …………………………………………………………………（7）

第二章　HSE 管理体系基础 …………………………………………（8）

第一节　HSE 管理体系的产生和发展 ………………………………（8）

第二节　HSE 管理体系要素 …………………………………………（12）

第三节　HSE 管理体系的建立和运行 ………………………………（28）

思考题 …………………………………………………………………（34）

第三章　事故致因与预防理论基础 ……………………………………（35）

第一节　事故相关概念与事故特性 ……………………………………（35）

第二节　事故致因理论 …………………………………………………（37）

第三节　事故的预防 ……………………………………………………（45）

第四节　人因风险预防与控制 …………………………………………（47）

思考题 …………………………………………………………………（55）

第四章　HSE 风险识别与评价 ………………………………………（56）

第一节　危险源辨识 ……………………………………………………（57）

第二节　风险评价与控制 ………………………………………………（65）

第三节　环境因素识别与评价 …………………………………………（74）

思考题 …………………………………………………………………（80）

第五章　钻井作业风险识别与评估 ……………………………………（81）

第一节　钻井施工工序 …………………………………………………（81）

第二节　钻井作业中 HSE 危害和影响的确定 ………………………（86）

第三节　钻井作业 HSE 风险评估 ……………………………………（92）

第四节　钻井作业 HSE 风险分类及控制目标 ………………………（96）

第五节　钻井作业 HSE 风险削减措施 ………………………………（98）

第六节　钻井作业 HSE 应急反应计划 ………………………………（106）

思考题 ……………………………………………………………………………… (112)
第六章　油气开采风险识别与控制 ………………………………………… (113)
第一节　采油风险识别与控制 …………………………………………… (113)
第二节　采气风险识别与控制 …………………………………………… (117)
第三节　采油采气 HSE 风险控制措施 …………………………………… (119)
第四节　油气集输风险识别与控制 ……………………………………… (120)
第五节　井下作业风险识别与控制 ……………………………………… (123)
第六节　压裂酸化作业安全控制 ………………………………………… (132)
思考题 ……………………………………………………………………………… (136)
第七章　海洋石油工程 HSE 风险管理 …………………………………… (137)
第一节　海洋石油工程特殊 HSE 风险识别及控制措施 ………………… (137)
第二节　海洋石油工程作业安全管理 …………………………………… (151)
思考题 ……………………………………………………………………………… (157)
第八章　应急预案及“两书一表”的编制 ………………………………… (158)
第一节　应急预案 ………………………………………………………… (158)
第二节　应急预案的策划与编制 ………………………………………… (165)
第三节　应急预案的演练 ………………………………………………… (177)
第四节　应急设备与资源 ………………………………………………… (179)
第五节　HSE“两书一表” ………………………………………………… (181)
第六节　HSE 作业指导书的编制 ………………………………………… (183)
第七节　HSE 作业计划书的编制 ………………………………………… (184)
第八节　HSE 现场检查表的编制 ………………………………………… (188)
思考题 ……………………………………………………………………………… (193)
第九章　石油工程“三防”技术与人身安全 ……………………………… (194)
第一节　防火防爆技术 …………………………………………………… (194)
第二节　预防中毒技术 …………………………………………………… (209)
第三节　现场急救 ………………………………………………………… (213)
第四节　心肺复苏 ………………………………………………………… (223)
第五节　常见伤害急救 …………………………………………………… (225)
思考题 ……………………………………………………………………………… (228)
参考文献 …………………………………………………………………………… (229)

第一章　绪　　论

现代石油石化生产技术的发展，一方面给人类带来了大量的财富和舒适的生活环境，另一方面，由于生产过程中技术和管理不善引起的火灾、爆炸、中毒等重大事故，也给企业带来巨大的经济损失和社会声誉损失。HSE 管理体系将健康、安全、环境融为一体，将企业追求最大利润的天性逐步变为保全生命质量、保护环境的持续利用与追逐利润并重，使企业的管理目标特别突出了人的健康、安全和环境保护。

第一节　石油天然气工业生产特点

一、石油工业生产的特殊性

石油与天然气的生产是由地质勘探、钻井、试油、采油(气)、井下作业、油气集输与加工处理、储运和工程建设等环节组成。石油与天然气的生产大部分工作是在野外分散进行，相对来说自然环境和工作条件都比较恶劣。依其生产方式而言，它与其他矿业工程有许多相似之处，但由于产品各异，故又有其特殊性。从产品性质上看，它与石油化工则属于同一个产业体系，它的产品就是石油化工的原料；而且，随着生产的发展，油田地面工程与石油化工在生产上的相似之处也愈来愈多。因此可以认为，石油工业是介乎于矿业工程与石油化工行业之间的一个产业体系，其生产上的特殊性大体上可以从下述三个方面反映出来。

(一) 生产方式

石油工业中，地质勘探、钻井、试油、采油(气)、井下作业及工程建设等都是野外分散作业，劳动繁重，工作条件差，而且作业环境条件也比较艰苦，有时还会受到洪水、大风和雷电等自然灾害的侵扰。因此，在石油天然气的开采作业中，类似井喷、油气泄漏着火等事故发生概率比较高，并时有重大恶性事故发生，而且往往由于救援不够及时致使伤亡扩大、灾害蔓延。另外，油气集输、初步加工和油气储运又与石油化工生产极为相似，具有自动化、密闭化和连续化的特点，对人与人及人与机之间的协调都有很高的要求，这就需要通过严格的规章制度，严密的劳动组织和生产指挥系统，以及严细的技术要求等，保证生产安全正常进行。否则一旦发生事故，就有可能造成重大损失。

(二) 产品

石油工业的产品主要是原油、天然气，以及液化石油气和少量的天然气油。这些产品具有易燃、易爆、易蒸发和易于聚积静电等特点，液体产品的蒸气或气体产品与空气混合到一定的比例范围之内时，即形成可爆性气体，若遇明火(包括电火花及闪电)则会立即爆炸，从而造成极大的破坏。这些产品还带有一定的毒性，如果大量泄漏或不合理排放，将会造成人、畜及生物中毒，甚至形成公害。

(三) 生产工艺

石油工业复杂的生产结构决定了其多样性的生产工艺，而且有些生产工艺带有不同程度的危险性。例如，地震勘探和射孔要用炸药和雷管；测井要使用放射性元素；钻井过程中可能产生较严重的机械事故、发生井喷及井陷；采油作业中可能发生油、气泄漏和机械事故，修井时可能发生井喷等等。油气集输与初步加工处理不仅是在密闭状态下连续进行的，而且还有天然气压缩、高压储存、低温深冷分离、脱硫及原油电化学处理等工艺过程，技术难度较大，同时也具有较大危险性。长输油管道的生产工艺虽较简单，但由于输送量大、连续性强、线长、站多，而且输送的又是易燃易爆的原油和天然气，其危险性也是较大的。油库，由于油、气产品和设备高度集中，是一个危险性大的作业场所，而且一旦发生事故其后果多数是严重的。在工程施工中，多采用多工种立体交叉作业，加之使用的重型机械较多，也较为集中，所以人身伤亡事故的发生概率是较高的。至于油、气田的交通运输，由于车多路窄，加之各种特种车辆的车体大而笨重，操作不易，也易于发生交通事故。此外，石油工业生产中使用的机器、设备、车辆及原材料，数量大、品种杂，这也给安全使用、管理及保存带来了一定的困难。

总之，生产方式特殊、产品易燃易爆、工艺多种多样，这些都给石油工业生产带来了许多麻烦和难题。同时，也对石油工业生产提出了新的挑战，如何利用有限的管理资源实现最大、最优的管理效果是目前各石油企业一直追求的目标。

二、石油生产过程中的不安全因素

石油生产过程中的不安全因素大体上可分为三类，即人的因素、物的因素和环境因素，现分述如下：

（一）人的因素

在不安全因素中，人的因素是最重要的。从好的一面讲，只要人在思想上重视安全生产，而且技术上又过得硬，就有可能把事故消除在萌芽之中；退一步讲，即使事故发生了，但由于处理事故的人在思想上和技术上都有所准备，也就有可能化险为夷，无伤亡无损坏地把事故排除，或是把事故造成的损失降至最低。但是，如果人的安全意识不强，重视程度不够，工作马虎大意，技术上似懂非懂，遇有问题处理不当，甚至视而不见听之任之，则不仅小问题会酿成大事故，本来有可能排除的事故未能排除，而且本不应该发生的事故也会由之而发生。因此，大量的统计数字表明，70%~75%的事故中人为过失是一个决定因素。

具体地讲，人的不安全因素大体上可归纳为下述的三个方面。

1. 思想意识方面

（1）认识不到“安全第一”在生产中的重大意义，表现为盲目追求产量或只顾生产、不顾安全；

（2）缺乏责任感和献身精神，表现为工作马虎，不负责任，见困难就躲，遇危险就避；

（3）缺少集体观念和职业道德，表现为只顾个人，而忽视周围其他人及群体的安全；

（4）盲目乐观，表现为错误的认为过去没有发生过事故，今后也就不可能发生事故，安全工作可有可无；

（5）自以为是，表现为随意违反操作规程、违章指挥或违反劳动纪律等。

2. 技术方面

（1）技术不熟练，对有关的安全生产制度不熟悉，表现为不能及时发现事故隐患，甚至会误操作；

（2）缺乏处理事故的经验，表现为一旦发生事故则手忙脚乱，不知道应该怎样正确地排除故障；

(3) 设计上或施工中出现的技术性错误，表现为给生产上留下隐患；

(4) 检查或检修中的技术错误，表现为不能及时发现并排除隐患，甚至造成新的隐患；

(5) 不相信科学、不尊重科学，表现为遇事蛮干，不假思索。

3. 心理或生理方面

(1) 过度疲劳或带病上岗，表现为精神不能集中，反应迟钝；

(2) 醉酒上岗，表现为大脑失去控制能力，往往会出现下意识行为；

(3) 情绪波动和逆反心理，表现为该管的不管，甚至有意违反操作规程。

上述的这些属于人的不安全因素，对于各个产业部门来说虽然是共同的，但我们应看到，石油工业生产的特殊性决定了其事故的多发性及后果的严重性，而事故的最后触发因素往往是人的错误行为，事故能否及时排除或得到控制决定因素也是人。因此，与多数的其他产业部门相比，在石油工业安全生产方面人的因素占有更重要的地位。这一点是绝对不可忽视的。

(二) 物的因素

产品、原料与材料、机器设备与附件、仪器与仪表、电气设施与工具等所包含的不安全因素，都属于物的因素。

1. 产品

如前所述，石油工业的主要产品是原油、天然气、液化石油气及天然气油。它们具有易燃、易爆、易聚积静电、易蒸发或泄漏、有毒性及腐蚀性等特点。产品的这些特点会给石油生产带来极大的不安全性。

2. 原料与材料

石油工业生产中所需的原料，主要是从油(气)井采出的、未经初步加工的原油和(或)天然气，以及工业用燃料。材料，主要是建材及各种金属材料。工业用燃料除了煤之外，主要是各种石油产品如汽油、柴油及燃料油，它们与石油工业生产的产品具有相同或相似的不安全性。建材中，水泥会产生粉尘危害，木材则是易燃品。金属材料中的黑色金属材料易被腐蚀，从而影响到它们的机械性能，能造成石油、天然气等泄漏，引发火灾或爆炸事故。此外，石油工业生产中还需要大量的、各种各样的其他原材料，其中如炸药、放射性元素及某些化学药剂等都属于危险化学品，一旦发生事故，会给生产造成严重的破坏或危及人身健康。

3. 机器设备及附件

石油工业生产中使用的机器与设备，多数是重型的或大型的或大容量的，而且是在重载、高速、高压、高温或低温等条件下运行，同时机械化及自动化程度也都比较高。就这些机器与设备的本身而言，它们都需要使用大量的各种规格、不同性质的金属材料来制造，并由多种零部件及辅助装置、控制元件等组装而成。一个不易检查出来的、极微小的内在缺陷，或制造装配过程中未能消除的附加应力，都将成为重大事故的隐患。因此，在石油工业生产中常会发生飞车、断轴、烧瓦、开裂、重物脱落等机械事故。石油工业生产中还使用了大量的管道及各种阀件，出于同样的原因，泄漏、断裂等事故也时有发生。另一个不可忽视的问题是，在机器与设备中被加工、储存或输送的，主要是易燃易爆的油与气，因此，机械事故发生后所产生的后果，与其他工业部门相比，就严重得多。

4. 仪器与仪表

仪器与仪表是工业生产中的眼睛。在现代化石油工业生产中，由于自动化、密闭化及连续化生产的程度高，所以，仪器与仪表在生产过程中的作用就特别重要，而且使用的品种及数量也相当多。仪器与仪表都属于精密机械的范畴，而且现代化仪器、仪表中又都配用了大量的电子元器件，这样，仪器与仪表的灵敏度和可靠性便成为至关重要的问题。在石油生产过程中，仪器与仪表一旦失灵或损坏，就有可能酿成一场重大事故。因此，在工程设计中对仪器、仪表采取双重、甚至多重保险及多回路控制，都不能视之为过分小心；在订货中也一定要选用名牌产品，而且绝不允许以次代好；在使用过程中进行定期检查和标定，以及及时的更换或维修，更是十分必要的。

5. 电气设施

石油工业生产中，原料及产品的特殊性决定了在油、气可能泄漏、聚积的场所，包括电动机、变压器、供电线路、各种调整控制设备、电器仪表、照明灯具及其他电气设备等一切的电气设施，在运行及启动、停止过程中绝不允许有电火花及电弧产生。因此，在上述场所中，电气设施应与生产场所隔离；不能隔离者，则必须使用有防爆性能的电气设施。

6. 工具

这是一个易于被人忽视的问题。但对于石油工业生产来说，对工具的一些特殊要求绝对不能忽视。例如，在油、气可能泄漏、聚积的场所中不允许使用钢质手锤和斧头，或镀铬镀铜层脱落的扳手，是为了防止铁与铁碰击时产生火花；不允许使用化纤材料的抹布和纱头，是为了防止在擦拭过程中产生静电火花；不允许使用不防爆的手电筒及其他不防爆的手持灯具，是为了防止开关时和灯泡破裂时会产生电火花等。

此外，在上述场所中对生产工人的着装有一些严格的规定，例如工作服的质地必须是天然纤维制成，可以是纯棉、纯麻、纯毛等；工作鞋是防静电鞋，不允许穿电工绝缘鞋等；防止因摩擦产生静电火花而发生危险。这也是完全必要的。

（三）环境因素

这里所指的环境，包括具体工作场所内的小环境及工作场所周围的大环境，即包括地理及气候条件在内的自然环境。在石油工业生产中，油气处理与初步加工、储存与分配等生产过程，都是在固定的工作场所范围之内的小环境；其他如勘探、钻井、试油、采油、井下作业、油气集输及工程施工等，都属于野外作业，小环境及大环境将同时对它们的工作产生影响。

1. 工作场所

工作场所内的小环境所造成的不安全因素，大体上有下述几种：

（1）油气的蒸发、泄漏与聚积，以及毒性物质、射线或粉尘的扩散，会给生产带来不安全因素，并可能危及人身健康；

（2）噪声和振动能够影响机器的正常运行，影响仪表的灵敏度，能够分散人的注意力，并影响到人的健康和情绪；

（3）场所采光及照明设置不合理会影响人的视觉，给操作带来不便，同时也会给及时发现并排除故障带来不利影响；

（4）生产场所设备、设施布局不合理，工件、材料摆放不合适，地面状况不符合要求，以及车间通道、厂区干道布局不合理等，都会造成事故隐患，或为处理事故、紧急疏散带来不利影响，从而造成伤亡人数增加或使事故得以蔓延。

2. 自然环境

自然环境造成的不安全因素有：

(1) 地理条件的影响。地势过低易被水淹，地势过高则易受雷电袭击，沿海台风、大风多，个别地区处于地震多发区，凡此种均属于不安全因素。

(2) 气候条件的影响。气温过低时，人的动作会变得不灵活，服装也比较臃肿，易于产生误操作及摔伤等事故，这在钻井及其他高空作业中尤为突出；气温过高，不仅会使人产生烦躁情绪或中暑，而且由于服装单薄、身体多汗，也易于造成碰伤、灼伤及触电等事故；其他如台风、暴雨、冰雹、寒潮等自然灾变，都会成为事故的触发性因素。

综上所述可以看出，石油工业生产的特点决定了其生产过程中的事故多发性，同时也确定了安全生产及劳动保护工作在石油工业生产中的重要地位。

第二节　石油工程企业实施 HSE 的重要性

一、HSE 管理体系标准的出台对我国石油工程相关企业提出的挑战

(1) 我国高危行业的广大群众，特别是一些领导干部对经营管理中的健康、安全与环境意识还比较淡薄，在相当程度上还存在重经济效益、轻安全环保的意识，对建立健康、安全与环境管理体系的意义和作用理解还不够，还需要做大量的宣传和贯彻工作。

(2) 我国高危行业的经营管理和健康、安全、环境管理基础还比较薄弱，管理水平不高，不少高危行业还仅仅满足于事故的事后处理和污染物的末端治理，存在着重治理、轻预防的思想。要在这样的基础上建立健康、安全与环境管理体系，需要做大量的扎扎实实的工作。

(3) 我国大部分高危行业有自己的管理体系，但与发达国家现行体系的要求不论是在形式上还是内容上都有一定距离，应进行适当的调整，改变人们的思想观念和行为方式，但这会遇到一定的阻力。

(4) 我国目前一些高危行业还存在资金缺乏的现象，而实施健康、安全与环境管理体系标准需要人力、物力和财力，对许多企业来说有困难。

由于上述原因，实施该标准对我国的高危行业是一种挑战。

二、实施 HSE 管理体系标准对企业的益处

(1) 建立 HSE 管理体系是贯彻国家可持续发展战略的要求

为了保护人类生存和发展的需要，我国政府提出了国家的可持续发展战略，将保护环境、保障人民健康作为基本国策和重要政策。专家认为，对社会经济发展实现环境和生态过程控制，是实现可持续发展的重要措施，为此颁布了《环境保护法》等一系列法律、法规，发布了 GB/T 24000 系列环境管理体系标准等。石油天然气工业的勘探开发活动风险性较大，环境影响较广，为了贯彻实施国家的可持续发展战略，促进石油工业的发展，做到有章可循，就必须建立和实施符合我国法律、法规和有关安全、劳动卫生、环保标准要求的 HSE 管理体系，有效地规范组织的活动、产品和服务，从原材料加工、设计、施工、运输、使用到最终废弃物的处理进行全过程的健康、安全与环境控制，满足安全生产、人员健康和环境保护的需要，实现国民经济的可持续发展。

(2) 是国内相关企业进入国际市场的重要条件

自从国际上一些大的石油公司采用了 HSE 标准以来，国际石油、天然气的勘探、开发

以及各种工程建设的市场也对石油企业提出了 HSE 管理方面的要求，它要求进入市场的各国企业采用这一标准，将未制定和执行该标准的企业限制在国际市场之外。我国的石油天然气工业制定和执行了 HSE 管理体系标准，就能促进石油企业的健康、安全与环境管理与国际接轨，树立我国石油企业的良好形象，并使作业队伍能顺利进入国际市场，创造可观的经济效益。1994 年我国地球物理勘探局在参与塔东南三区块[美国埃索(ESSO)公司承包的]、一区块(意大利阿吉普公司承包的)地球物理服务合同竞标过程中，多次修改标书，增加了 HSE 管理内容方才中标。随着加入 WTO 的国际经济形势，HSE 管理体系也成为参与国际竞争的重要条件和标志。

(3) 可减少企业的成本，节约能源和资源

与以往的安全、工业卫生、环境保护标准及技术规范不同，HSE 管理体系摒弃了传统的事后管理与处理的做法，采取积极的预防措施，将健康、安全与环境管理体系纳入企业总的管理体系之中。污染物、安全事故、生产性疾病(职业病)的产生几乎都是由于管理体系、技术运作、工艺的设计或生产控制不良造成的，只有通过实施 HSE 管理体系标准，对公司的生产运行实行全面的整体控制，在公司内部建立一整套管理体系，才能大大减少事故发生率，减少环境污染，节省资源，降低能耗，减少事故处理、环境治理、废物治理和防止职业病的发生的开支，从而降低成本，提高企业经济效益。

(4) 可减少各类事故的发生

历年来，相关高危行业的各类安全事故、污染事故时有发生，例如火灾、爆炸、油罐冒顶、农田污染、虾池污染等。大多数事故是由于管理不严、操作人员疏忽引起的，这些事实都使我们认识到增强安全意识和环境意识是至关重要的。通过健康、安全与环境管理体系标准的贯彻执行，将提高我国相关行业的健康、安全与环境管理水平，帮助企业增强安全事故和污染事故预防意识，明确事故责任，一方面尽最大努力避免事故的发生，另一方面在事故发生时，通过有组织、有系统地控制和处理，使影响和损失降低到最低限度。

我国石油工业的一些企业随着 HSE 管理实践的不断深入，健康、安全、环境绩效逐年提高，事故起数、死亡人数和重伤人数三项事故控制指标逐年大幅度下降，在生产经营中获得效益、安全双丰收。

(5) 可提高企业健康、安全与环境管理水平

推行健康、安全与环境管理体系标准，可以帮助企业规范管理体系，加强健康、安全与环境方面的教育培训，提高重视程度，引进新的监测、规划、评价等管理技术，加强审核和评审，使企业在满足环境法规要求、健全管理机制、改进管理质量、提高运营效益等方面建立全新的经营战略和一体化管理体系，达到国际先进水平。

(6) 可改善企业形象，改善企业与当地政府和居民的关系

随着人们生活水平的不断提高，健康、安全与环境意识也得到增强，对清洁生产、优美环境、人身及财产安全的要求日益增高，一个对自身职工、社会及环境爱护的企业会形成良好的社会形象。如果企业接连发生事故，既造成环境污染，又会给社会造成技术落后、生产水平低劣的印象，更会恶化与当地居民、社区之间的关系，给企业的各种活动造成许多困难。

(7) 可吸引投资者

当今社会谋求合作和共同发展已成为潮流，但在寻求合作伙伴及投资对象时，越来越多的公司看重对方的健康、安全与环境管理状况。为了赢得这些投资，就必须有完善的健康、

安全与环境管理体系和良好的运作。

(8) 可帮助企业满足有关法规的要求

我国政府颁布了许多环境保护、安全和工业卫生的法规和标准，均属于强制贯彻执行的标准，违反它们必须承担相应的法律责任，受到严厉的处罚。实施健康、安全与环境管理体系标准，可以通过不断的制度化的手段来改善自己的行为，从而避免因违反标准或法规而导致的处罚、关闭或投诉曝光。

(9) 可使企业将经济效益、社会效益和环境效益有效地结合

企业实施健康、安全与环境管理体系标准，一方面通过提高健康、安全与环境的管理质量，可以改善企业形象；另一方面，通过减少和预防事故的发生，可以大大减少用于处理事故的开支，提高经济效益，促进贸易，从而既满足员工、社会对健康、安全与环境的要求，又能取得商业利益和增强市场竞争优势。这样使企业的经济效益、社会效益和环境效益得以有机地结合在一起。

思 考 题

1. 简述石油工业生产的特殊性。
2. 石油生产过程中的不安全因素有哪些？
3. 为什么说 HSE 管理体系标准的出台是对我国石油工程相关企业提出的挑战？
4. 实施 HSE 管理体系标准对企业有哪些益处？

第二章　HSE 管理体系基础

HSE 管理体系是“一个企业确定其自身活动可能引发的灾害，以及采取措施进行管理和控制其发生，以便减少可能引起的人员伤害和环境破坏的正规管理形式”。它是国际上石油天然气工业比较通行的一种科学、系统的健康、安全与环境管理体系的统称。

第一节　HSE 管理体系的产生和发展

健康、安全与环境管理体系也被简称为 HSE 管理体系，是健康、安全与环境(Health, Safety and Environment)三个英文单词首字母的缩写，是 20 世纪 80 年代末、90 年代初期在国外大石油公司的实践和有关国际标准组织的推动下发展起来，又广泛被国际石油界认同和采用的一种管理体系。

1988 年，英国北海油田的帕玻尔·阿尔法(PIPER ALPHA)平台火灾爆炸和 1989 年埃克森石油公司瓦尔兹油轮触礁漏油等惊心动魄的恶性事故，震惊了世界，也引起了国际石油界的极大关注和深刻反思。1990 年，负责调查阿尔法平台火灾爆炸事故的卡伦勋爵在提交的报告中推荐了安全管理体系和安全状况分析报告，并建议安全管理体系应该建立在质量管理原则基础上。

随着石油勘探与开发市场的进一步国际化，各大石油公司都在积极探索建立有效的健康安全环境(HSE)管理体系。国际石油勘探与开发论坛(E&P FORUM)也从 1991 年开始定期组织召开油气勘探与开发 HSE 专题会议。之后，HSE 管理体系越来越被各大石油公司所接受，并逐渐成为石油公司进入国际市场的前提条件。

HSE 管理体系满足了“无事故、无污染、无损失”的健康、安全与环境一体化管理要求，突出“以人为本、预防为主、领导承诺、全员参与、风险管理、持续改进”的管理思想。建立和实施 HSE 管理体系，是石油企业实现与国际管理惯例接轨，参与国际市场竞争和开展国际项目合作的基本保证。

HSE(健康、安全、环境)管理是目前广为采用的一套先进、有效、科学的一体化管理体系。

HSE 中的 H(健康)是指劳动者身体上没有疾病，精神上保持一种完好的状态；S(安全)是指在劳动生产过程中，努力改善劳动条件，克服不安全因素，使劳动生产在保证劳动者生命安全健康、企业财产不受损失的前提下顺利进行；E(环境)是指与组织密切相关的、影响人类生活和生产活动的各种自然力量或作用的总和，它不仅包括各种自然因素的组合，还包括人类与自然因素间相互形成的生态关系的组合。由于安全、环境与健康的管理在实际工作过程中有着密不可分的联系，因此把健康、安全和环境整合成一个整体的管理体系，即为 HSE 管理体系。从目前情况看，HSE 管理体系所指的一体化管理体系包括：石油石化等特定行业的一体化的 HSE 管理体系、职业健康安全管理体系(OHSAS 18000 系列标准)和环境管理体系(ISO 14000 系列标准)的有机整合及以上三种体系的整合等。

一、HSE 的发展历程

HSE 的发展历程大致可分为以下三个阶段。

第一阶段：ISO 14000 系列标准的产生

1972 年，联合国在瑞典斯德哥尔摩召开了“人类环境”大会。大会成立了一个独立的委员会，即“世界环境与发展委员会”。该委员会承担重新评估环境与发展关系的调查研究任务，于 1987 年出版了《我们的共同未来》报告。报告首次引进了“持续发展”的观念，敦促工业界建立有效的环境管理体系。这份报告一经颁布即得到了几十个国家领导人的支持。

20 世纪 80 年代起，美国和西欧的一些公司为了响应“持续发展”的号召，减少污染，提高在公众中的形象，并以此获得经营支持，开始建立各自的环境管理方式，这是环境管理体系的雏形。1985 年荷兰率先提出建立企业环境管理体系的概念，1988 年试行，1990 年进入标准化和许可制度。1990 年欧盟在慕尼黑的环境圆桌会议上专门讨论了环境审核问题。欧洲前后制定了两个有关标准，为公司提供了环境管理的方法，使各公司不必为证明信誉而各自采取单独行动。第一个标准为 BS 7750《环境管理体系规范》，由英国标准所制定；第二个标准是欧盟的环境管理系统，称为生态管理和审核法案（Eco-Management and Audit Scheme，EMAS），其大部分内容来源于 BS 7750 标准。很多公司试用这些标准后，取得了较好的环境效益和经济效益。这两个标准在欧洲得到较好的推广和实施。这些实践活动奠定了 ISO 14000 系列标准产生的基础。

1992 年在巴西里约热内卢召开“环境与发展”大会，183 个国家和 70 多个国际组织出席会议，通过了《21 世纪议程》等文件。这次大会的召开，标志着全球谋求可持续发展时代的开始。各国政府领导、科学家和公众都认识到要实现可持续发展的目标，就必须改变工业污染控制战略，从加强环境管理人手，建立污染预防（清洁生产）的新观念。通过企业的自我决策、自我控制、自我管理方式，把环境管理融于企业全面管理之中。

1993 年 6 月，国际标准化组织（ISO）成立了 ISO/TC 207 环境管理技术委员会，正式开展环境管理系列标准的制定工作，以规范企业和社会团体等所有组织的活动、产品和服务的环境行为，支持全球的环境保护工作。国际标准化组织在总结了世界各国的环境管理标准化成果，并具体参考了英国的 BS 7750 标准后，于 1996 年底正式推出了一整套 ISO 14000 系列标准，这一系列标准至今仍在不断完善过程中。

第二阶段：OHSAS 18001《职业健康安全管理体系》的产生

现代科学技术的发展，使人类的生产方式和生活方式发生了深刻的变化，人类在享受现代科技带来的财富和舒适的同时，也在承受着来自人为或自然导致的事故与灾难，承受着生命、健康的风险。生产和生活中发生的意外事故和职业危害已经严重威胁到社会、经济及人类生命和健康；职业工伤和职业病成为人类的最严重的死因之一。

如果采取了适当的职业健康安全措施，并能够合理运用和共享人类的各种安全信息和资源，人类可以挽救难以计数的生命，可以有效降低花费在职业事故方面的赔偿费用，可以提高生产效率，从而促进经济发展，提高经济增长率。国际社会取得的广泛一致的观点是：在经济竞争加剧和全球化发展的大环境下，如果以牺牲劳动者的职业健康安全利益为代价来换取低成本和经济发展实际是得不偿失的，应当将维护劳动者人权、健康权，提高生命质量放在重要位置。这也成为推进全社会重视职业健康安全管理体系建设发展的最基本动力。

20 世纪 90 年代以来，一些发达国家率先开展了建立职业健康安全管理体系的活动。

1996年美国工业卫生协会制定了关于《职业健康安全管理体系》的指导性文件。

1996年英国颁布了BS 8800《职业安全卫生管理体系指南》国家标准。

1997年澳大利亚/新西兰提出了《职业健康安全管理体系原则、体系和支持技术通用指南》草案，以及《职业卫生安全原则与实践》国家标准和《建筑职业安全与健康管理体系》标准。

1997年日本工业安全卫生协会推出了《职业健康安全管理体系导则》的指导性文件。

1997年挪威船级社(DNV)制定了《职业健康安全管理体系认证标准》。

1999年4月英国标准协会(BSI)、挪威船级社等13个组织发布了职业健康安全评价系列(OHSAS)标准，即：OHSAS 18001《职业健康安全管理体系——规范》、OHSAS 18002《职业健康安全管理体系——OHSAS 18001实施指南》。

由于种种原因，OHSMS截至目前还没有统一的国际标准，但许多国家和国际组织已开始在本国和所在地区实施OHSMS认证，OHSMS的推行是一个大趋势。

第三阶段：HSE管理体系的形成

HSE管理体系的形成是石油勘探开发多年工作经验积累的结果，也是石油工业发展到一定时期的必然产物。在石油工业发展初期，由于生产技术落后，人们只考虑对自然资源的盲目索取和破坏性开采，没有从深层次考虑这种生产方式对人类所造成的影响。全球海上石油作业近几十年的实践，大大推动了各个石油公司加强安全管理和环境保护的进程。

20世纪60年代以前，主要是从安全角度来要求，在装备上不断改善对人的保护，自动化控制手段使工艺流程的保护性能得到完善。20世纪70年代以后，注重了对人的行为的研究，注重考察人与环境的相互关系，20世纪80年代以后，逐渐发展形成了一系列安全管理的思路和方法。一些发达国家的石油企业，如英荷壳牌企业、BP企业、美国埃克森石油企业等，率先制定了自己HSE管理规章，建立HSE管理体系，开展HSE管理活动，取得了良好的效果。在以后的国际石油勘探开发活动中，各国石油企业逐步将建立HSE管理体系作为业主选择承包商和合作伙伴的基本要求之一。

HSE管理的先锋是壳牌石油公司。1985年该公司首次在石油勘探开发中提出了强化安全管理的构想和具体操作方式；1986年编制出第一本安全手册，以文件的形式确定下来；1987年，发布环境管理指南；1989年，发布了职业健康管理导则。

石油天然气工业生产的突出特点为勘探开发活动风险性较大、环境影响较广。1987年瑞士的SANDOZ大火、1988年英国北海油田167人遇难的帕玻尔·阿尔法平台事故以及1989年的EXXON VALDEZ泄油事故等几次重大事故，对石油工业安全工作的深化发展与完善起到了巨大的推动作用，促进了健康、安全与环境作为一个整体的管理体系模式的形成。

1991年，在荷兰海牙召开了第一届油气勘探、开发的健康、安全与环境国际会议，HSE这一理念逐步被大家所接受。同年，壳牌石油公司委员会颁布“健康、安全与环境(HSE)方针指南”，这实际是HSE管理体系的开端；1992年，正式出版安全管理体系标准EP 92—01100；1994年7月，壳牌石油企业为勘探开发论坛(E&P FORUM)制定的“开发使用健康、安全与环境管理体系导则”正式出版；1994年9月，壳牌石油企业HSE委员会制定的“健康、安全和环境管理体系”经壳牌石油企业领导管理委员会批准正式颁发。从此，HSE作为一个整体的一体化管理体系首先出现在石油工业中。

1994年油气勘探、开发的安全、环境国际会议的印度尼西亚雅加达召开，中国石油天然气总公司作为会议的发起人和资助者派代表团参加了会议。由于这次会议由SPE发起，并得到 IPICA(国际石油工业保护协会)和 AAPG 的支持，影响面很大，全球各大石油企业和服务商都积极参与，因而 HSE 的活动在全球范围内迅速开展。国际标准化企业(ISO)的 TC67 分委随之也在一些成员国家的推动下，着手进行这项工作。1996 年 1 月 ISO/TC 67 的 SC67 分委会发布了《石油天然气工业健康、安全与环境管理体系》(ISO/CD 14690 标准草案)，成为在国际石油天然气行业普遍推行 HSE 管理体系的里程碑。HSE 管理体系在全球范围内进入了一个蓬勃发展时期。

二、我国石油石化企业 HSE 管理体系的发展状况

我国以 ISO/CD 14690 为蓝本，1996 年 9 月开始，对 ISO/CD 14690 标准草案进行了翻译和转化，于 1997 年 6 月 27 日正式颁布了中华人民共和国石油天然气工业标准 SY/T 6276—1997《石油天然气工业健康、安全与环境管理体系》，标志着 HSE 标准体系正式进入我国。

(一) 中国石油的 HSE 管理体系

在国内三大石油公司中，中国石油的 HSE 管理起步是最早的。在 HSE 管理文化发展方面，国外经历了技术标准、体系管理、文化管理三个阶段，中国石油在国内的发展也历经三个阶段，但跟国外有些不同。

第一阶段，从经验管理到制度管理。典型的案例就是大庆油田 1962 年 5 月 8 日中注一井的一把火，引起了怀着一腔热血和胸怀大局政治责任感的石油工人的思考，由此进行的管理大讨论诞生了以安全管理为重点、以岗位责任制为核心的八大管理规章制度，推动了企业的制度建设。在制度建设的推动下，安全生产目标责任制及考核、“三标”管理(标准化现场、标准化班组、标准化岗位)等安全管理制度逐渐完善，形成了中国石油工业一套以制度约束为主要特点的安全管理体系。

第二阶段，HSE 管理体系建设。HSE 管理体系建设是中国改革开放的产物，是中国石油工业实施走出去发展战略和实现国际化发展的必然要求。1991 年，中国石油派出队伍，参与科威特油气井灭火，向世界展示了中国石油的技术和能力，由此也扩大了走出去与国际石油公司合作的机会。但是，在对外合作初期，给中国带来麻烦的不是技术、能力和奋战精神方面的问题，而是传统的管理理念与国际石油企业 HSE 管理理念发生的碰撞。于是，在 1997 年，中国石油以 ISO/CD 14690—1996 为依据，制订了行业标准 SY/T 6276—1997《石油天然气工业健康、安全与环境管理体系》，并从 1998 年开始在企业全面推行 HSE 管理体系建设。通过几年的实践，逐步摸索出一套以风险管理为核心，以强化基层为重点，逐级落实安全环保责任为工作主线的 HSE 管理体系运行模式。2000 年 1 月正式发布了《中国石油天然气集团公司 HSE 管理手册》；2001 年 4 月正式发布了《中国石油天然气股份公司 HSE 管理体系总体指南》，向社会公开了中国石油的 HSE 承诺。

第三阶段，安全文化建设。进入 21 世纪，企业文化建设受到各界广泛关注，“以人为本、关爱生命、保护环境”这些突出科学发展观为主题的安全发展理念对企业安全管理产生了重要作用，企业 HSE 管理文化成为企业管理的一个重要课题。研究国内外安全文化管理及趋势，结合中国石油发展历程，把安全管理制度、HSE 管理体系融入企业文化，塑造具有自身特点的 HSE 管理文化，成为企业文化建设的一项系统工程。

(二) 中国石化的 HSE 管理体系

中国石化在安全、环境和健康管理体系方面既符合中国石化的特色，又逐步实现与国际的接轨，做了大量的调研、宣贯、起草试行标准及试点等工作。其发展历程主要分为三个

阶段。

① 1998年年底至1999年12月：引入HSE管理体系并进行宣讲；

② 1999年12月至2000年4月：HSE标准编制起草；

③ 2000年4月至2001年1月：HSE标准在10个上、中、下游企业进行试点，并修订。

经过数年的努力，中国石化于2001年2月8日正式发布了HSE管理体系标准：Q/SHS 0001.1—2001《中国石油化工集团公司安全、环境与健康(HSE)管理体系》，共10个标准，包括1个体系、4个规范和5个指南。

1个体系是指《中国石化集团公司安全、环境与健康(HSE)管理体系》；4个规范是指《油田企业HSE管理规范》《炼化企业HSE管理规范》《施工企业HSE管理规范》《销售企业HSE管理规范》；5个指南是指《油田企业基层队HSE实施程序编制指南》《炼油化工企业生产车间(装置)HSE实施程序编制指南》《销售企业油库、加油站HSE实施程序编制指南》《施工企业工程项目HSE实施程序编制指南》和《职能部门HSE职责实施计划编制指南》。

《中国石化集团公司安全、环境与健康(HSE)管理体系》规定了安全、环境与健康管理体系的基本要求，适用于中国石化及直属企业的HSE管理工作。而4个HSE管理规范是中国石化HSE管理体系的支持性文件，是中国石化直属企业实施HSE管理的具体要求和规定，描述企业的安全、环境与健康管理的承诺、方针和目标以及企业对安全、环境与健康管理的主要控制环节和程序。其中，油田企业HSE管理规范适用于中国石化各勘探局、管理局及所属二级单位；炼化企业HSE管理规范适用于中国石化各炼油企业、化工企业；销售企业HSE管理规范适用于销售企业、管输公司及所属二级单位；施工企业HSE管理规范适用于各施工企业和油田企业、炼化企业分离出来的施工单位。

(三) 中海油的HSE管理体系

中海油与国外合作的企业是较早建立和实施HSE管理体系的单位，特别是与壳牌、BP、菲利普斯等国际石油公司合作的企业，直接引进国外比较成熟的HSE管理体系，完全与国外先进的HSE管理体系接轨。

1996年10月发布了《海洋石油作业安全管理体系原则》及《海洋石油安全管理文件编制指南》，从1997年逐渐开始实施HSE一体化管理。该指南对有关HSE管理体系建立和实施的政策进行了详细阐明。中海油的HSE管理体系更多体现了满足法规的要求，海洋石油设施按照国际海事组织的有关公约、规则、标准等运作。目前海洋石油总公司在参考OGP和API的有关HSE管理体系指南进一步的改进其体系，逐步形成以安全评价为基础的海洋石油作业安全(HSE)管理体系。2003年起，中海油与杜邦公司合作，通过引进、消化、吸收和创新，在企业内部深入推进健康、安全与环境管理体系，使安全生产和环境管理水平得到很大提高。

第二节 HSE管理体系要素

国际标准化组织(ISO)发布的《石油天然气工业　健康、安全与环境管理体系》(标准草案)是一套具有国际先进性的健康、安全与环境管理模式，它规定了建立、实施和保持健康、安全与环境管理所必需的要素和基本框架。目前世界上各大石油公司的HSE管理体系都是在该体系框架下建立的。

国家能源局发布的SY/T 6276—2014《石油天然气工业　健康、安全与环境管理体系》行业标准是在总结以往行之有效的安全生产的规章制度和管理经验的基础上，所建立的一个与国际标准接轨的 HSE 管理体系标准。该标准是基于“策划-实施-检查-改进”(PDCA)的运行原理，运用“螺旋桨”模式图表示(图 2-1)。PDCA 的含义简要说明如下：

策划：建立所需的目标和过程，以实现组织的健康、安全与环境方针所期望的结果；

实施：对过程予以实施；

检查：根据承诺、方针、目标、指标以及法律法规和其他要求，对过程进行监视和测量；

改进：采取措施，以持续改进健康、安全与环境管理体系绩效。

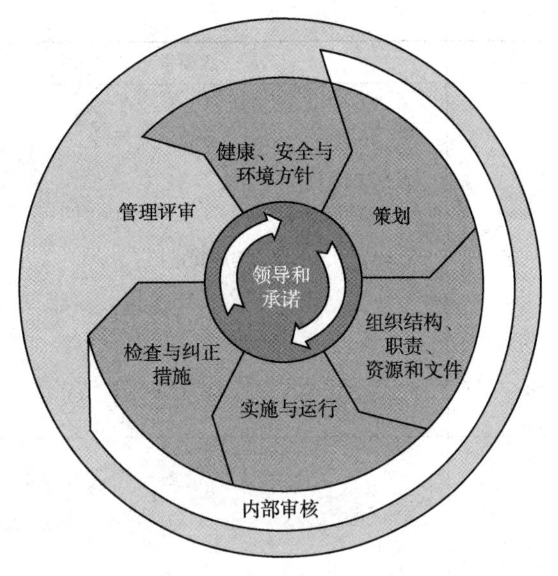

图 2-1　健康、安全与环境管理体系模式

要成功地建立和运行 HSE 管理体系，必须首先深刻理解 HSE 管理体系标准的基本要素。

SY/T 6276—2014《石油天然气工业　健康、安全与环境管理体系》由七个一级要素和相应的二级要素构成(见表 2-1)。这七个一级要素在标准中是分别叙述的，实际上它们之间是紧密相连、有时会同时涉及，因此，在许多步骤中应同时强调。体系中任何一个要素的改变，必须考虑对其他要素的影响。

七个要素中“领导和承诺”是核心，也是 HSE 管理体系建立与实施的前提条件；“健康、安全与环境方针”是 HSE 管理体系建立和实施的总体原则；“策划”是 HSE 管理体系建立与实施的输入；“组织结构、职责、资源和文件”是 HSE 管理体系建立与实施的基础；“实施与运行”是 HSE 管理体系实施的关键；“检查”是 HSE 管理体系有效运行的保障；“管理评审”是推进 HSE 管理体系持续改进的动力。

表 2-1　健康、安全与环境管理体系诸要素

序号	一级要素	二级要素
1	领导和承诺	—
2	健康、安全与环境方针	—
3	策划	① 危害因素辨识、风险评价和控制措施的确定； ② 法律法规和其他要求； ③ 目标和指标； ④ 方案
4	组织结构、职责、资源和文件	① 组织结构和职责； ② 管理者达标； ③ 资源； ④ 能力、培训和意识； ⑤ 沟通、参与和协商； ⑥ 文件； ⑦ 文件控制

续表

序号	一级要素	二级要素
5	实施和运行	① 设施完整性； ② 承包方和(或)供应方； ③ 顾客和产品； ④ 社区和公共关系； ⑤ 作业许可； ⑥ 职业健康； ⑦ 清洁生产； ⑧ 运行控制； ⑨ 变更管理； ⑩ 应急准备和响应
6	检查	① 绩效测量和监视； ② 合规性评价； ③ 不符合、纠正措施和预防措施； ④ 事故、事件管理； ⑤ 记录控制； ⑥ 内部审核
7	管理评审	—

一、领导和承诺

(一) 要素作用

领导和承诺是企业自上而下的各级管理层的领导和承诺，它是 HSE 管理体系建立和运行的核心。最高层领导应对健康、安全与环境管理提供强有力的、一系列的支持行动和明确的承诺，并保证将领导和承诺转化为必要的资源配置，以建立、运行和保持 HSE 管理体系，实现既定的方针和战略目标。

通过强有力的领导，提出并履行承诺，培育适宜的企业健康、安全与环境文化，促进健康、安全与环境管理体系的建立、实施、保持和持续改进。

(二) 承诺的内容

最高管理者应对健康、安全与环境管理实施强有力的领导，做出明确具体的健康、安全与环境承诺，并培育企业健康、安全与环境文化。包括：

(1) 遵守适用的健康、安全与环境法律、法规和其他要求；

(2) 健康、安全与环境问题成为所有活动进行时必不可少的事项；

(3) 及时辨识危害因素，风险控制在合理实际并尽可能低的程度；

(4) 提供所需要的资源；

(5) 对组织的健康、安全与环境绩效承担最终责任；

(6) 与员工和相关方就健康、安全与环境问题进行协商和沟通；

(7) 定期组织管理评审；

(8) 健康、安全与环境业绩考核同人员考核任用相结合；

(9) 以身作则，树立个人典范；

(10) 鼓励任何健康、安全与环境绩效改进的建议或活动；

(11) 培育先进的健康、安全与环境理念；

(12) 改进员工的责任心和态度；

(13) 建立有效的激励机制；

(14) 提高员工参与的普遍性和程度。

(三) 建立支持 HSE 管理体系的企业文化

企业可基于下列内容建设和维护企业健康、安全与环境文化，形成具有其特点的安全价值观，以支持健康、安全与环境管理体系运行：

(1) 树立正确、先进的健康、安全与环境理念，形成具有其特点的安全价值观；

(2) 确定组织内每个岗位都承担与其风险相适应的健康、安全与环境责任、权利和义务；

(3) 组织的各级人员都应参与或介入健康、安全与环境管理体系的建立和运行；

(4) 建立有效的激励机制；

(5) 建立畅通的沟通渠道，及时获知并反馈员工对健康、安全与环境事务的意见和建议；

(6) 促进组织内部成员在健康、安全与环境方面的相互提醒和协助；

(7) 持续修订完善组织的技术、管理标准体系，积累技术、管理经验；

(8) 适宜的文化载体等。

二、健康、安全与环境方针

(一) 要素作用

通过制定和实施健康、安全与环境方针来凝聚和调动组织所有力量向确定的方向努力，为战略目标的制定提供依据。方针是企业对其在健康、安全与环境管理方面的意向和原则的声明，实施健康、安全与环境管理体系的全过程是在方针的指导下进行的。

健康、安全与环境方针通常是企业的最高管理者制定的，是指导思想和行为准则，全体员工与健康、安全与环境管理有关的全部活动，无一不是在这一大前提下进行的。所有的计划、措施、行动都应符合方针，并为其服务。

(二) 方针的制定

组织应基于下列信息制定健康、安全与环境方针和战略目标并形成文件：

(1) 最高管理者在健康、安全与环境方面的承诺；

(2) 组织的规模、特点、复杂程度和实际健康、安全与环境风险管理和控制水平；

(3) 健康、安全与环境方面的法律、法规和其他要求及其发生的变化；

(4) 上级组织的健康、安全与环境方针；

(5) 对持续改进和清洁生产、事故预防、社会责任等的承诺；

(6) 可利用的资源；

(7) 近年来组织在健康、安全与环境方面的绩效及其趋势；

(8) 组织现有健康、安全与环境绩效与同行业的类比；

(9) 组织的总体经营发展战略和规划；

(10) 最高管理层的管理思想和期望；

(11) 消除薄弱环节及持续改进的可行性；

(12) 能够为所有员工所理解并遵守；

(13) 易于被相关方获取、理解和认可；

（14）定期的评审等。

组织的最高管理层应坚持全员参与、广泛征集、组织筛选的原则，通过统计、分析和论证来确定健康、安全与环境方针，并应充分考虑输入的有关因素。

组织最高管理层应在论证、确认上述事项的基础上制定出健康、安全与环境方针草案，经管理层讨论，由最高管理者签发。组织应对健康、安全与环境方针做出解释或说明，便于员工、相关方理解和获取。健康、安全与环境方针可以独立发布，也可在管理手册、宣传手册、员工手册等手册中表述。

（三）方针的管理

任何体系都会随着时间的推移和条件的变化而部分或全部过时，所以，组织的最高管理者应对方针的适宜性、充分性和有效性定期评审，包括：

（1）活动、产品和服务中是否存在偏离方针的情形；

（2）资源的投入是否能够支持方针和战略目标的实施；

（3）方针和战略目标是否仍然适用于法律法规、业务活动的变化和持续改进要求；

（4）方针和战略目标需要做的调整和完善等。

三、策划

策划是建立与实施 HSE 管理体系的重要内容。HSE 管理体系在初次建立或做阶段性改进时，组织应进行系统的策划。策划宜由组织内部人员进行，参与策划的人员应掌握健康、安全与环境管理体系标准，熟悉组织各层次管理业务。必要时可邀请外部机构协助进行，策划的结果应由组织的最高管理层进行讨论确定。

该要素包含 4 个二级要素，见表 2-2。

表 2-2 “策划”的二级要素

二级要素	要 点
危害因素辨识、风险评价和控制措施的确定	危害因素辨识、风险评价和风险控制
法律法规和其他要求	识别适用的健康、安全与环境相关法律法规和其他要求
目标和指标	建立和实施健康、安全与环境目标和指标
方案	通过对重要危害因素筛选、排序、分级控制策划，以及对特定的活动、产品或服务进行策划，制定并实施方案

（一）危害因素辨识、风险评价和控制措施的确定

1. 要素作用

通过危害因素辨识、风险评价和风险控制，力争实现健康、安全与环境方针和目标。

2. 实施要求

组织应基于下列要求建立危害因素的辨识、风险评价及控制的程序并实施：

（1）确定健康、安全与环境方针和目标实现的途径和方法；

（2）覆盖组织的活动、产品或服务，及承包方和(或)供应方活动；

（3）确定危害因素辨识和风险评价的责任、方法和步骤；

（4）确定风险分级的准则及不可接受风险的判定准则；

（5）规定识别、评价的时机和间隔；

（6）确定危害因素的控制措施；

（7）定期评审风险评价结果及控制措施的效果；

（8）实施因变更而需要再次进行的危害因素辨识、风险评价和控制；

（9）明确与本组织活动、产品或服务相关的其他人员可能受到的影响。

组织应根据活动、产品或服务的性质、风险特点、变化情况、控制水平等确定危害因素辨识、风险评价的周期或时间间隔。

3. 辨识和评价的依据

危害因素辨识和风险评价的依据包括而不限于：

（1）适用于组织的法律、法规和其他要求；

（2）组织的承诺、方针、目标；

（3）组织的制度、规范和要求；

（4）组织的活动、产品或服务，以及设施、工艺过程的信息；

（5）不符合的记录及其统计分析结果；

（6）组织以往事故事件信息和同类组织的事故信息；

（7）员工及其代表的意见和建议；

（8）与相关方交流的信息等。

4. 危害因素辨识

组织应系统地确定危害因素、风险和影响，其范围应包括组织的全部活动、产品或服务，以及可以施加影响的相关方的活动、产品或服务。

5. 风险评价

组织在进行风险评价时应选用适宜的方法，当新技术、新设施、新工艺、新材料首次引入时，应选择多种方法组合使用。选择风险评价方法时应考虑危害因素的特点、方法的适用性、评价人员的综合素质以及所需要的支持资源等。

6. 控制措施的确定

控制措施的确定宜遵循关于控制措施层级选择顺序的原则，亦即：可行时首先消除危险源；其次是降低风险；将采用个体防护装备作为最终手段。应用控制措施层级选择顺序时，宜考虑相关的成本、降低风险的益处、可用的选择方案的可靠性。

（二）法律法规和其他要求

1. 要素作用

通过建立渠道，识别适用的健康、安全与环境相关法律法规和其他要求，并在活动、产品或服务中加以落实，以实现贯彻和遵守法律法规和其他要求。

2. 要素内容

法律法规和其他要求的获取、确认应由组织内的各职能部门和管理层次分别进行，组织应确定法规管理的部门，并确保各部门能够获取和及时传递。

法律法规和其他要求应包括：

（1）活动、产品或服务所在国或地区签署的国际公约；

（2）所在国和地方的法律法规；

（3）国家、行业和地方标准；

（4）上级组织的要求；

（5）行业协会的建议；

（6）和顾客的合同或协议；
（7）和社区、团体的协议；
（8）组织对公众的承诺；
（9）非法规性指南；
（10）自愿性原则或工作规范；
（11）其他相关方要求等。

（三）目标和指标

1. 要素作用

通过建立和实施健康、安全与环境目标和指标，为评价和持续改进健康、安全与环境绩效提供依据。

2. 建立目标和指标的依据

组织应基于下列信息或需要，针对内部各有关职能部门和管理层次，建立健康、安全与环境目标和指标：

（1）最高管理者在健康、安全与环境方面的承诺；
（2）健康、安全与环境方针和战略目标；
（3）适用的法律、法规和其他要求；
（4）危害因素辨识、风险评价结果和风险控制的水平；
（5）对健康、安全与环境绩效改进的期望；
（6）可利用的资源；
（7）易于测量或衡量。

（四）方案

1. 要素作用

通过对重要危害因素筛选、排序、分级控制策划，以及对特定的活动、产品或服务进行策划，制定并实施方案，投入必要的资源，进行风险削减和管理，以实现健康、安全与环境目标和指标。

2. 方案制订的依据

组织可针对以下情况制定和实施健康、安全与环境方案：

（1）未能满足法律法规和其他要求；
（2）组织的目标和指标；
（3）现有正常管理、运行等不能有效控制当前存在的不可接受风险；
（4）重大活动的组织实施等。

制定方案时，应充分考虑：

（1）危害因素以及风险和影响的具体特点及范围；
（2）涉及的人员和区域；
（3）作业方法或生产工艺可以进行的调整；
（4）资源的配置、调整或补充；
（5）材料替换；
（6）管理和技术文件的变更；
（7）进度安排；
（8）评审和验证的方法等。

3. 方案内容

方案内容应包括：

（1）明确目标和指标；

（2）明确各相关层次为实现目标的职责、权限和责任人；

（3）实现目标所采取的方法、措施；

（4）资源需求及配备；

（5）方案实施的进度安排；

（6）需要的协商和沟通；

（7）确定评审或验证的时机和方式等。

四、组织结构、职责、资源和文件

组织结构、职责、资源和文件是保证 HSE 表现良好的必要条件，是体系运行的基础要素。

资源：主要指可供使用的人力、物力、财力、技术和时间等内部资源，是 HSE 管理体系建立和运行的重要保障；

文件：指 HSE 管理体系在建立、运行和保持过程中所形成的各种文档，可以是书面的，也可以是电子的。

该要素包含七个二级要素，见表 2-3。

表 2-3 “组织结构、职责、资源和文件”的二级要素

二级要素	要　点
组织结构和职责	组织体系及各层次人员的职责
管理者代表	管理者代表的职责和权限
资源	资源的优化配置
能力、培训和意识	对员工必须具备的能力和意识的考核及必要的培训
沟通、参与和协商	通过沟通、参与和协商，实现内、外部信息的有效传递
文件	文件的内容
文件控制	控制文件的管理

（一）组织结构和职责

要素作用：通过确定适宜的组织结构，以及确定管理者代表，并明确其作用、职责和权限，以保证健康、安全与环境管理体系的有效运行。

组织应确定所有与健康、安全与环境风险有关的职能部门和管理层次及岗位的作用、职责和权限，包括明确界定各职能部门和管理层次之间的职能接口，并形成文件。

职责和责任的确定应按照“谁主管、谁负责”的原则以职能分配的方式进行。

（二）管理者代表

要素作用：组织应在最高管理层中指定一名成员作为管理者代表，承担特定的职责，以确保健康、安全与环境管理体系的有效实施，并在组织内推行各项要求。

组织在确定管理者代表时，应满足以下要求：

（1）由最高管理者在最高管理层中任命一名管理者代表；

（2）管理者代表全面负责健康、安全与环境管理体系的建立、实施、保持和改进。

管理者代表的身份应对所有在本组织控制下工作的人员公开。

（三）资源

1. 要素作用

通过提供所需要的资源，以确保健康、安全与环境管理体系建立、实施、保持和持续改进。

2. 资源的内容

组织提供的建立、实施、保持和改进健康、安全与环境管理体系所需的资源应包括：

（1）基础设施，并满足设施完整性的要求；

（2）人力、财力、技术；

（3）信息系统；

（4）培训；

（5）时间；

（6）组织活动、产品或服务过程所需的其他资源。

（四）能力、培训和意识

要素作用：通过有效的能力评估和培训，确保员工具备所需的意识和能力，能够胜任其承担的任务和职责。

能力就是企业中管理人员和操作人员完成任务的能力，包括三个方面的内容：①个人素质(个人通过从小学教育开始直到参加工作前的所具备的能力)；②通过实践提高技能的能力；③不断更新知识的能力。

从事具有实际和潜在风险和影响的工作人员应具有承担相应工作的能力，组织应确定这些人员所需的健康、安全与环境能力和意识。在教育、培训、技能和(或)经历等方面，应对员工能力做出具体规定，并通过针对不同人员的能力评估程序确保其达到这些要求。

在选择承包方和(或)供应方时也应考虑对其人员的能力要求。

员工的意识和能力需求和个人实际能力之间的差距，应通过培训、技能培养等方式解决；当身体状况要求与个人实际状况不适应时应调动岗位、调整职责。

（五）沟通、参与和协商

要素作用：通过沟通、参与和协商，实现内、外部信息的有效传递，并就有关重要信息进行处理，确保健康、安全与环境管理体系的有效运行，实现健康、安全与环境方针和目标。

组织应建立、实施和保持程序，对信息的交流、沟通和协商进行策划和安排，确保各类信息收集、传递、处理、反馈的准确和及时，确保员工参与健康、安全与环境事务。

（六）文件

要素作用：通过规范健康、安全与环境管理体系文件的要求，为体系持续有效运行建立信息平台。

组织应在健康、安全与环境管理体系建立、实施、保持和改进的全过程对文件进行策划，包括文件的结构、目录或数量等。

健康、安全与环境管理体系文件格式，组织可采用适宜的方式，但应与上级组织的要求相一致。

（七）文件控制

1. 要素作用

通过对健康、安全与环境管理体系文件和资料进行控制，确保健康、安全与环境管理体系有效实施。

2. 文件控制

文件可通过以下过程有效控制：

（1）规定适用的文件格式，其中包括统一的标题和编号方式、实施日期、修订版次、有关权限等；

（2）指定具备能力和职权的人员评审和签署文件；

（3）建立和保持有效的文件收发系统。

文件应向组织内所有相关人员或受其影响的人员进行传达。文件发放前，应详细统计核实，以保证所有场所能方便获取和查阅；使用电子方式发布文件时，应进行授权和确认。

所有文件应注明发布和实施日期，予以标识，易于识别和管理。组织应对现行文件的有效状态进行管理。当文件作废时，应进行回收、销毁或对文件保留进行注明。

组织应按照一定的时间间隔来评审文件的适用性，相关职能部门和管理层次应参与文件评审。当法律、法规、组织外部经营环境发生变化，组织内部发生重大变更时，应及时组织文件评审。文件的修订可以采用换版、发放修订通知单等方式。当采用修订通知单方式时，应对修改情况进行记录或提示。

组织在文件批准前，应由各相关职能部门和管理层次进行充分的讨论，确保其充分性和适宜性。

对策划和运行健康、安全与环境管理体系所需的外来文件做出标识，并对其发放予以控制。对于外来文件，组织应确定采用的程度、范围和模式。对法律、法规和标准及其他要求应及时更新目录和文本，并通过修订内部文件来满足符合性。

五、实施和运行

实施和运行是 HSE 管理体系实施的关键。企业在运行过程中，要进行许多活动，执行很多任务，对于每一个活动和任务，都要进行严格的健康、安全与环境管理，这样才能将健康、安全与环境管理体系的运行落到实处。

要素包含十个二级要素，见表 2-4。

表 2-4 “实施和运行”的二级要素

二级要素	要　点
设施完整性	工程或关键设施的设计、建造、采购、安装、操作、维护和检查都符合既定目标和规定的表现准则
承包方和（或）供应方	对承包商和（或）供应方 HSE 管理的要求
顾客和产品	识别并满足顾客在健康、安全与环境方面的需求
社区和公共关系	通过沟通、规划和活动获取社区内各相关方的理解和支持
作业许可	识别并确认高风险作业，实施作业许可
职业健康	建立、实施和保持职业健康管理程序
清洁生产	采用清洁生产技术、工艺和设备，实现环境保护
运行控制	对确定的活动、产品或服务运行过程实施控制
变更管理	对人员、设施、过程和程序等的永久性或暂时性变化实施的控制措施
应急准备和响应	对突发性事件采取防范措施所制定的计划

（一）设施完整性

设施是指健康、安全与环境有关的设施。设施的完整性是指与健康、安全与环境有关的设施与主体设施同时存在且运行状态良好。

通过对设施的设计、建造、采购、安装、操作、维护和检查实施全过程管理，以控制因设施完整性的缺陷可能带来的风险。

为了保证设施的整体性受到保护，应做好下述各项：

（1）在组织的活动、产品或服务过程中，建立完整的工艺安全管理系统，通过对设施配备的完整性要求，消除物的不安全状态，实现本质健康、安全与环境要求，控制及削减风险和影响。

（2）组织应控制或管理所有设施。包括建筑物、生产设备，检测、防护、保护、应急、消防、照明、运输、起重、储存、通讯、电气、环境等设施，以及施工机具等。组织宜根据具体类别按照不同的准则进行管理。

（3）健康、安全与环境要求应作为设计、建造、采购、验收标准或技术规范的重要组成部分。

（4）组织应对所有的设施进行登记造册，关键设备要进行标识，建立技术资料及维护、鉴定检验、故障修理、运行等重要信息的记录，确保其准确和完整，可随时查阅。

（5）组织应依据设施的复杂程度和运行特点编制操作指南、维护检修规程和作业指导书，检维修过程中采取风险控制措施，并培训相应人员。

（6）建立设施巡回检查制，进行可靠性分析，及时发现异常或故障，并得到维修和恢复。

（7）设施在首次使用前、停用较长时间恢复使用前、维修后重新使用前，均应按规定进行启动(投用)前安全检查、试验、评估、验收和确认。备用设施应处于良好状态，报废设施应经过评价和授权批准，并及时得到处理。

（8）对设计、建设、运行、维修过程中与准则之间的偏差，组织应进行评审，找出偏差的原因并形成文件。评审应考虑具有相应能力的人员参加，通过偏差的评审确定为不符合时，应采取纠正措施和预防措施，并予以验证。

（二）承包方和(或)供应方

通过对承包方和(或)供应方施加影响和管理，促使承包方和(或)供应方的健康、安全与环境管理满足组织的要求，提高组织的健康、安全与环境绩效。

组织应根据承包方和(或)供应方对组织健康、安全与环境绩效影响程度，采取不同的管理方式。如供应方仅仅提供产品，不涉及组织内部进行活动，可通过检验和验收等方式确认其产品及包装的质量和安全可靠性。

（三）顾客和产品

通过识别并满足顾客在健康、安全与环境方面的需求，对产品各个过程中的风险和影响进行评估和管理，提高组织的声誉和绩效。

组织在提供产品或服务前，识别、关注并满足顾客在健康、安全与环境方面提出的要求，采取措施控制和降低对顾客可能带来的风险和影响。组织可通过以下方式识别顾客在健康、安全与环境方面的需求：

（1）市场调研、走访顾客、满意度调查的结果；

（2）顾客对健康、安全与环境方针、目标、承诺和体系的要求；

(3) 顾客的期望；

(4) 合同履行情况；

(5) 与服务有关的义务，包括法律、法规和行业惯例等要求；

(6) 顾客未明示，但在提供产品过程中可能造成的风险和影响；

(7) 顾客所属行业的惯例等。

(四) 社区和公共关系

通过适当的沟通、规划和活动获取社区内各相关方的理解和支持，建立和谐、良好的公共关系。

组织可通过以下方式建立和谐、良好的社区、公共关系：

(1) 企业建立并保持与社区和公共关系的联系沟通机制，识别关注企业和受企业影响的各相关方，并根据影响程度，采取适宜的沟通方式；

(2) 主动将生产经营活动中的危害和风险防控措施告知可能受影响的相关方；

(3) 建立紧急情况下与社区的应急联动机制，并保持信息沟通渠道畅通；

(4) 主动获取社区各相关方对企业改进 HSE 表现的要求与期望，采纳合理意见并实施改进；

(5) 积极主动参与社会公益活动，宣传 HSE 理念和政策，树立良好形象，取得政府和社区对企业改进 HSE 表现的支持与认可。

(五) 作业许可

1. 要素作用

通过识别并确认高风险作业，实施作业许可，有效控制及降低作业现场的风险和影响，确保健康、安全与环境目标的实现。

2. 作业许可的对象和范围

组织可依据风险判别准则和相关法律法规要求，确定作业许可实施的对象和范围。包括而不限于：

(1) 临时用电；

(2) 高处作业；

(3) 进入受限空间作业；

(4) 挖掘作业；

(5) 易燃、易爆区域的动火作业；

(6) 移动式吊装作业等。

3. 作业许可证的类型

作业许可证的类型包括：

(1) 临时用电作业许可证；

(2) 高处作业许可证；

(3) 进入受限空间作业许可证；

(4) 挖掘作业许可证；

(5) 动火作业许可证；

(6) 移动式吊装作业许可证等。

(六) 职业健康

通过对作业场所工作环境和条件的管理，以及员工职业防护措施的控制，以符合职业健康要求，预防职业病发生。

组织应建立、实施和保持职业健康管理程序，提供职业健康管理的相关资源，应满足以下内容：

（1）对工作场所职业危害因素进行了有效辨识，定期进行监测，并公示和应用监测结果；

（2）为工作场所的人员提供符合职业健康要求的工作环境和条件，尽可能地通过先进的技术和设备保证作业环境的安全；

（3）员工熟知工作场所的职业健康危害和防范措施，正确使用个人防护装备已成为全员习惯，个人防护用品的选择充分考虑员工意见；

（4）员工针对健康的意见和建议得到尊重和及时反馈；

（5）关注员工心理和身体健康，定期组织体检，提供健康指导和帮助；

（6）能够定期对职业危害防护措施的有效性进行分析评估，并不断改进和完善。

（七）清洁生产

通过对活动、产品和服务过程，采用清洁生产技术、工艺和设备，以实现环境保护的目标。

组织根据法律法规、相关方及顾客要求，针对产品的设计、生产、销售、使用和废弃处理以及服务过程，实施清洁生产。

（八）运行控制

通过对确定的活动、产品或服务运行过程实施控制，以实现健康、安全与环境目标。

组织应建立、实施和保持程序，确定与健康、安全与环境相关的活动和任务，基于危害因素辨识和风险评价、风险控制的需要进行策划，使这些活动和任务在受控状态下运行。应满足以下内容：

（1）建立相应的程序或工作指南，并规定运行准则；

（2）确认作业人员的资质和能力；

（3）确定关键活动和任务并进行策划；

（4）确保所使用的设施完好；

（5）包括承包方和(或)供应方所提供的产品或服务；

（6）生产行为安全管理；

（7）明确工作场所的正常状态和环境条件。

（九）变更管理

通过对工艺、设备设施、人员等变更实施有效控制，避免因变更而产生对健康、安全与环境的不利影响。

变更包含工艺、设备设施、人员等永久性或暂时性的变化。变更管理可结合相关功能要素加以规定和实现。组织应建立、实施和保持程序控制各类变更，包括：

（1）变更应得到授权批准；

（2）变更前进行危害因素辨识、风险评价，并采取防范措施；

（3）变更过程的主要信息及时告知相关各方等。

（十）应急准备和响应

通过应急准备和响应，使潜在的紧急情况和事故得到及时、有效的响应和处置，减少可能随之引发的疾病、伤害、财产损失和环境影响。

组织应针对潜在的紧急情况和事故建立、实施和保持应急准备和响应程序，应包括以下内容：

（1）识别潜在事故；

（2）建立应急组织；

（3）制定应急预案；

（4）配备应急资源；

（5）培训和演练；

（6）评审应急预案；

（7）修订和改进应急预案；

（8）必要时，应急预案应送达相关方等。

六、检查

检查是根据承诺、方针、目标、指标以及法律法规和其他要求，对过程进行监视和测量。检查是 HSE 管理体系有效运行的保障。

企业在运行过程中，需要保持对自身状况的正确认识，以确定自己是否始终满足了法律和其他应当遵守的要求，评价对目标和指标的实现情况，并为实施和改进提供依据。为此，企业在 HSE 管理体系的运行过程中，应通过科学仪器对其活动的各种特性进行常规或非常规监测，以获取有关数据。这一过程所提供的数据，对评价体系运作的正确程度具有重大影响。这样才能发现不符合并纠正之，才能有效地发现事故并及时处理。

该要素包含六个二级要素，见表 2-5。

表 2-5 “检查”的二级要素

二级要素	要点
绩效测量和监视	监测 HSE 表现情况，建立、保存相应记录
合规性评价	评价组织的活动、产品或服务
不符合、纠正措施和预防措施	确定不符合情况并予以纠正，分析不符合的原因，采取纠正措施和预防措施
事故、事件管理	记录报告已经影响或正在影响 HSE 表现的事故
记录控制	建立、标识和保存各种 HSE 记录
内部审核	内部审核及管理

（一）绩效测量和监视

通过确定反映组织整体健康、安全与环境关键特性和绩效的参数，并开展测量和监视活动，确保健康、安全与环境管理体系在受控状态下运行。

组织应通过以下措施进行绩效测量和监视：

（1）组织应建立、实施和保持健康、安全与环境绩效测量和监视的程序，以确保测量和监视活动的有效进行。

（2）组织应制定测量和监视计划，确定测量和监视的地点、频次和采用的方法，并按照计划开展测量和监视。

（3）组织应将主动性测量和被动性测量相结合。对于测量和监视时所发现的不符合和问题应形成文件并进行统计，分析原因，采取纠正措施和预防措施。

（4）组织应保存健康、安全与环境测量和监视的记录。

（5）组织应明确测量和监视人员应具有所需的资质，并使用适当的质量控制方法。

（6）组织应制定校准计划，按规定的时间间隔或在使用之前，对测量和监视设备(包括承包方和供应方所使用的测量和监视设备)进行校准和验证。组织应保存所有校准、维护活动和结果的记录。

（二）合规性评价

通过定期评价组织的活动、产品或服务、适用的法律法规和其他要求的符合性，以履行遵守法律法规和其他要求的承诺。

组织应根据规模、类型和复杂程度，规定适当的合规性评价的职责、方法、范围和频次，并考虑以往的合规性评价情况、所涉及法律法规和其他要求的具体特点等。

组织应通过下述过程进行合规性评价：

（1）内、外部测量和监视的结果；

（2）日常的监督检查；

（3）文件评审；

（4）审核；

（5）管理评审；

（6）对投诉情况的处理等。

对不合规的情况应进行原因分析，针对性地制定和实施纠正措施和预防措施，跟踪措施实施效果，达到法律法规的要求。

组织应记录并保存合规性评价的结果。

（三）不符合、纠正措施和预防措施

通过确定不符合并予以纠正，分析不符合的原因，采取纠正措施和预防措施，实现健康、安全与环境管理体系的持续改进。

发现不符合的方法或途径主要有以下几个方面：

（1）合规性评价的结果；

（2）危害因素辨识和评价的结果；

（3）作业许可有关票证执行的结果；

（4）测量和监视的结果；

（5）统计分析；

（6）内、外部审核结果；

（7）来自员工及周边社区的意见和建议等。

（四）事故、事件管理

通过规范事故事件的报告、调查和处理等管理，消除事故、事件发生的根本原因，防止事故、事件的再次发生。

事故、事件的报告应按国家、地方政府和上级组织的有关政策规定，及时、逐级上报。对未列入国家事故统计范围内的轻微伤害事件也应进行管理，并建立激励机制，鼓励及时报告和统计。

事故等级的划分应与国家、地方政府和上级组织规定保持一致，组织可予以补充和细化。

事故的调查程序一般应包括：

（1）保护事故现场；

（2）成立事故调查组；

(3) 搜集事故证实材料；

(4) 分析事故原因；

(5) 编写调查报告；

(6) 事故处理结果或报告；

(7) 事故调查结案归档等。

事故、事件处理所确定的责任应与事故、事件影响的程度相符合。

组织应通过事故调查和处理，识别出健康、安全与环境管理存在的缺陷及其原因，采取防范措施，以避免重复发生类似事故、事件，而且应将事故教训通报到整个组织。

组织应建立事故、事件管理档案，定期进行统计分析，把违章、未遂、百万工时等指标纳入统计管理范围，并将事故、事件的统计分析结果作为资源共享，用以推动健康、安全与环境管理体系的改进。

（五）记录控制

通过建立、标识和保存健康、安全与环境管理体系运行中所形成的各种记录，为体系建立、实施、保持和改进提供证据。

组织应建立、实施和保持程序，对记录进行管理，包括：

(1) 记录设置；

(2) 记录标识，应标明记录的文件索引；

(3) 记录的内容、形式和填写要求；

(4) 记录保存(收集、存放、保护、检索、保密等)；

(5) 记录查阅；

(6) 记录处置等。

记录的设置应科学合理，与相应程序、标准和工作指南等体系文件保持一致。记录的设计应充分考虑现行有效的记录，避免重复。

记录的填写应保证客观、及时、完整和准确，字迹清晰，具有可追溯性等。应规定记录的更改方式。对于可能出现空白的栏目或表格，组织可采用必要的标识方法统一规定记录空白的处置。

记录应适当标识，便于查阅。

组织应对各类记录确定适宜的保存地点、期限等，并考虑保密和档案管理的需要。

记录可以采用书面文本、电子文档、光盘等体现、使用、保存和管理，组织可针对载体的具体特性确定其管理方式。

对于超过保存期限不必再保存的记录，明确处理、处置的方法，包括审批权限、责任人、销毁方法等。

（六）内部审核

通过规范内部审核管理，保持组织健康、安全与环境管理体系的符合性和有效性。

组织根据具体情况确定内部审核的频次，每年度应进行不少于1次覆盖全要素、全部门的审核，两次审核间隔不超过12个月。出现下列情况之一时，可追加审核：

(1) 组织机构和职能分配有重大调整时；

(2) 健康、安全与环境管理体系文件发生重大变更时；

(3) 发生重大健康、安全与环境事故时等。

七、管理评审

（一）要素作用

最高管理者通过定期组织管理评审，评价健康、安全与环境管理体系的适宜性、充分性和有效性，实现持续改进。

（二）编制评审计划

管理评审应由组织的最高管理者主持，通常管理评审采用会议的方式进行，参加人员应包括最高管理层、各职能部门和适当管理层次的负责人。组织可赋予某部门或机构协助最高管理者完成组织和准备工作，编制管理评审计划。应包括以下内容：

（1）所针对的主题；

（2）参加人员、时间和地点；

（3）参与者在评审过程中承担的职责和作用；

（4）评审所需收集和确认的相关信息。

（三）管理评审

管理评审应就以下事项进行评审，做出结论和决策：

（1）健康、安全与环境方针的适用性，包括方针是否满足持续改进和未来发展的需要；

（2）健康、安全与环境目标和指标的实现情况及变更需要；

（3）健康、安全与环境总体绩效；

（4）法律、法规和其他要求的遵守情况；

（5）健康、安全与环境管理体系所需资源的调整；

（6）存在的主要问题及解决方案；

（7）评价改进的机会，明确下一阶段主要改进的领域。

管理评审每年评审次数不少于一次，两次评审的时间间隔不大于 12 个月，但出现下列情况之一时，可增加频次：

（1）组织机构和职能分配有重大调整时；

（2）发生重大健康、安全与环境事故；

（3）外部环境发生重大变化时等。

管理评审应对健康、安全与环境管理体系运行的适宜性、充分性和有效性做出评价，并对持续改进的重要事项形成决议，落实责任单位和责任人，明确完成时间期限。管理评审所形成的决议应及时在组织内部通报并跟踪和验证。

第三节 HSE 管理体系的建立和运行

企业建立了健康、安全与环境管理体系后，能否给企业带来好处，关键在体系的运行，这就是说体系的运行是企业健康、安全与环境管理体系成功的要害所在。对于不同的组织，由于其组织特性和原有基础的差异，建立 HSE 管理体系的过程不会完全相同，但组织建立 HSE 管理体系的基本步骤一般是相同的。建立实施健康、安全与环境管理体系的过程及其程序步骤可参见图 2–2。

一、HSE 管理体系建立的准备

建立 HSE 管理体系的各种前期准备工作，主要包括领导决策、成立体系建立组织机构、宣传和培训。

(一)领导决策

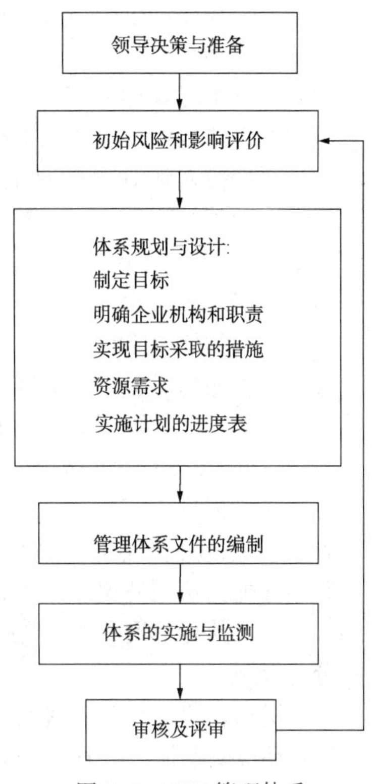

图 2-2　HSE 管理体系建立和实施的程序

建立 HSE 管理体系需要领导者的决策,特别是最高管理者的决策。只有在最高管理者认识到建立 HSE 管理体系必要性的基础上,组织才有可能在其决策下开展这方面的工作。另外,HSE 管理体系的建立,需要资源的投入,这就需要最高管理者对改善组织的健康、安全与环境行为做出承诺,从而使得 HSE 管理体系的实施与运行得到充足的资源。实践证明,高层管理者的决心与承诺不仅是组织能够启动 HSE 管理体系建设的内部动力,而且也是动员组织不同部门和全体员工积极投入 HSE 管理体系建设的重要保证。在此阶段,特别需要高层管理者重视以下问题:

(1)明确 HSE 管理应为组织整个管理体系的优先事项之一,将健康、安全与环境管理纳入组织管理决策的重要议事日程中。

(2)认识到建立 HSE 管理体系的目的和意义。

(3)理解实施 HSE 管理体系对组织成本效益、公众形象、HSE 管理、组织管理功能方式等方面的促进作用。

(4)承诺为建立 HSE 管理体系及有关活动提供必要的资源保证。

(二)成立体系建立组织机构

当组织的最高管理者决定建立 HSE 管理体系后,首先要从组织上给予落实和保证,通常需要成立一套体系建立组织机构,一般包括:

(1)成立领导小组;

(2)任命管理者代表;

(3)组建工作小组,此外,视组织的规模、特点的不同或 HSE 管理体系建立的需求和进展状况,还可以在相应层次上进行有关人员机构的组织安排。

(三)宣传和培训

宣传和培训是 HSE 管理体系建立,转变传统观念,提高健康、安全与环境意识的重要基础。体系建立的组织机构在开展工作之前,首先应接受 HSE 管理体系标准及相关知识的培训。同时,当组织依据标准所建立的 HSE 管理体系文件正式发布后,需要对全员进行文件培训。另外,组织体系运行需要的内审员也要进行相应的培训。宣传培训的内容应主要围绕管理体系的建立来安排。根据组织推行管理体系工作的需要,宣传培训依照管理层次不同,内容要有所侧重。

二、初始风险评价

初始风险评价(或称初始状态评审)是建立 HSE 管理体系的基础,其主要目的是了解组织健康、安全与环境管理现状,为组织建立 HSE 管理体系搜集信息并提供依据。

(一)初始风险评价的内容

根据建立 HSE 管理体系的需要,初始风险评价可包括如下内容:

(1)明确适用的法律、法规及其要求,并评价组织的 HSE 行为与各类法律、法规等的符合性。

（2）识别和评价组织活动、产品或服务过程中的环境因素、危险因素，特别是重大环境因素、危险因素。

（3）审查所有现行 HSE 相关活动与程序，评价其有效性。

（4）对以往事件、事故调查以及纠正、预防措施进行调查与评价。

（5）评价投入到 HSE 管理的现存资源的作用和效率。

（6）识别现有管理机制与标准之间的差距。

（二）初始风险评价的准备初始风险评价应完成的准备工作

（1）确定初始风险评价范围。

（2）组成初始风险评价组。

（3）现场初始风险评价的准备工作内容：①收集和评估数据和信息；②初始风险评价方法的选择；③建立判别标准；④制订计划。

（三）初始风险评价的实施

（1）收集信息

收集组织过去和现在的有关 HSE 管理状况的资料和信息等。如组织的 HSE 管理机构、人员职能分配与适用情况；组织的 HSE 管理规章；组织适用的国际公约以及国内法律、法规和标准及其执行情况；组织的 HSE 方针、目标及其贯彻情况；近年来组织的事故情况和原因分析等。

（2）进行环境因素的识别与评价

确定环境因素是组织 HSE 管理的基础信息，组织应全面系统地分析，找出全部环境因素。识别环境因素的过程中，需要重点检查涉及以下问题的活动、过程中的环境因素，这些问题包括：向大气的排放、向水体的排放、废物管理、土地污染、原材料使用和自然资源的利用、对局部地区和社会有影响的环境问题以及一些特殊问题。进行环境影响评价需要考虑的基本因素包括：环境影响的规模范围、环境影响的程度大小、环境影响的持续时间、环境风险的概率。

（3）进行危险因素、危害因素的识别与评价

① 识别和评价的范围：a. 组织在生产、运行、生活、服务、储存中可能产生的重要危险、危害因素。b. 周围环境对本组织员工危险、危害因素及影响，其中包括自然灾害、地方病、传染病、易发病、气候危险、危害等。

② 识别与评价的主要内容：a. 组织的地理环境。b. 组织内各生产单元的平面布置。c. 各种建筑物结构。d. 主要生产工艺流程。e. 主要生产设备装置。f. 粉尘、毒物、噪声、振动、辐射、高温、低温等危害作业的部位。g. 管理设施、应急方案、辅助生产、生活卫生设施。

（4）危险、危害因素识别与评价的方法

危险、危害因素识别和评价的方法很多，每一种方法都有其目的性和应用范围。常见的评价方法有：安全检查表、类比法、预先危险性分析、危险度分析法、蒙德法、单元危险性快速划序法。总之，风险评价技术是一门复杂的、技术性很强的学科，其方法多种多样，参加人员需要具有一定的专业知识、理论水平。

（四）初始风险评价报告

（1）初评信息的归类完成初始状态的现场评价后，应认真全面地整理、分析和归纳初始状态评价所获取的大量信息。

（2）编写初评报告将初始状态评价所完成的工作，编制成初始状态评价报告，会更有利于 HSE 管理体系的建立与运行、保持。初始状态评价报告应篇幅适度、结构清晰。报告应涵盖初始评价的主要内容，并对改进有关事项提出建议。

三、HSE 管理体系的策划与设计

（一）HSE 管理体系的策划

进行 HSE 管理体系策划的主要内容包含：

（1）保障建立体系的组织领导、办事机构和资源。

（2）依据初始评价制订组织的承诺。

承诺的内容包括：

① 对实现安全、健康与环境管理体系政策、战略目标和计划的承诺；

② 对 HSE 优先位置和有效实施 HSE 管理体系的承诺；

③ 对员工 HSE 表现的期望；

④ 对承包商 HSE 表现的期望；

⑤ 其他承诺。

（3）确定组织的方针和目标。方针与目标的内容包括：

① 遵守有关法律、法规和其他应遵守的内部、外部要求；

② 持续改进的思想；

③ 对事故预防的重视；

④ 对公司员工的期望和对承包方的要求；

⑤ 创建一个健康的工作环境，积极推进雇员健康和福利的改善；

⑥ 防止公司活动中可能产生的所有安全事故；

⑦ 逐步减少废气、废水和固体废弃物的排放，以最终消除它们对环境的不利影响。对一些中、小企业，在建立自己的方针目标时还应包括一些有针对性的内容，如三废排放、道路安全等。

（4）依据标准要求，结合组织健康、安全与环境管理实际，确定体系建立的总体设计方案。

（二）HSE 管理体系的设计准备

HSE 管理体系的设计准备的内容包括：设计调研与确定原则。

（三）HSE 管理体系的设计

（1）组织结构和职责设计

① 组织结构设计 HSE 组织机构是把负责 HSE 事物的机构和人员联系在一起，形成一个有机的富有战斗力的整体，形成一个层次分明的网络体系。

② 职责应制订负责 HSE 管理的主要机构和管理人员的职责。

（2）文件体系设计

文件体系设计包括文件层次设计与文件开发（主要为程序文件和作业文件的开发）。

（四）HSE 管理体系的设计评审

组织完成 HSE 体系方案初步设计后，应组织专家评审小组对设计方案进行评审，依据专家评审小组的意见，组织对 HSE 管理体系的设计方案进行修订，形成 HSE 管理体系的详细设计方案。此外，还应组织办公会由最高管理者审核并批准 HSE 管理体系设计方案，并由 HSE 管理体系的管理部门制订工作进度计划，组织实施。

四、HSE 管理体系文件的编制

（一）编写体系文件的基本要求

体系文件的编写应具有系统性、法规性、协调性、见证性、唯一性与适用性。

（二）体系文件编写的方式

体系文件的编写可以采用如下方式：

（1）自上而下依次展开方式；

（2）自下而上的编写方式；

（3）从程序文件开始，向两边扩展的编写方式。

（三）HSE 管理手册编写

HSE 管理手册是对组织健康、安全与环境管理体系的全面描述，它是全部体系文件的“索引”，对 HSE 管理体系的建立与运行有特殊意义。

管理手册在深度和广度上可以不同，取决于组织的性质、规模、技术要求及人员素质，以适应组织的实际需要。对于中、小型组织，可以把管理手册和程序文件合成一套文件，但大多数组织为了便于管理仍把管理手册、程序文件分开。

（四）HSE 程序文件编写

程序文件的编写要符合要求。程序文件内容：列出开展此项活动的步骤，保持合理的编写顺序，明确输入、转换和输出的内容；明确各项活动的接口关系、职责、协调措施；明确每个过程中各项因素由谁干、什么时间干、什么场合(地点)干、干什么、怎么干、如何控制，以及所要达到的要求；需形成记录和报告的内容；出现例外情况的处理措施等，必要时辅以流程图。

（五）HSE 管理作业文件编写

首先应对现行文件进行收集和分析。组织现行的各种组织制度、规定办法等文件，很多具有管理作业相同的功能，但也都有其不足之处，应该以 HSE 管理体系有效运行为前提，以管理作业文件的要求为尺度，对这些文件进行一次清理和分析，取其有用，删除无关，按管理作业文件内容及格式要求进行改写。

其次应编制作业文件明细表。根据 HSE 管理体系总体设计方案，按体系要素逐级展开，制订作业文件明细表，明确部门的职责，对照已有的各种文件，确定需新编、修改和完善的管理作业文件，制订计划在程序文件编制时或编制后逐步完成。由于各组织的规模、机构设置和生产实际不尽相同，则运行控制程序的多少、内容也不相同，即使程序相同，但由于其详略程度不同，其作业文件的多少也不尽相同。

（六）两书一表的编写

一般来说，所有从事化工石油工程建设的施工企业基层组织，都应编制两书一表。两书是指《HSE 作业指导书》和《HSE 作业计划书》，一表是指《HSE 现场检查表》。

（七）HSE 记录编写

记录是管理体系文件的一部分，HSE 管理的全过程需要大量的记录作支持。记录不仅是预防和纠正措施的依据，也为审核和评审提供依据。

HSE 记录的设计应与编制程序文件和(或)作业文件同步进行，以使 HSE 记录与程序文件和作业文件协调一致、接口清晰。

（八）体系文件的受控标识与版面要求

1. 体系文件的受控标识

（1）体系文件分为受控文件和非受控文件，应分别加盖“受控文件”和“非受控文件”印章，“受控文件”应制订程序对其进行控制。

（2）HSE 管理体系管理手册用于对外宣传和交流时，可加盖“非受控文件”印章，不做跟踪管理；组织内部使用时，必须加盖“受控文件”印章，列入受控范围。

（3）程序文件和管理作业文件，必须加盖“受控文件”印章，列入受控范围，不准向外组织提供或以各种方式变相交流。

（4）因情况变化，需增领文件时，应到文件管理部门按手续领取，严禁自行复印。

（5）持有者应妥善保管，不得涂改、损坏、丢失。

2. 体系文件版面要求

组织 HSE 管理体系管理手册、程序文件的编制建议采用标准形式，基本要求应符合有关标准规定，但文件编码、页码等其他要求应满足程序文件特有的规定。管理作业文件不采用标准形式编制。体系文件和记录(专用票据除外)版面推荐均采用 A4 纸，如图表较大可折叠装订。监理单位及其监理项目均应建立完善的 HSE 管理体系，并进行体系的试运行及审核评审。

五、HSE 管理体系的实施

（一）HSE 管理工作

在 HSE 管理体系实施过程中，监理机构应完成下列工作：

1. 勘察设计阶段 HSE 管理工作

（1）监理机构对勘察设计 HSE 管理的内容

① 监督检查勘察设计单位的职业健康安全管理体系和环境管理体系的运行情况。检查勘察设计单位 HSE 岗位职责和工作制度落实情况。

② 按有关法律、法规和标准规范的规定，审查勘察设计单位提交的 HSE 文件，对涉及健康安全和环境保护的内容及深度进行评审。

③ 检查有关 HSE 的工程投资纳入设计概预算的情况。

（2）监理机构对勘察工作 HSE 管理的监控

监理机构人员应在现场监督检查勘察外业人员的工作情况，督促其遵守规范规程，采取措施保护现场周边环境，保证地上地下的各种设施和构建筑物的安全。

（3）监理机构对初步设计文件 HSE 内容的审查

① 审查落实可研阶段“劳动安全卫生预评价”和“环境影响评价”审批意见的情况，如有变更，应征得原 HSE 审查单位的同意。

② 审查《劳动安全卫生专篇》和《环境保护专篇》。

③ 审查各专业涉及安全、消防、防洪、环境保护、水土保持、文物保护、地质地震灾害预防的有关内容。

④ 严格控制和审查非标设计，应保证非标设计的 HSE 内容能够满足工程实际需要。

（4）监理机构对施工图设计文件 HSE 内容的审查

① 审查初步设计所确定的安全卫生、环境保护的措施和要求的落实情况；在本阶段或施工阶段如有设计变更，应征得原 HSE 审查单位的同意。

② 审查为防范施工重点部位和环节发生安全生产事故提出的设计指导意见。

③ 审查采用新结构、新材料、新工艺的工程中预防施工生产安全事故的措施建议。

2. 施工阶段的 HSE 管理工作

（1）项目监理机构应设置专职或兼职的 HSE 监理人员进行施工现场的 HSE 管理工作。

（2）总监理工程师应组织负责 HSE 工作的监理工程师审查承包单位报送的施工组织设计(方案)中的施工安全措施，其内容应符合施工招标文件、投标文件和承包合同中有关 HSE 的要求。

（3）总监理工程师应组织监理人员审查承包单位提交的职业健康、安全与环境(HSE)文件和各种应急预案。

（4）对清管试压、有限空间作业、穿跨越、隧道工程、大型沟渠、河流的大开挖、石方段管沟爆破、深基坑支护与降水、脚手架搭设、拆除、大件吊装等高风险的施工作业，施工单位应编制由单位技术负责人审查批准的专项安全施工方案。

（5）HSE 监理工程师应对专项安全施工方案进行审查，经总监理工程师批准后报建设单位。

（6）HSE 监理工程师应对承包单位报送的拟进场的安全防护材料、起重机、施工机械、电气设备等的安全性进行审核，符合要求后予以签认，准予进场使用。

（7）HSE 监理人员应对承包单位执行职业、安全与环境（HSE）法律、法规和工程建设强制性标准以及相关措施的情况、HSE 管理体系运行和现场的 HSE 状况进行监督、检查，发现问题或隐患时，应书面通知承包单位采取有效措施予以整改。

（8）任何人员不应指示施工人员违反有关 HSE 规定进行施工作业。

（9）存在重大健康、安全与环境（HSE）隐患时，总监应立即签发工程暂停令，要求承包单位制订措施消除隐患，承包单位拒不纠正或不停止施工的，监理单位应及时向建设单位和建设行政主管部门报告。

（10）当发生施工安全事故时，项目监理机构应协助建设单位或行政主管部门进行安全事故的调查处理工作。

（二）HSE 管理体系实施过程存在的主要问题

HSE 管理体系存在的主要问题包括领导支持力不足、培训教育不完善、资金投入困难、组织机构及职责不明确、各部门不能很好配合、出现问题无反馈途径、外部监察力度不够、对法规或其他要求的合规性评价不足等等。例如过分重视书面文件，而对于实质性的本质安全、环保技术、惯例应用不够；技术支持不完善，风险评价、清洁生产、应急准备与响应等方面落实不够；HSE 体系与现有的安全环境管理“两张皮”现象；全员参与意识差，以人为本、可持续发展的理念不能得到有效落实。在资源配置方面，人力资源配置不足，培训不够，基础设施良莠不齐；目标管理方面只注重结果，忽视目标实现的过程管理；在内部审核过程中提供虚假证据；对体系文件的执行力不够；不进行目标分解，缺乏目标责任人和奖惩措施等。

思　考　题

1. 什么是 HSE 管理体系？简述 HSE 管理体系的发展历程。
2. 简述我国石油企业 HSE 管理体系的发展状况。
3. HSE 管理体系标准的基本要素有哪些？简述七个一级要素之间的关系。
4. 为什么说“领导和承诺”是 HSE 管理体系基本要素的核心？
5. HSE 管理体系基本要素中评审与审核的区别？
6. 简述建立实施 HSE 管理体系的过程及其程序步骤。
7. 建立 HSE 管理体系的前期准备工作有哪些？
8. 什么是初始风险评价？初始风险评价的内容有哪些？
9. 简述我国 HSE 管理体系实施过程的主要问题。

第三章　事故致因与预防理论基础

第一节　事故相关概念与事故特性

一、安全科学理论的发展与本质安全

安全科学理论的发展包含四个阶段：

第一阶段，工业革命前阶段，其技术特征是刀耕火种的农牧业和手工业，人们对待事故的认识论是典型的听天由命，因此在方法上表现为无能为力。

第二阶段，从17世纪末至20世纪初，人类进入了蒸汽机时代，在与自然斗争的过程中，经过大量血的事实，学会了从事故中总结经验和教训，发展了事故学理论。其理论的基本出发点是事故，以事故为研究对象和认识目标，认识的主要内容是经验论与事后型安全哲学。事故学理论是建立在事故与灾难的基础上来认识安全的。其方法论的特征在于被动与滞后，是亡羊补牢的事后型安全管理模式。

第三阶段，从20世纪初至50年代，人类进入了电气化时代，以安全系统工程、安全人机工程、风险分析与安全评价等理论为基础的风险控制理论得到了发展，安全管理科学在认识论和方法论上得到了质的飞跃，其认识论是以风险和隐患作为研究对象，其理论基础是对事故因果性的认识以及对危险和隐患事件链过程的确认，其方法论的特征是预防型安全管理模式，从安全管理目标出发进行风险分析、风险评价和风险控制，推行安全评价的系统安全工程。

第四阶段，20世纪50年代以来，人类进入了宇航与核能时代，安全科学理论得到了不断发展。一个有着完整的、独立的研究对象，追求本质规律的、能够适应现代生产方式和生活方式安全要求的安全科学理论体系正在逐步形成，其认识论以安全系统作为研究对象，建立了人物能量信息的安全系统要素，提出了系统自组织的思路，确立了系统本质安全的目标，其方法论的特征是自组织思想和本质安全化的认识，从系统的本质入手，具有主动性、协调综合性、全面性，表现为从人与机器、人与环境的本质安全入手。

本质安全是指设备、设施或技术工艺含有内在的、能够从根本上防止发生事故的功能。具体包括两方面的内容：

(1) 失误-安全功能，指操作者即使操作失误，也不会发生事故或伤害，或者说设备、设施和技术工艺本身具有自动防止人的不安全行为的功能。

(2) 故障-安全功能，指设备、设施或技术工艺发生故障或损坏时，还能暂时维持正常工作或自动转变为安全状态。

二、与事故相关的基本概念

(1) 安全

安全是一个相对概念。一般意义上的理解则是“无危则安，无损则全”。对于一个企业，经过风险评价，确定了不可接受风险，那么就要采取措施，将不可接受风险降至可允许的程

度，使得人们免遭不可接受的风险的伤害。

（2）危险

作为安全的对立面，危险是指在生产活动过程中，人或物遭受损失的可能性超出了可接受范围的一种状态。危险与安全一样，也是与生产过程共存的，是一种连续型的过程状态。危险包含了尚未为人所认识的，以及虽为人们所认识但尚未为人所控制的各种隐患。同时，危险还包含了在安全与不安全一对矛盾斗争过程中，某些瞬间突变发生、外在表现出来的事故结果。

（3）风险

风险是指特定危险事件发生的可能性与后果的组合。

（4）事故

事故是造成死亡、职业病、伤害、财产损失和其他损失的意外情况。

事件是造成或可能造成事故的情况。事故是意外事件，事件包括事故。

（5）隐患

隐患指在生产活动过程中，由于人们受到科学知识和技术力量的限制，或者由于认识上的局限，而未能有效控制的、有可能引起事故的一种行为（一些行为）或一种状态（一些状态）或二者的结合。

隐患是事故发生的必要条件，隐患一旦被识别，就要予以消除。对于受客观条件所限，不能立即消除的隐患，要采取措施降低其危险性或延缓危险性增长的速度，减少其被触发的概率。

三、事故的基本特点

事故是指人们在进行有目的活动过程中，突然发生违反人们意愿，并可能使有目的的活动发生暂时性或永久性终止，同时造成人员伤亡或财产损失的意外事件。事故有自然事故和人为事故之分。自然事故是指由自然灾害造成的事故，如地震、洪水、旱灾、山崩、滑坡、龙卷风等引起的事故。人为事故是指由人为因素而造成的事故，这类事故既然是人为因素引起的就能够预防。事故之所以可以预防是因为它具有一定的特性和规律，只要掌握了这些特性和规律，并能合理应用，事先采用有效措施加以控制，就可以预防和减少事故的发生及其造成的损失。一般来说事故具有以下特性：

（1）因果性

因果性是说一切事故的发生都是由于存在的各种危险因素相互作用的结果。生产中的人身伤害事故是由物和环境的不安全条件、人的不安全行为、管理缺陷以及对突发的意外事件处理不当等原因引起的。

（2）偶然性

事故具有偶然性，是说事故的发生是随机的。偶然性寓于必然性之中。事故的随机性表明它服从统计规律，因而可用数理统计方法进行分析预测，找出事故发生、发展的规律，从而为预防事故提供依据。

（3）潜伏性

事故的潜伏性是说事故在尚未发生或还未造成后果之时，是不会显现出来的，好像一切都处在正常和平静状态。但是生产中的危险因素是客观存在的，只要这些危险因素未被消除，事故总会发生的。事故的这一特征要求人们消除盲目性和麻痹思想，常备不懈，居安思危，在任何时候、任何情况下，都要把安全放在第一位来考虑。要在事故发生之前充分辨识潜在危险因素，事先采取措施进行控制，最大限度地防止危险因素转化为事故。

第二节　事故致因理论

一、事故致因理论的由来和发展

20 世纪初，世界工业生产已经初具规模，蒸汽动力和电动机械取代了作坊中的手工器具。由于当时的机器都没有安全防护装置，对工人不进行培训，日工作时间长达 13 小时，伤亡事故频繁发生。1909 年美国工业死亡事故高达 3 万起，有的工厂“百万工时死亡率”竟多达 150~200 人。1901~1904 年，美国宾夕法尼亚钢铁公司 2200 名职工中竟有 1600 人在事故中受到伤害。面对工人生命受到严重威胁，企业主态度消极，第一个单因素理论“事故频发倾向论”应运而生，即认为工人性格特征是事故频繁发生的唯一因素。这集中地反映了企业主的错误观念。

1919 年，格林伍德(Greenwood)和 1926 年纽博尔德(M. Newbold)认为，事故在人群中并非随机地分布，某些人比其他人更易发生事故。因此，就用某种方法将有事故倾向的工人与其他人区别开来，并依此作为解雇工人的依据。这种理论的缺点是过分夸大了人的性格特点在事故中的作用。

1936 年，海因里希(Heinrich)提出了应用多米诺骨牌原理研究工人受伤害导致事故的 5 个顺序过程，即“伤亡事故顺序五因素”。

1939 年，法默(FanTler)和钱伯(Chamber)提出，一个有事故倾向的人具有较高的事故率，而与工作任务、生活环境和经历等无关，意为一切事故责任均归咎于个人性格。

1951 年，阿布斯和克利克的研究指出，个别人的事故率具有明显的不稳定性，对具有事故倾向的个性类型的量度界限难以测定。广泛的批评使这一单因素(具有事故倾向的素质论)理论被排除事故致因理论的地位。1971 年，邵合赛克尔主张这一观点仅供工种考选参考，他着眼于多发事故，丝毫无意涉及人的个性参数。

第二个单因素理论被称为心理动力理论，它来源于佛儒德(Fulyd)的个性动力理论，认为工人受刺激是导致工人受伤害事故的原因。这种理论也是荒谬的，它也无法证实某个特定的动机会引起某个特定的事故。这里所以提示一下这个观点，是因为它与事故倾向论者相反，不认为个别人的品德缺陷是固有的和稳定的，认为无意识的动机是可以改变的。此理论可推论为，一个人可能属于具有事故倾向组，通过教育或培训可降低其事故率，而不必将他们从工作中排除。

20 世纪 60 年代初期，由于火箭技术发展的需要，西方各国着手开发安全系统工程。美国在 1962 年 4 月公开发表了“空军弹道导弹系统安全工程”的说明书。同年 9 月拟定了“武器系统安全标准”。

1961 年由吉布森(Gibson)提出的、并在 1966 年由哈顿(Haddon)引申的“能量转移理论”，阐述了伤亡事故与能量及其转移于人体的模型。

1965 年，科罗敦(Kolodner)在安全性定量化的论文中介绍了故障树分析(FTA)。这一系统安全分析方法，实质上也是基本源于事件链理论。

1970 年，帝内逊(Driessen)明确地将事件链理论发展为分支事件过程逻辑理论。FTA 等树枝图形，实际上是分支事件过程的解析。

1972 年，威格尔斯沃思(Wigglesworth)提出了以人的失误为主因的事故模型。

1972 年，贝纳(Benner)提出了解释事故致因的综合概念和术语，同时把分支事件链和事故过程链结合起来，并用逻辑图加以显示，进而提出“多重线性事件过程图解法”。

1974 年，劳伦斯(Lawrence)根据贝纳和威格尔斯沃思的事故理论，提出了“扰动”促成事故的理论，即 P 理论(Perturbation Occurs)，此后又提出了能适用于复杂的自然条件、连续作业情况下的矿山以人失误为主因的事故模型，并在南非金矿进行了试点。

1975 年，约翰逊(Johnson)研究了管理失误和危险树(MORT)，这是一种系统安全逻辑树图的新方法，也是一种全面理解事故现象的图表模型。

1980 年，泰勒斯(Talanch)在《安全测定》一书中介绍了变化论模型；

1981 年佐藤吉信依 MORT 又引申出从变化的观点说明“事故是一个连续过程”的理论。

1983 年，瑞典工作环境基金会(WEF)对 1969 年瑟利(Surry)提出的人行为系统模型提出了一个修改的版本，即 WEF 模型。

1991 年，安德森(Andersson)提出了瑟利修改系列模型，认为事故的发生并非一个“事件”，而是一个过程，可作为一个系列进行分析。

1992 年，瓦格纳(Wagenaar)提出防止人失误的促导安全行为的 6 种方法；依此 1998 年 Jop. Groeneweg 提出了对人失误加强管理的事故因果模型。

1998 年 R. Lehto 和 M. Miller 提出事故序列四阶段的安全信息及其制作。

1998 年，AbdulRaouf 将事故致因理论，归纳为几个事故原因学说，以下介绍几个有影响的事故因果关系理论。

（1）多米诺学说

根据海因里希(W. H. Heinrich)1931 年发明的一个多米诺骨牌原理，认为“88%的事故是由于人们的不安全操作所引起；10%的事故是由于不安全行为引起；2%是天灾造成的。它提出一个“五因素事故序列”，已于前述。

（2）多因素学说

这一学说认为，一起事故的发生可能有多个影响因素，即主要原因和附属原因，以及某些原因集合在一起而引起事故。根据这一学说，众多影响因素可归纳为两类：一是行为的影响因素，如安全知识缺欠，技术不佳，劳动姿势不合适，以及工人身心状态不适宜；二是环境因素，这类影响因素指生产劳动的环境不良，有害因素多，设备工具安全质量下降、缺乏安全装备。这一学说的贡献是批判了事故是由单一因素引起的，批判了“工人事故倾向论”等有偏见的倾向学说。

（3）能量转移学说

这一学说认为，事故的发生都有一个危害的发生源，并与能量转换有密切关系，如高处坠落是势能转换为动能；电烧伤为电能转换为热能且转移于人体等等。

（4）“征象与原因”学说

该学说认为，不安全条件和人的不安全操作都是征象，是近似的显而易见的表面的直接原因，而不是造成事故的根本原因。间接原因往往是基本的本质原因，如社会环境、管理失误等。事故调查不应停留在表面征兆和现象，应追究造成直接原因的本质原因。

近十几年来，许多学者都一致认为，事故的直接原因不外乎是人的不安全行为或人为失误和物的不安全状态或故障两大因素作用的结果。人与物两系列轨迹交叉理论被用来说明造成事故的直接原因。间接原因，即社会原因、管理原因等是导致事故发生的本质原因。

研究事故致因理论可以用于查明事故原因，作出安全评价和预防事故决策，增长安全理论知识，积累安全信息，防止产业灾害的发生。

二、事故因果论

（一）事故因果类型

产生灾害、伤亡事故的发生，系一连串事件在一定时序下相继产生的结果。

发生事故的原因与结果之间，关系错综复杂，因与果的关系类型分为集中型、连锁型、复合型。

几个原因各自独立共同导致某一事故发生，即多种原因在同一时序共同造成一个事故后果的，叫集中型，如图 3-1 所示。

某一原因要素促成下一要素发生，下一原因要素再造成更下一要素发生，因果相继连锁发生的事，叫连锁型，如图 3-2 所示。

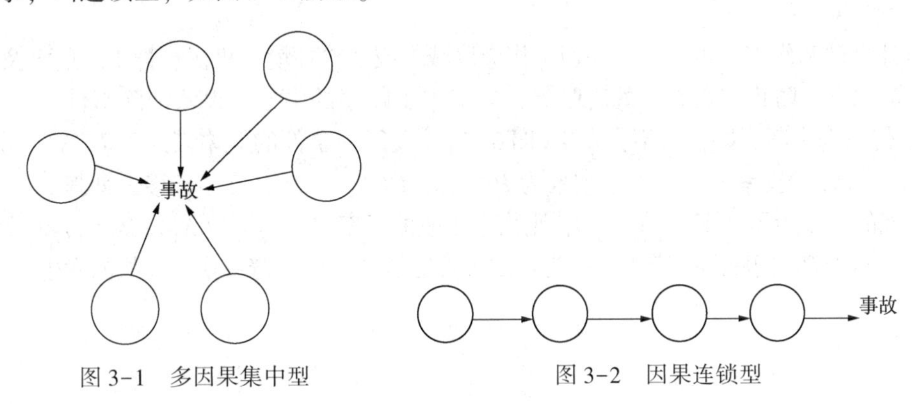

图 3-1　多因果集中型　　　　图 3-2　因果连锁型

某些因果连锁，又有一系列原因集中、复合组成伤亡事故后果，叫复合型。如图 3-3 所示。

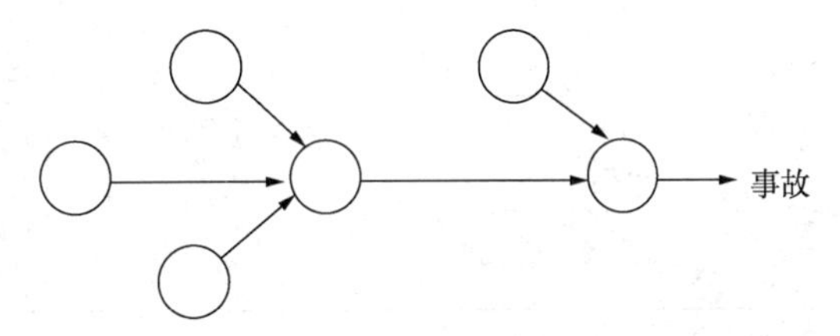

图 3-3　集中连锁复合型

单纯的集中型或连锁型均较少，事故的因果关系多为复合型。

接近事故后果时间最近的直接原因，叫一次原因；造成一次原因的原因，叫二次原因，依此向下类推为三次、四次、五次等间接原因。从初始原因（离事故后果最远的原因）开始向上，五次、四次、三次、二次、一次，直至事故后果，是事故发生的因果顺序；追查事故原因时，则逆向从一次原因查起。这说明因果是继承性的，是多层次的。一次原因是二次原因的结果；二次原因又是三次原因的结果，依此类推。

（二）多米诺骨牌原理

海因里希（Heinrich）于 1936 年提出应用多米诺骨牌原理来阐述伤亡事故的因果顺序。经一些专家多年的改进认同，这顺序五因素（五颗骨牌的内涵）是：①社会环境和管理；②人为失误（或过失）；③不安全行为和不安全状态；④意外事件；⑤伤亡（后果）。

如图 3-4 所示，伤亡事故五因素：社会环境和管理欠缺(设为 A_1)促成了人为失误(设为 A_2)；人为失误又造成了不安全行为或机械、物质危害(设为 A_3)；后者导致意外事件 A_4(包括无伤亡的险肇事故或称未遂事故)和由此产生的人员伤亡的事件 A_5。五因素连锁反应构成了事故。

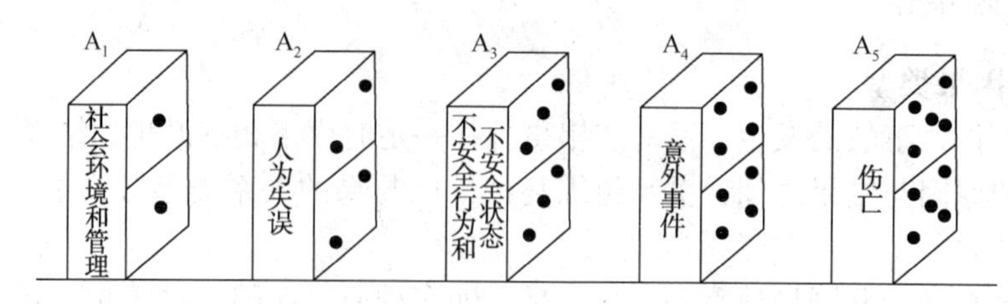

图 3-4　事故伤亡五因素模型

将 A_1、A_2、A_3、A_4、A_5 看成等距(牌间距离小于骨牌高度)竖立的骨牌。伤害之所以发生是由于前面因素的作用，A_1 推倒 A_2，A_2 推倒 A_3，A_3 推倒 A_4，A_4 推倒 A_5，在事件运算上，称为“特款”。

在意外事件和伤害发生之前，一切工作应以减少或消除环境内机械、物质的危害及人的不安全行为为原则。防止伤亡事故的着眼点，应集中于顺序的中心，设法消除事件 A_3，即移去骨牌 A_3，使系列中断，则伤害不会发生(图 3-5)。设每一事件的概率表述为 $P(A)$，即 A_1 的概率 $P(A_1)$，A_2 的概率 $P(A_2)$，余类推为 $P(A_3)$，$P(A_4)$，$P(A_5)$。若移去骨牌 A_3，即使这一因素出现的概率为零，即 $P(A_3)=0$，则伤亡事故的概率 $P(A_0)=P(A_1)\times P(A_2)\times 0\times P(A_4)\times P(A_4)=0$；这时随机事件 A_0 变为概率为零的不可能事件，即可避免伤亡事故的发生。

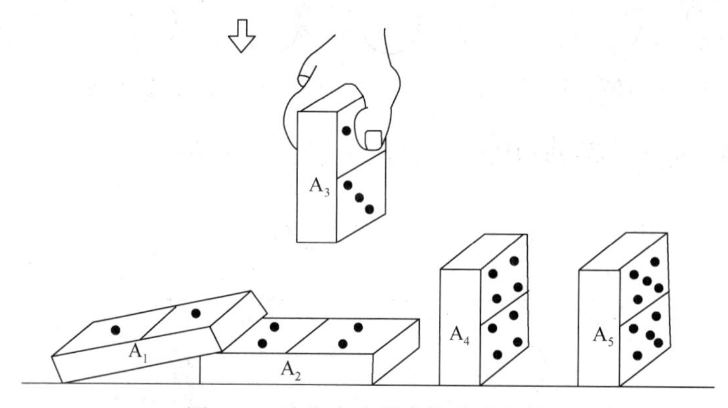

图 3-5　移去中央因素使系列中断

安全管理的工作中心是防止人的不安全行为，消除机械或物质的危害，这就必须加强探测技术和控制技术的研究。

一起伤亡事故可以称为一次意外事件。事故发生的诸因果事件链中每一环可看成总事件中的各个具体事件。伤亡事故的前级因素，如社会环境、管理欠缺，家庭和个人生理、心理影响，人为失误或机械、物质危害，不安全行为或不安全状态等等均为各个具体事件，它们形成了意外事件，从而导致伤亡，即各个单独事件(诸因果)合成了工伤事故这一总事件(事故为最终后果)。

三、管理失误论

以管理失误为主因的事故模型。这一事故致因模型，侧重研究管理上的责任，强调管理失误是构成事故的主要原因。

事故之所以发生，是因为客观上存在着生产过程中的不安全因素，矿山尤甚；此外还有众多的社会因素和环境条件，这一点我国乡镇矿山更为突出。

事故的直接原因是人的不安全行为和物的不安全状态。但是，造成“人失误”和“物故障”的这一直接原因的原因却常常是管理上的缺陷。后者虽是间接原因，但它却是背景因素，而又常是发生事故的本质原因。人的不安全行为如图 3-6 所示间断线。

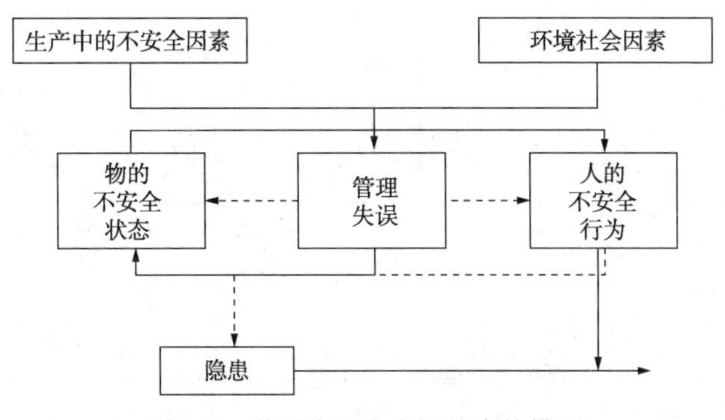

图 3-6　管理失误为主因的事故模型

“隐患”来自物的不安全状态即危险源，而且和管理上的缺陷或管理人失误共同出现才能形成；如果管理得当，及时控制，变不安全状态为安全状态，则不会形成隐患。

客观上一旦出现隐患，主观上人又有不安全行为，就会立即显现为事故。

四、扰动起源论

1972 年，贝纳(Benner)提出了解释事故致因的综合概念和术语，同时把分支事件链和事故过程链结合起来，并用逻辑图加以显示。他指出，从调查事故起因的目的出发，把一个事件看成某种发生过的事物，是一次瞬时的重大情况变化，是导致下一事件发生的偶然事件。一个事件的发生势必由有关人或物所造成。将有关人或物统称之为“行为者”，其举止活动则称为“行为”。这样，一个事件可用术语“行为者”和“行为”来描述。“行为者”可以是任何有生命的机体，如车工、司机、厂长；或者任何非生命的物质，如机械、车轮、设计图。“行为”可以是发生的任何事，如运动、故障、观察或决策。事件必须按单独的行为者和行为来描述，以便把事故过程分解为若干部分加以分析综合。

1974 年，劳伦斯(Lawrence)利用上述理论提出了扰动起源论。该理论认为“事件”是构成事故的因素。任何事故当它处于萌芽状态时就有某种非正常的“扰动”，此扰动为起源事件。事故形成过程是一组自觉或不自觉的，指向某种预期的或不可测结果的相继出现的事件链。这种事故进程包括外界条件及其变化的影响。相继事件过程是在一种自动调节的动态平衡中进行的。如果行为者行为得当或受力适中，即可维持能流稳定而不偏离，从而达到安全生产；如果行为者行为不当或发生过故障，则对上述平衡产生扰动，就会破坏和结束自动动态平衡而开始事故进程，一事件继发另一事件，最终导致“终了事件”——事故和伤害。这种事故和伤害或损坏又会依此引起能量释放或其他变化。

扰动起源论把事故看成从相继事件过程中的扰动开始，最后以伤害或损坏而告终。这可称之为“P 理论”(Perturbation 理论)。

依照上述对事故起源、发生发展的解释，可按时间关系描绘出事故现象的一般模型，如

图 3-7 所示。

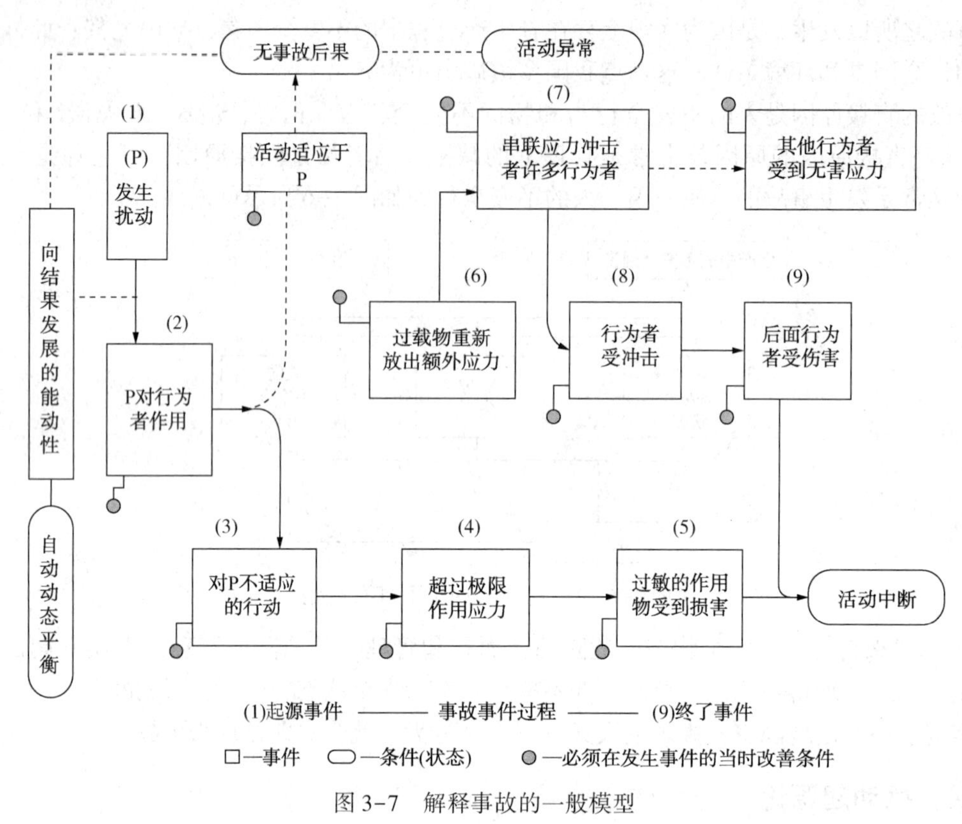

图 3-7　解释事故的一般模型

图 3-7 中由(1)发生扰动到(9)伤害组成事件链。扰动(1)称为起源事件，(9)伤害称为终了事件。

该图外围是自动平衡，无事故后果，只使生产活动异常。该图还表明，在发生事件的当时，如果改善条件，亦可使事件链中断，制止事故进程发展下去而转化为安全。图中事件用语都是高度抽象的"应力"术语，以适应各种状态。

五、能量转移论

(一) 能量和事故

近代工业的发展起源于将燃料的化学能转变为热能，并以水为介质转变为蒸汽，将蒸汽的热能再变为机械能输送到生产现场，这就是蒸汽机动力系统的能量转换情况。电气时代是将水的势能或蒸汽的动能转换为电能，在生产现场再将电能转变为机械能进行产品的制造加工或开采资源。核电站是用核能即原子能转变为电能的。总之，能量是具有做功本领的物理量，是由物质和场构成系统的最基本的物理量。

输送到生产现场的能量，依生产的目的和手段不同，可以相互转变为各种能量形式：势能、动能、热能、化学能、电能、原子能、辐射能、声能、生物能。

1966 年，美国运输部安全局局长哈登(Haddon)引申了吉布森提出的下述观点："人受伤害的原因只能是某种能量的转移"，并提出了能量逆流于人体造成伤害的分类方法。他将伤害分为两类。

第 1 类伤害是由于施加了超过局部或全身性损伤阈值的能量引起的，实例见表 3-1。

第2类伤害是由于影响了局部或全身性能量交换引起的，主要指中毒、窒息和冻伤，见表3-2。哈登提出了关于表3-2中所列能量破坏性作用的处理原则。

表3-1　由于施加了超过局部或全身性损伤阈值的能量引起的伤害实例

施加的能量类型	产生的原发性损伤	举例与注释
机械能	移位、撕裂、破裂和压榨，主要损及组织	由于运动的物体如子弹、皮下针、刀具和落下物体冲撞造成的操作，以及由于运动的身体冲撞相对静止的设备造成的损伤，如在跌倒时、飞行时和汽车事故中。具体的伤害结果取决于合力施加的部位和方式。大部分的伤害属于本类型
热能	炎症、凝固、烧焦，损及身体任何层次	第一度、第二度和第三度烧伤。具体的伤害结果取决于热能作用的部位和方式
电能	干扰神经-肌肉功能以及凝固、烧伤，伤及身体任何层次	触电死亡、烧伤、干扰神经功能。具体伤害结果取决于电能作用的部位和方式
电离辐射	细胞和亚细胞成分与功能的破坏	反应堆事故、治疗性与诊断性照射、滥用同位素、放射性粉尘的作用。具体伤害的结果取决于辐射能作用的部位和方式
化学能	伤害一般要根据每一种或每一组织的具体物资而定	包括由于动物性、植物性毒素引起的损伤、化学烧伤如氢氧化钾、硫酸，以及大多数元素和化合物在足够计量时产生的不太严重而类型很多的损伤

表3-2　由于影响了局部或者全身性能量交换引起的伤害实例

影响能量交换的类型	产生的损伤活障碍的种类	举例与注释
氧的作业	生理损害、组织或全身死亡	全身-由机械因素或化学因素引起的窒息(溺水、一氧化碳中毒和氰化氢中毒)局部-血管性意外
热能	生理损害、组织或全身死亡	由于体温调节障碍产生的损害、冻伤、冻死

哈登认为，在一定条件下某种形式的能量能否产生伤害造成人员伤亡事故，取决于能量的大小、接触能量时间和频率，以及力的集中程度。

(二) 防护能量逆流于人体的措施

哈登认为，预防能量转移于人体的安全措施可用屏障防护系统的理论加以阐述，并指出屏障设置得越早，效果越好。按能量大小可建立单一屏障或多重的冗余屏障。

防护能量逆流于人体的“屏障”系统分为以下12种类型。

(1) 限制能量的系统。例如限制能量的大小和速度，规定安全极限量(如规定安全电压)，使用低压测量仪表，控制冲击地压等。

(2) 用较安全的能源代替危险性大的能源。例如用水力采煤代替火药爆破。

(3) 应用防止能量蓄积的系统。例如应用低高度位能，控制爆炸性气体的浓度，防止其在空气中的含量达到爆炸极限。

(4) 控制能量释放。例如建立水闸墙防止高势能地下水突然涌出。

(5) 延缓能量释放。例如采用安全阀、逸出阀控制高压气体；用全面崩落法控制顶板，控制地压。

(6) 开辟释放能量的渠道。例如采取安全接地防止触电；进行探放水，防止突水；抽放煤体内瓦斯，防止瓦斯蓄积爆炸。

(7) 在能源上设置屏障。例如设置原子辐射防护屏、机械防护罩、氢子体滤清器等。

(8) 在人、物与能源之间设置屏障。例如设防火门、防火密闭；设高空作业安全网，防止势能逆流于人体等。

(9) 在人与物之间设置屏蔽。例如佩戴安全帽、防尘毒口罩、穿电工安全鞋等。

(10) 提高防护标准。例如采用双重绝缘工具防止高压电能触电事故，对瓦斯连续监测和遥控遥测，以及增强对伤害的抵抗能力(如用耐高温、高寒、高强度材料制作的个体防护用具)。

(11) 改变工艺流程。变不安全流程为安全流程，用无毒少毒物质代替剧毒有害物质。

(12) 修复或急救。治疗、矫正，以减轻伤害程度或恢复原有功能；搞好紧急救护，进行自救教育；局限灾害范围，防止事态扩大，如设置岩粉棚局限煤尘爆炸。

六、综合原因论

事故之所以发生是由于多重原因综合造成的，即不是单一因素造成的，也不是个人偶然失误或单纯设备故障所形成，而是各种因素综合作用的结果。事故之所以发生，有其深刻原因，包括直接原因、间接原因和基础原因。

综合原因论认为，事故是社会因素、管理因素和生产中危险因素被偶然事件触发所造成的结果。综合原因论的结构模型如图 3-8 所示。

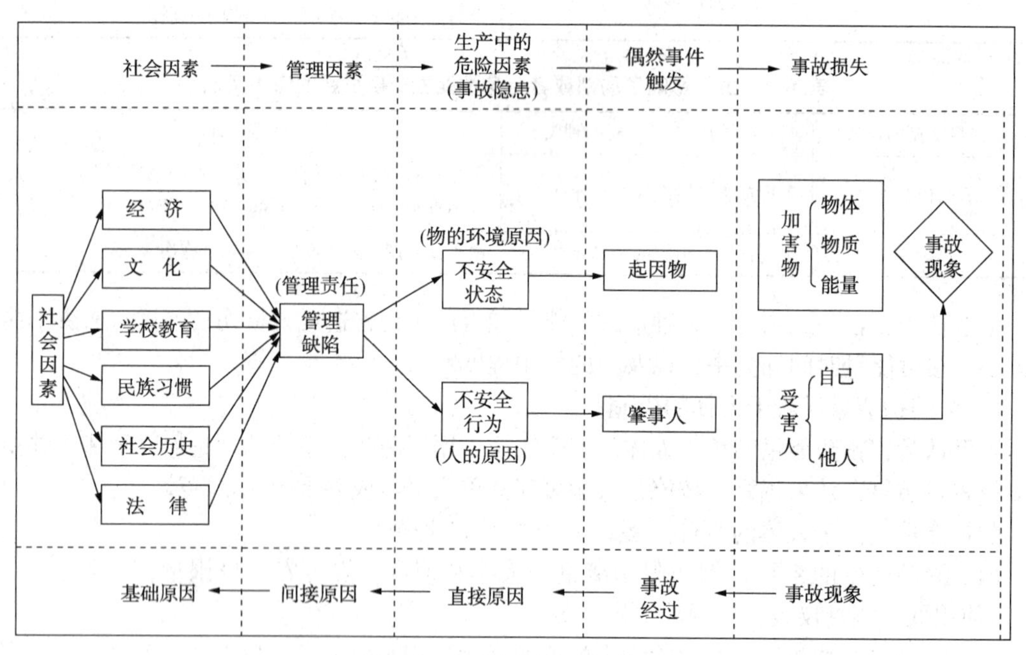

图 3-8 综合原因论事故模型

事故是由起因物和肇事人触发加害物于受伤害人而形成的灾害现象和事故经过。

意外(偶然)事件之所以触发，是由于生产中环境条件存在着危险因素即不安全状态，后者和人的不安全行为共同构成事故的直接原因。这些物质的、环境的以及人的原因是由于管理上的失误、缺陷，管理责任所导致，是造成直接原因的间接原因。形成间接原因的因素，包括社会经济、文化、教育、社会历史、法律等基础原因，统称为社会因素。

事故的产生过程可以表述为由基础原因的“社会因素”产生“管理因素”，进一步产生“生产中的危险因素”，通过人与物的偶然因素触发而发生伤亡和损失。

调查分析事故的过程则与上述经历方向相反。如逆向追踪：通过事故现象，查询事故经过，进而了解物的环境原因和人的原因等直接造成事故的原因；依次追查管理责任(间接原因)和社会因素(基础原因)。

除了上述事故预防原理外，还有其他几种预防原理，如变化——失误连锁理论、多重因素理论、以人失误为主因的事故链理论等。事故致因理论形象地描述了事故的原因及其相互间复杂作用的结果，揭示了伤亡事故的实质，也指明了预防事故的根本原则。

第三节　事故的预防

一、事故发生的主要原因

发生事故，其原因多方面的，除自然灾害外，主要有以下几方面原因；

(1) 设计上的不足：生产工艺不成熟，从而给生产带来难以克服的先天性的隐患。

(2) 设备上的缺陷：如设备上考虑不周，材质选择不当，制造安装质量低劣，缺乏维护及更新等。

(3) 操作上的错误：如违反操作规程，操作错误，不遵守安全规章制度等。

(4) 管理上的漏洞：如规章制度不健全，人事管理上的不足，工人缺乏培训教育，作业环境不良，领导指挥不当等。

(5) 不遵守劳动纪律：对工作不负责任，缺乏主人翁责任感等。

二、预防事故的基本原则

根据伤亡事故致因理论以及大量事故原因分析结果显示，事故发生主要是由于设备或装置上缺乏安全技术措施，管理上有缺陷和教育不够三个方面原因而引起。因此，必须从技术、教育、管理三个方面采取措施，并将三者有机结合、综合利用，才能有效地预防和控制事故的发生。

(一) 安全技术措施

安全技术措施包括预防事故发生和减少事故损失两个方面，这些措施归纳起来主要有以下几类：

(1) 减少潜在危险因素。在新工艺、新产品的开发时，尽量避免使用危险的物质、危险工艺和危险设备。例如在开发新产品时，尽可能用不燃和难燃的物质代替可燃物质。用无毒或低毒物质代替有毒物质，生产中如没有易燃易爆和有毒物质，发生火灾、爆炸、中毒事故就失去了基础。因此，这是预防事故的最根本措施。

(2) 降低潜在危险性的程度。潜在危险性往往达到一定的程度或强度才能施害，通过一些措施降低它的程度，使之处在安全范围以内就能防止事故发生。如作业环境中存在有毒气体，可安装通风设施，降低有害气体浓度，使之达到标准值以下，就不会影响人身安全和健康。

(3) 联锁。就是当出现危险状态时，强制某些元件相互作用，以保证安全操作。例如，当检测仪表显示出工艺参数达到危险值时，与之相连的控制元件就会自动关闭或调节系统，使之处于正常状态或安全停车。目前由于化工、石油化工生产工艺越来越复杂，联锁的应用也越来越多，这是一种很重要的安全防护装置，可有效地防止人的误操作。

（4）隔离操作或远距离操作。由事故致因理论得知，伤亡事故发生必须是人与施害物相互接触。如果将两者隔离开来或者远离一定距离，就会避免人身事故的发生或减弱对人体的危害。提高自动化生产程度，设置隔离屏障，防止人员接触危险物质和危险部位都属于这方面措施。

（5）设置薄弱环节。在设备和装置上安装薄弱元件，当危险因素达到危险值之前这个地方预先破坏，将能量释放，保证安全。例如，在压力容器上安装安全阀或爆破膜，在电气设备上安装保险丝等。

（6）坚固或加强。有时为了提高设备的安全程度，可增加安全系数，加大安全裕度，保证足够的结构强度。

（7）警告牌示和信号装置。警告可以提醒人们注意，及时发现危险因素或部位，以便及时采取措施，防止事故发生。警告牌示是利用人们的视觉引起注意；警告信号则可利用听觉引起注意。目前应用比较多的可燃气体、有毒气体检测报警仪，既有光也有声，可以从视觉和听觉两个方面提醒人们注意。

（8）封闭。就是危险物质和危险能量局限在一定范围之内，可有效预防事故发生或减少事故损失。例如，使用易燃易爆、有毒有害物质，把它们密闭在容器、管道里边，不与空气、火源及人体接触，就不会发生火灾爆炸和中毒事故。将容易发生爆炸的设备用防爆墙围起来，一旦爆炸，破坏能量不至于波及周围的人和设备。

此外，还有生产装置的合理布局、建筑物和设备保持一定安全距离等其他方面的安全技术措施。随着科学技术的发展，还会开发出新的更加先进的安全防护技术措施，要在充分辨识危险性的基础上，具体选用。安全技术设施在投用过程中，必须加强维护保养，经常检修，确保性能良好，才能达到预期效果。

（二）安全教育措施

安全教育是对企业各级领导、管理人员及操作工人进行安全思想教育和安全技术知识教育。安全思想教育的内容包括国家有关安全生产、劳动保护的方针政策及法规法纪。通过教育提高各级领导和广大职工的安全意识及法制观念，牢固树立安全第一的思想，自觉贯彻执行各项劳动保护法规政策，增强保护人、保护生产力的责任感。安全技术知识教育包括一般生产技术知识、一般安全技术知识和专业安全生产技术知识的教育，安全技术知识寓于生产技术知识之中，在对职工进行安全教育时必须把二者结合起来。一般生产技术知识含企业的基本概况、生产工艺流程、作业方法、设备性能及产品的质量和规格。一般安全技术知识教育含各种原料、产品的危险危害特性，生产过程中可能出现的危险因素，形成事故的规律，安全防护的基本措施和有毒有害的防治方法，异常情况下的紧急处理方案，事故时的紧急救护和自救措施等。专业安全技术知识教育是针对特别工种所进行的专门教育，例如锅炉、压力容器、电气、焊接、化学危险品的管理、防尘防毒等专门安全技术知识的培训教育。安全技术知识的教育应做到应知应会，不仅要懂得方法原理，还要学会熟练操作和正确使用各类防护用品、消防器材及其他防护设施。

（三）安全管理措施

安全管理是通过制定和监督实施有关安全法令、规程、规范、标准和规章制度等，规范人们在生产活动中的行为准则，使劳动保护工作有法可依，有章可循，用法制手段保护职工在劳动中的安全和健康。

安全管理措施包括安全技术、安全教育、安全管理三个方面措施，安全技术措施是提高工艺过程、机械设备的本质安全性，即当人出现操作失误，其本身的安全防护系统能自动调节和处理，以保护设备和人身的安全，所以它是预防事故最根本的措施。安全管理是保证人们按照一定的方式从事工作，并为采取安全技术措施提供依据和方案，同时还要对安全防护设施加强维护保养，保证性能正常，否则，再先进的安全技术措施也不能发挥有效作用。安全教育是提高人们安全素质，掌握安全技术知识、操作技能和安全管理方法的手段。没有安全教育就谈不上采取安全技术措施和安全管理措施。所以说，技术、教育、管理三个方面措施是相辅相成的。必须同时进行，缺一不可。技术(Engineering)、教育(Education)、管理措施(Enforcement)，又称为“三E”措施，是防止事故的三根支柱。

三、事故预防应该采取的对策

1. 发挥教育员工的职能，不断强化员工的安全意识，提高员工的自我保护能力

(1) 思想教育。主要是从正面宣传劳动保护的意义、方针政策。加强法制观念，使员工懂得企业安全生产的各项规章制度是同生产秩序和个人安全密切相关的。从而使广大员工认清自己在安全生产中不单纯是安全管理的对象，更重要的是安全生产的主人，从而提高员工搞好安全生产的自觉性、责任感和积极性。

(2) 爱岗敬业教育。让员工深刻理解安全与自己的生活、工作、家庭、幸福息息相关，一次重大生产事故，不仅给本人和家庭带来不幸，也给企业以及他人带来巨大的损失。教育员工要在工作中热爱自己的岗位，保持心情舒畅，遵章守纪，与企业同呼吸共命运。

(3) 全技能教育。通过安全技术培训，提高员工劳动技能，克服蛮干和习惯违章的不良习惯。使员工熟练掌握一般安全知识和专业安全技术。

(4) HSE 教育。要积极推行 HSE 管理体系，认真履行体系中的各项规定，不断提高员工的健康水平安全生产的保障水平、企业环境保护水平，只有这样才能使企业真正实现无伤害、无事故、无污染、无损失的目标，才能从根本上保证员工的人身安全、杜绝违章。

2. 实行通过考核和竞争，使安全管理的“责、权、利”相统一

(1) 把安全管理工作纳入日常管理工作当中，并通过经济杠杆作用将其量化，把安全生产与员工的切身利益挂钩，从而调动广大员工的安全生产积极性。

(2)实行“安全一票否决”制度，使安全与每个人或每个集体的荣誉、利益紧紧项相连，促进全员安全意识的提高。

3. 依靠安全管理机制增强防范能力

(1) 制定明确的安全管理制度工作规划、目标实施和激励办法，奖罚分明。对及时发现重大隐患、排除事故或事故处理有功的人员、给予表彰和重奖，对违章行为要严肃处理，决不姑息迁就。让员工感受到触目惊心、损失惨重的后果。

(2) 针对不同季节的生产特点和员工队伍状况，组织开展“安全周”“安全月”“百日安全无事故竞赛”“安全知识竞赛”“消防演习”“重点部位事故演习”“每人查找身边一些隐患”“我为安全生产献一计”等活动，增强员工的安全意识，提高员工的安全技能。

第四节 人因风险预防与控制

人为因素是指人的行为或使命对一特定系统的正确功能或成功性能的不良影响，这一术语涵盖了对所有生物医学与社会心理学的考虑，它包括但不限于人员的选拔、考核、培训原则及其在人为因素工程领域中的应用、人的动作评估、辅助手段和生命支持。

从社会学和行为学的角度考虑，人类是改造大自然的主体，一切生产活动都有人的参与，在整个社会进步的过程中，人类占有主导地位。也就是说，除自然灾害(地震、洪水、火山喷发等)以外，一切事故或故障的发生都有人类直接或间接的参与，这也使得人为因素的研究范畴十分的广泛，人为因素风险分析工作开展起来也相当复杂。随着现代科技设备的进步和计算技术及理论的飞速发展，加上管理理念由上世纪的“制度化管理”向21世纪“人性化管理”的转变，各国专家及学者在这方面所做的研究也在逐渐增多。但遗憾的是，由于人为因素的复杂性，目前在人为因素风险分析方面还没有一套完善的方法。

研究人为因素，首先需要对人为失误进行识别。只有对人为失误的主要表现形式进行了全面的识别，才不会导致在随后的人为失误原因分析以及人的可靠性评估中出现偏差。所以理解井控安全体系中人为失误的多重特性，针对不同类型采取适当的方法识别井控安全领域中人为失误及其对井控系统风险水平的影响就显得至关重要。

一、人为失误的定义

人的不安全行为是导致许多事故的直接原因。到目前为止，对不安全行为本身的概念还存在许多争议，没有一个严格科学的定义。

与工业安全领域长期使用的术语“人的不安全行为”不同，在现代安全研究中采用了术语“人失误(Human Error)”。按系统安全的观点，人也是构成系统的一种元素，当人作用于一种系统元素发挥功能时，会发生失误。与人的不安全行为类似，人失误这一名词的含义也比较含蓄而模糊。

现在对人失误的定义很多，其中比较著名的论述有两种。

皮特(Peters)定义人失误为“人的行为明显偏离预定的、要求的或希望的标准，导致不希望的时间拖延、困难、问题、麻烦、误动作，意外事件或事故”。

里格比(Rigby)认为，所谓人失误是指人的行为的结果超出了某种可接受的界限。换言之，人失误是指人在生产操作过程中，实际实现的功能与被要求的功能之间的偏差，其结果可能以某种形式给系统带来不良的影响。

综合上面两种论述，人失误是指人的行为结果偏离了规定的目标，超出了可接受的界限，产生了不良的影响。关于人失误的性质，许多专家学者进行了研究，其中约翰逊关于人失误问题做了如下的论述：

(1) 人失误是生产作业过程中不可避免的副产物。

(2) 工作条件可以诱发人失误；通过改善工作条件来防止人失误，比对人员进行说服教育、训练更有效。

(3) 某一级别人员的人失误，反映较高级别人员的职责方面的缺陷。

(4) 人们的行为反映其上级的态度，如果凭直观感受来解决安全管理问题，或靠侥幸来维持无事故的记录，则不会取得长期的成功。

(5) 按习惯编制操作程序的方法有可能促使人失误发生。

一般来讲，不安全行为是操作者在生产过程中发生的、直接导致事故的人为失误，是人为失误的特例。一般意义上的人为失误，可能发生在从事计划、设计、制造、安装、维修等各项工作的各类人员身上。管理者发生的人为失误是管理失误，这是一种更加危险的人为失误。

二、人为失误的基本特征

人存在若干内在的弱点，这些弱点主要来自两方面：

（1）生理界限，包括体力、反应速度、生物节律以及对外部环境变化的容许界限等。人作为一种现实的生物机体不可能随心所欲、完美无缺。

（2）意识界限，包括主体的内部意识和动机、期望，实践基础的感知（如记忆、想象、思维），在环境条件下的情感对感知的提炼和把握规律性的能力，以及对自我行为的规划能力等。

结合钻井事故数据资料和人的行为习惯分析，就井控安全领域中人为的失误倾向性而言，其特征主要包括以下几个方面，如表3-3所示。

表3-3　井控安全领域人为失误特征表

特征分类	特征描述	实例
重复性	由于人的操作受多方面因素的影响，可能导致同一个失误可能在工作中反复出现	如平板阀未全开、全关或者开关后未回位；开关未扳到正确位置；决策错误等
可修复性	人的失误可能导致系统出现不安全状态，但是在很多情况下，由于人在系统异常状态下的参与，可以发现并改正错误，有效缓解或克服事件的后果，使系统恢复正常状态	如试压过程相关闸阀开关错误，导致试压失败，改正后重试成功
学习避免能力	人最大的能力莫过于他的学习能力和环境适应性，人可以通过学习提高工作绩效，适应环境和工作需要，从而明显的降低工作失误率	如：实习生刚上井架时，对工作生疏，失误率比较高，通过向其他工人的学习和知识的积累，失误率会明显下降
不稳定性	人的失误具有很大的随意性和不稳定性，不像机器的失效具备特定的规律	如：同一个人在注意力集中时失误率很低，但是情绪不好或环境不好时失误则明显增多

三、人为失误的心理学分析

认知心理学认为，“感觉（信息输入）—判断（信息加工处理）—行为（反应）”构成了人体的信息处理系统，所谓不安全行为就是由于信息输入失误导致判断失误而引起的误操作。按照“感觉—判断—行为”的过程，对引起不安全行为的典型因素做如下的分类，如图3-9所示。

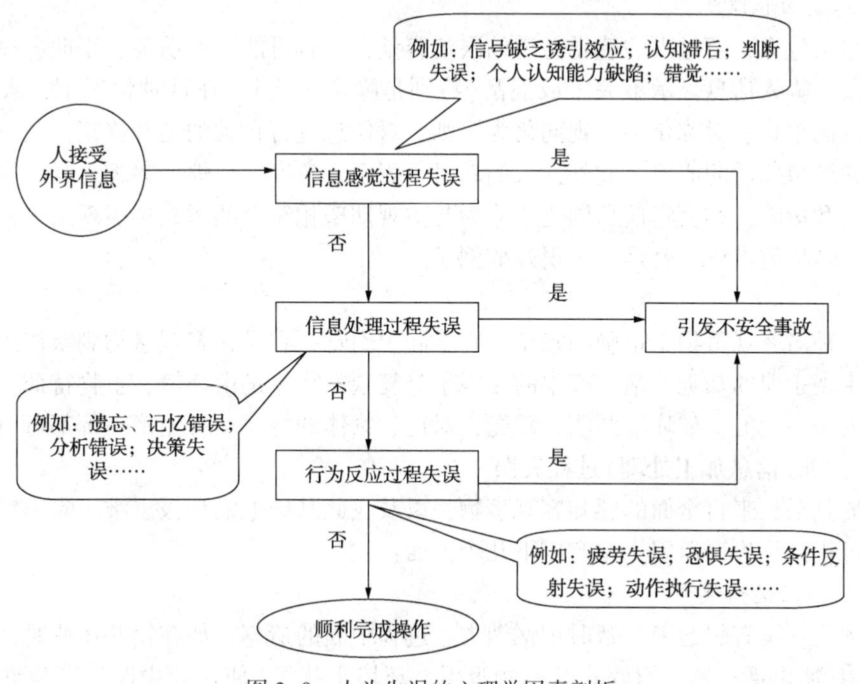

图3-9　人为失误的心理学因素剖析

(一) 感觉(信息输入)过程失误

如没看见或看错、没听见或听错信号，产生这类失误的原因主要有：

1. 信号缺乏足够的诱引效应

(1) 信号缺乏吸引操作者的注意转移的效应；

(2) 人不可能一直不停地注意某一对象；

(3) 工作环境中有许多因素(如：噪声、温度、情绪等)迫使人们分心。

所以，为确保及时发现信号，仅依赖操作者的感觉是不够的，关键在于信号必须具备较高的诱引效应，以期有效地引起操作者的注意。对于油气井喷处理这样的关键性施工，鉴于强噪声、特殊气候、严寒着装等对感觉，尤其是视觉和听觉的影响，有时很难正确的接受信息，建议将防毒面具和呼吸器改为带无线通信头盔形式，一方面有利于信息的交流和沟通，同时也有利于保持听力。

2. 认知的滞后效应

人对输入信息的认知能力，总有一个传递滞后时间。如在理想状况下，看清一个信号需0.3s，听清一个声音约需1s。如果工作环境受到其他因素干扰，这个时间还要长些。若信息呈现时间太短，速度太快，或信息不为操作者所熟悉，均可能造成认知的滞后效应。因此，建议在井控系统中设置信号导前量(预警信号)，以补偿滞后效应。

3. 判别失误

判别是大脑将当前的感知表象的信息和记忆中信息加以比较的过程。若信号显示方式不够鲜明，缺乏特色，则操作者的印象(部分长时记忆和工作记忆)不深，再次呈现则有可能出现判别失误，这一点在钻井工作者长时间工作后尤其明显。

4. 知觉能力缺陷

由于操作者感觉通道有缺陷(如近视、色盲、听力障碍)，不能全面感知对象的本质特征。

5. 信息歪曲和遗漏

若信息量过大，超过人的感觉通道的限定容量，则有可能产生遗漏、歪曲、过滤、或不予接收现象。输入信息显示不完整或混乱(特别是噪声干扰)，在这种情况下，人们对信息的感知将以简单化、对称化和主观同化为原则，对信息进行自动的增补修正，其感知图像成为主观化和简单化后的假象。此外，人的动机、观念、态度、习惯、兴趣、联想等主观因素的综合作用和影响，亦会将信息同化改造为与主观期望相符合的形式再表现出来。如小道消息的传播，越传越走样，就是一个很好的例子。

6. 错觉

这是一种对客观事物不正确的知觉，它不同于幻觉，它是在客观事物刺激作用下的一种对刺激的主观歪曲的知觉。错觉产生的原因十分复杂，往往是由环境、事物特征、生理、心理等多种因素引起的，如环境照明、眩光、对比、物体的特征、视觉惰性等都可引起错觉。

(二) 判断(信息加工处理)过程失误

正确的判断，来自全面的感知客观事物，以及在此基础上的积极思维。除感知过程失误外，判断过程产生失误原因主要有以下几个方面：

1. 遗忘和记忆错误

常表现为：没有想起来、暂时记忆消失、过程中断的遗忘，如在钻井作业时，突然因外界干扰(如接听电话、别人召唤、某事物吸引、环境干扰等)使作业中断，等到继续作业时忘记了应注意的安全问题。

2. 联络、确认不充分

常见有如下情况：联络信息的方式与判断的方法不完善、联络信息实施的不明确、联络信息表达的内容不全面、信息的接收者没有充分确认信息而错误领会了所表达的内容。

3. 分析推理失误

多数因为受主观经验及心理定势影响，或出现危险事件所造成的紧张状态所致。在紧张状态下，人的推理活动受到一定抑制，理智成分减弱，本能反应增加。特别是在井涌形成井喷的过程，大量液体从井口喷涌而出，势必对钻台人员构成很大的心理压力，能否在关键时刻临危不乱，正确完成关井动作是井控工作的关键，有效的措施是加强危险状态下安全操作技能训练。

4. 决策失误

主要表现为延误做出决定时间和决定缺乏一定的灵活性，这在很大程度取决于个体的个性心理特征及意志的品质。因此，对于钻井实际操作中一些特别重要、决策水平要求较高的岗位(如队长、司钻)，必须通过职业选拔，选择合适的人才。对于井喷抢险领导的选拔和锻炼更是必不可少，国家应该加强这方面的工作。

(三) 行为(反应)过程失误

常见的行为过程失误的原因主要有以下几个方面：

1. 习惯动作与作业方法要求不符

习惯动作是长期在生产劳动过程中形成的一种动力定型，它本质上是一种具有高度稳定性和自动化的行为模式。从心理学的观点来看，无论基于什么原因，要想改变这种行为模式，都必然有意识地和下意识地受到反抗，尤其是紧急情况下，操作者往往就会用习惯动作代替规定的作业方法。减少这类失误的措施是机器设备的操作方法必须与人的习惯动作相符。比如，平板阀关闭后要回转1/8~1/4圈，这本身就对操作习惯提出了挑战，最好从设备的设计解决。

2. 由于反射行为而忘记了危险

因为反射(特别是无条件反射)是仅仅通过知觉，无须经过判断的瞬间行为，即使事先对这一不安全因素有所认识，但在反射发出的瞬间，脑中却忘记了这件事，以致置身于危险之中。在钻井操作中反射行为造成危害的情况很多，因为钻台空间相对有限，加之员工都是长时间注意力高度集中于钻井作业，一旦偶然的恢复自然状态，这一瞬间极易危及人身安全。再就是危急状态下人的本能行为所采取的逃避性动作，却因通道不畅造成新的危险，因此应该在装备设计上更加人性化。

3. 操作方向和调整失误

操作方向失误主要原因有：有些机器设备没有操作方向显示(如风机旋转方向)，或设计与人体的习惯方向相反。调整失误的原因主要是，由于技术不熟练或操作困难，特别是当意识水平低下或疲劳时这种失误更易发生。

4. 工具或作业对象选择错误

常见的原因有：工具的形状与配置有缺陷，如形状相同但性能不同的工具乱摆乱放、记错了操作对象的位置、搞错开关的控制方向，如在发生溢流时，井架工在紧急状态下要关闭节流阀的时候，本要“关闭”却拧成了“打开”的方向，致使浪费了宝贵的抢险时间。

5. 疲劳状态下行为失误

人在疲劳时由于对信息输入的方向性、选择性、过滤性的性能下降，所以会导致输出时的程序混乱，行为缺乏准确性。

6. 异常状态下行为失误

人在异常状态下特别是发生意外事故生命攸关之际，由于过度紧张，注意力只集中于眼前能看见的事物，丧失了对输入信息的方向选择性能和过滤性能，造成惊慌失措，结果导致错误行为。如在发生溢流时，气体迅速向上膨胀，井底压力发生着剧烈的变化，在这种紧急的情况下，司钻的第一反应和决定至关重要。缺乏经验的人，也许会吓得手足无措、大脑空白，做出错误的决定，从而丧失处理问题的最好时机。

根据钻井井控人员的职业特点和实际情况，从人—机器—环境—管理四个角度归纳出井控人员的行为影响因子，如图 3-10 所示。

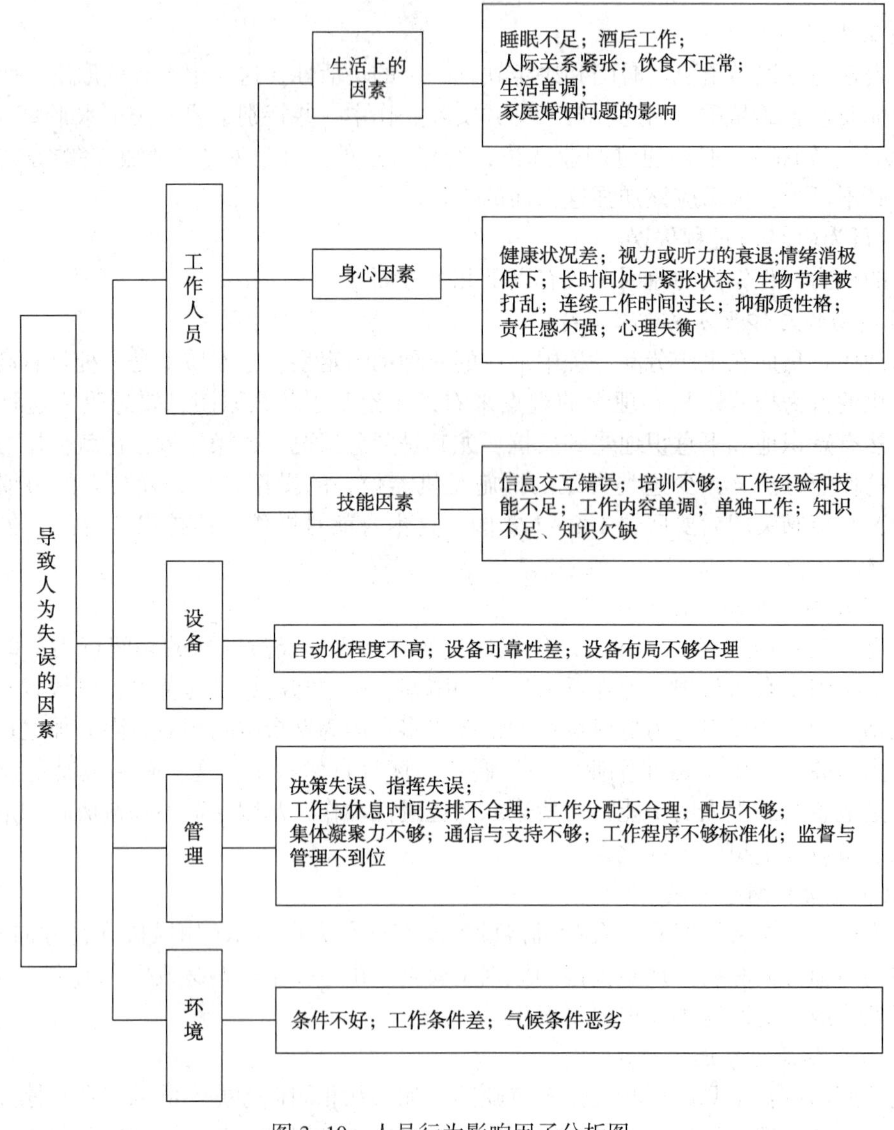

图 3-10　人员行为影响因子分析图

四、控制人为失误的总体原则

人的行为受多方面因素的影响，如家庭因素、社会因素、工作因素、环境因素、受教育程度和技术培训等。在生产实践中，人既是促进生产发展的决定因素，又是生产中安全与事故的决定因素。人的安全行为能保证安全生产，人的异常行为会引发生产事故。因此，要想有效预防、控制事故的发生，必须做好人的预防性安全管理，强化人的安全观念，预防和抑制当事人行为的异常，使之达到安全生产的客观要求，以此预防和控制事故的发生。控制人为失误主要有三方面的措施，即实现人的安全化、作业标准化、作业环境安全化。

（一）人的安全化

人的安全化是指作业人员思想素质、心理状态、安全技能和技术水平达到安全的要求。人的安全化是钻井安全生产的大事，应该做好以下几方面的工作：

（1）加强安全思想教育，强化安全知识、安全技能的教育训练，提高职工预防、控制事故的能力；

（2）利用典型事故案例进行教育，使职工切实了解井控安全的重要性，强化责任意识。

（3）加强职工的心理素质的培养，保证职工在工作时保持良好的心理状态；

（4）利用生物节律理论，制定安全对策，保证人的安全；

（5）预防人的异常行为，控制事故发生；

（6）做好职工的动态安全管理，建立健全安全法规，开展各种不同形式的安全检查等，及时发现并预防人们在生产中的不安全行为，预防、控制事故发生；

（7）加强技术、装备操作安全管理，提高管理人员的安全技术能力，消除违规指挥。

（二）作业标准化

作业过程中，只有操作人员的每个动作都符合要求，才能真正保证人员安全作业，因此作业标准化是安全生产的基础。针对油气井控过程的特点，应制定和完善相关标准，同时必须制定一套行政和经济手段相结合的措施，完善管理制度，设立必要的标准作业监督检查机制，让职工之间相互监督，共同执行。

（三）作业环境安全化

人—机—环境—管理是安全系统工程的四要素。不安全的环境是引起事故的物质基础，它是事故的直接原因，对事故的发生起加速作用。

要使作业环境安全化，还应做好以下几方面的工作：

（1）合理布置生产系统，并使其最优化；

（2）工作空间布置合理，逃生通道畅通；

（3）控制工作环境中的噪声和振动；

（4）各种监测、控制系统合理、灵活、准确。

五、人因风险的控制

减少人为因素事故可以着力从以下两个方面加以控制和预防。

（一）建立和维持员工的兴趣

兴趣是人积极探索事物的认识倾向，它是人的一种带有趋向性的心理特征。培养人的职业兴趣可使员工对工作过程中的事情和细节格外关注，并具有向往的心情，从而调动他们的积极性和创造性，达到控制和减少人的失误，保障安全生产的目的。

1. 兴趣在安全生产中的作用

一个人对所从事的工作是否感兴趣，与他在生产中的安全问题密切相关。人若对所从事的工作感兴趣，首先会表现在对兴趣对象和现象的积极认知上。对兴趣对象和现象的积极认知，会促使人对所使用的设备的性能、结构、原理、操作规程等作全面细致的了解和熟悉，以及对与其操作相关的整个工艺流程的其他部分作一定的了解。对所从事的工作感兴趣，也表现在对兴趣对象和现象的积极求知和积极探究上。曾经有人说过，热爱是最好的老师。兴趣可促使人积极获取所需要的知识和技能，达到对于本职工作所需知识和技能的丰富和熟练，从而不断提高他的工作能力。这样，不但可以提高工作效率，而且有助于对操作过程中出现的各种异常情况采取相应措施，防止事故的发生。

2. 兴趣的培养

培养对本职工作的兴趣，首先要端正劳动态度。个人可以根据自己的条件和能力选择适宜自己的职业。除采取一定的思想教育手段外，更主要的是要搞好单位及行业的经营管理，提高企业效益和竞争力，强化奖惩条例，让职工更多地看到并得益于自己工作的成绩和意义，也让职工清楚因工作失误给企业和个人造成的后果，促使他们激起并保持高度的劳动积极性，维持他们恒久的责任心，产生对工作的兴趣和依赖。

（二）职业安全教育及培训

进行安全教育及培训是有效增进职工的知识和技能、减少职工的个体差异、打造高素质团队的重要手段之一，安全教育及培训可从以下几个方面入手。

1. 推行有效的人员选拔制度

由于机械设备的自动化程度越来越高，某些重要安全相关岗位工作人员的行为对安全负有主要责任。这就需要科学合理的人员选拔方法，从而减少潜在的不安全因素。如何针对岗位的需求，选拔在知识、技能、生理、心理和性格等各方面合格的人员已成为一项复杂的专业性工作。其中人员的心理素质、团队精神、沟通能力以及在紧急状况下人员的行为特性等个体因素通过科学的考核方法可得到适当的筛选。

2. 强化安全教育与专业技能培训

安全教育与技能培训包括安全法规与制度、安全知识和安全文化的培育。培养人员自觉遵守安全法规，养成严谨、细致的工作作风。潜心培育和提高人员的安全意识，提升企业的安全文化水平。制定并实施完善的岗前、在岗人员培训、再培训制度，保证在岗人员具有满足岗位需要的知识和技能。提高人员在工作中尤其是在紧急状态下的判断、预测和处理能力。

3. 强化安全管理

(1) 建立维护安全管理制度

① 制订有效的安全规则；

② 建立运行事件响应制度；

③ 建立人因事件原因分析制度；

④ 建立内、外部两方面的运行经验交流制度；

⑤ 建立系统的人员招聘、培训和考核上岗制度。

(2)建立安全文化体系以强化安全意识

创造压力适度的工作环境以预防人为失误，针对个体的特点、性格与个人意向进行合理的工作配置和工作再设计；建立危机管理团队以预防和管理人为失误；加强通信设施包括单兵通信设施建设，以确保信息传递的有效性和准确性。

4. 加强安全领域人因事件的理论分析与研究

通过行之有效的人因事件分析(如人的可靠性分析、人因事件根本原因分析等)了解人为失误的薄弱环节和引发失误的根本原因，并通过有效的反馈体系，及时将分析研究结果反馈到生产实际操作中，从而达到防范人为失误的目的。

5. 改善人机系统状况

人—机—环境是系统不可分割的一部分，其整体可靠性与三者及其相互间的交集的优化状况密切相关。从系统的高度审视系统的安全水平，如通过增设安全防护设施与装备、改进和提高机械机器自动化程度，来达到人机界面的协调，从而提高安全性能和可靠性。

6. 加强人员的心理素质培养

人的素质包括身体素质、专业技术素质和心理素质等。人的潜在的能力、人的作用的发挥程度极易受人的心理影响，当人处于不良的心理状态时，很容易发生人为失误。对于行业人员而言，在理论知识、操作技能和心理素质三要素中，心理素质是主导，是最重要的因素。因为心理素质不佳的人，面临危险时可能会惊慌失措，丧失最佳时机，甚至临阵脱逃，把团队的生命和财产置之度外。因此，除了理论和操作技能的培训外，加强心理素质的培养十分重要。

7. 建立多重防御体系

建立多层重叠设置的安全防护系统，构成多道防线，即使某一防线失效也能被其他防线弥补或纠正。将技术手段、管理手段与文化手段相结合，从管理、决策、组织、技术、事故分析、信息反馈等过程和层面构建主动型人因事故纵深防御体系，最终达到降低人为失误，提高安全水平的目的。

思考题

1. 何为事故，事故有哪些基本特点？
2. 结合工业革命的发展，简述事故致因理论的发展历程。
3. 简述常用事故致因理论对预防事故有哪些贡献？有哪些局限性？
4. 事故发生的主要原因有哪些？
5. 事故预防的基本原则有哪些？
6. 什么叫人为失误？人为失误有哪些基本特征？
7. 简述影响人员行为的因素。
8. 如何控制人为失误？

第四章　HSE 风险识别与评价

在健康、安全与环境管理体系(HSE-MS)中，明确定义了有关的术语，其内涵有别于其他管理体系。

风险(risk)——发生特定危害事件的可能性以及事件结果的严重性(HSEMS 中的定义)。广义的风险是一种环境或状态，它是指超出人的控制之外的某种潜在的环境条件，即指有遭到损害或失败的可能性。

危害(hazard)——可能引起的损害，包括引起疾病和外伤，造成财产、工厂、产品或环境破坏，导致生产损失或增加负担(HSE—MS 中的定义)。

危害评价(hazard assessment)——依照现有的专业经验、评价标准和准则，对危害分析结果作出判断的过程(HSE—MS 中的定义)。

危险源(dangerous source)——指可能造成人员伤害，财产损失或环境破坏的根源，可以是一件设备、一处设施或一个系统，也可能是一件设备、一处设施或一个系统中存在的一部分。

事故隐患(accident hidden danger)——隐患就是指客观存在对人和物的潜在危害。事故隐患是指作业场所、设备或设施的不安全状态、人的不安全行为和管理缺陷。

风险管理(risk management)——是对系统存在的危险性进行定性和定量分析，得出系统发生危险的可能性及其后果严重程度的评价，根据评价结果，对危害尤其是重大危害因素制定风险削减措施，编制应急反应计划，以实现对风险及其影响的管理。

风险管理充分体现了对事故危害及影响以预防为主，突出控制和削减风险的管理思想。图 4-1 显示了风险管理的过程。

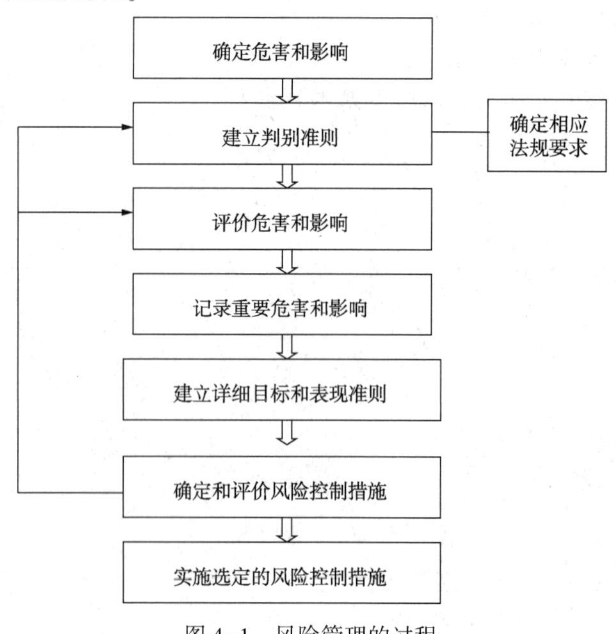

图 4-1　风险管理的过程

危险源辨识、风险评价和风险控制策划的基本步骤为：

（1）确定本单位的业务活动及活动场所；

（2）对各项业务活动及活动场所中的危险源及其风险进行辨识；

（3）对与各项危险源的风险进行评价，判定风险级别以及是否重大风险；

（4）针对评价中需要控制的风险，制定风险控制措施。

第一节　危险源辨识

一、基本概念

（一）危险源

危险源是指可能导致伤害或疾病、财产损失、工作环境破坏或这些情况组合的根源或状态。产生意外释放的能量或危险物质为第一类危险源；导致能量或危险物质约束和限制措施破坏及失效的各种因素为第二类危险源。第一类危险源是导致事故发生的根源，即根源性危险源。第二类危险源是事故发生的状态或不安全因素，主要包括物的不安全状态、人的不安全行为、作业环境的缺陷和职业健康安全管理的缺陷的四个方面。

（二）危险源辨识

危险源辨识是指识别危险源的存在并确定其特性的过程。危险源辨识过程包括以下两个方面：

1. 识别危险源的存在

由于事故的发生往往是第一类危险源和第二类危险源共同作用的结果。第一类危险源是导致事故的能量主体，决定事故后果的严重程度。第二类危险源是促使第一类危险源造成事故的必要条件。因此，确定危险源的存在就是首先确定第一类危险源，在此基础上再辨识第二类危险源。第二类危险源的种类远远多于第一类，并且是在第一类危险源存在的前提下产生的，隐藏深，相互关系复杂，因此，辨识第二类危险源比第一类危险源更困难，必须采取一些特定的方法和手段进行辨识。

2. 确定危险源特性

即判定识别出的危险源如何造成事故以及造成什么样的事故，也就是判定可能导致事故的直接因素及事故种类。

（1）导致事故的直接因素

根据GB/T 13861—2009《生产过程危险和有害因素分类与代码》的规定，按导致事故和职业危害的直接原因进行分类，将生产过程中的危险和危害因素分为物理性危险危害因素、化学性危险危害因素、生物性危险危害因素、心理和生理危险危害因素、行为性危险危害因素、其他危险危害因素等六类。

参照卫生部、原劳动部、总工会等颁布的《职业病范围和职业病患者处理办法的规定》，职业危害因素分为生产性粉尘、毒物、噪声与振动、高温、低温、辐射（电离辐射和非电离辐射）、其他等七种。

（2）事故种类

伤亡事故种类：参照GB 6441—1986《企业职工伤亡事故分类》，综合考虑起因物、引起事故的先发的诱导性原因、致害物、伤害方式等将危害因素分为物体打击、车辆伤害、机械、起重伤害、触电、淹溺、灼烫、火灾、高处坠落、坍塌、放炮、火药爆炸、化学性爆炸、物理性爆炸、中毒和窒息、其他伤害等共16种。

职业病种类：参照《职业病目录》[卫生监督(2002)108号]，将职业病分为尘肺、职业性放射性疾病、职业中毒、物理因素所致职业病、生物因素所致职业病、职业性皮肤病、职业性眼病、职业性耳鼻口腔疾病、职业性肿瘤和其他职业病等10大类。

二、充分辨识危险源

为保证危险源辨识的充分性，辨识时应重点考虑以下几个方面：

1. *危险源辨识应考虑的问题*

危险源辨识应考虑三个对象：

（1）所有常规、非常规的活动；

（2）所有进入作业场所(包括合同方人员和访问者)的活动；

（3）所有作业场所内的设施(无论本单位的还是由外界所提供的)。

在对常规和非常规活动辨识时，应注意不能遗漏非常规活动，因为许多事故都在非常规情况下发生的，如设备故障、保护装置失灵、操作者未遵守操作规程、操作者精神状态不佳或过度疲劳等都会导致事故甚至重大事故的发生；对人员活动的辨识不能忽略外来人员的活动；对工作场所设施、设备的辨识，同样应包括进入工作场所的外来车辆及各种租赁设施、设备等。

危险源辨识还应包括本单位活动的三种时态、三种状态下的各种类型的潜在危险源。三种时态是指过去、现在、将来，在对现有危险源进行充分考虑时，要分析以往遗留的危险以及计划中的活动可能带来的危险源；三种状态是指正常、异常和紧急状态，本单位的正常生产情况属正常状态；装置开停车、设备开停机及检维修等情况下，危险源与正常状态有较大不同，属异常状态；紧急状态则是指发生火灾、爆炸、洪水、地震等情况。

2. *危险源辨识中应重点考虑的内容*

在辨识危险源时要重点考虑以下几方面的内容：

（1）职业健康法律法规和公司及本单位的一些作业文件中的安全注意事项、本单位和同行业近年来发生的事故、较为成熟的安全检查表的内容，它们是危险源辨识的重要线索和依据充分的辨识结果，应包括本单位和类似单位近年来发生事故的原因，所有严重的违法、违规现象，安全检查表中的大部分项目，特别是重要的项目。

（2）国家法律、法规明确规定的特种作业人员，如电工作业人员、电气焊作业人员、起重作业人员等，这些人从事的作业容易发生事故，且事故的危害后果比较严重，对其在作业中易于出现的不安全行为，在危险源辨识时要引起高度重视。

（3）国家法律、法规明确规定的危险设备和设施，如涉及生命安全、危险性较大的起重机械等特种设备。

（4）具有接触有毒有害物质的作业活动。辨识危险源时不能只考虑引起人员伤亡和财产损失的危险源，而忽略了引起职业病的危险源，如毒物、粉尘、噪声、振动、低温和电离辐射作业等，对人的健康和安全影响很大，辨识过程中要给予高度重视，不得遗漏。

（5）特殊作业，主要包括高处作业、动火作业、有限空间作业、临时用电作业、起重作业等。

3. 主动辨识危险源

辨识危险源时就应以全新眼光和怀疑的态度对待危险源，因为过于接近危险源的人员可能会对危险源视而不见，或者心存侥幸，认为尚未受到伤害而视其微不足道，更重要的一点是危险源辨识应具有主动性、前瞻性，而不是等到已经出现事故才进行辨识。

三、危险源辨识方法

适用于检维修单位的危险源辨识方法主要有以下 6 种：

(1) 安全检查表分析(SCL)；

(2) 一般作业活动危险性分析(JHA)；

(3) 故障类型及影响分析(FMEA)；

(4) 有毒作业场所监测；

(5) 噪声作业场所监测；

(6) 生产性粉尘作业场所监测。

对上述 6 种方法，本章只介绍前 3 种，后 3 种方法结合其评价方法在评价方法章节中一起介绍。

(一) 安全检查表分析(SCL)

安全检查表(Safety Check List，缩写 SCL)是一种最基本、最初步的系统危险性辨识方法。所谓安全检查表，就是为检查某一系统的安全状况而事先拟好的问题清单。如液化石油气球罐安全检查表，见表 4-1。具体地讲，就是为了系统的发现工厂、车间、工序或机械、设备、装置以及各种操作、管理和组织措施中的不安全因素，事先把检查对象加以剖析，把大系统分割成小的子系统，查出不安全因素，然后确定检查项目和标准要求，将检查项目按系统、子系统顺序编制成表，以便进行检查，避免遗漏，这种表就叫安全检查表。

表 4-1　液化石气球罐区安全检查表

序号	检查内容及标准	检查结果(是/否)	建议改正/增补控制措施
1	液化石油气球罐区总平面布置，防火间距等符合规范要求		
2	罐体无变形、罐基本无不均匀下沉，各支柱倾斜度、防火及抗震设施符合规定，各部螺栓满扣、齐整、坚固		
3	安全设施齐全完好		
3.1	紧急放空阀、安全阀数量和泄压量应符合规模要求，安全阀与罐体间的隔离阀应处于全开位置		
3.2	安全阀、液面计、温度计及防雷防静电接地应定期校验，保证齐全好用		
3.3	放空阀、水幕、压力平稳线、喷淋设施齐全好用		
3.4	平台、扶梯焊接牢固		
3.5	采用密闭切水措施，并应有防冻防凝措施		
3.6	球罐应单独设高液位报警或带联锁的高液位报警		

续表

序号	检查内容及标准	检查结果(是/否)	建议改正/增补控制措施
3.7	球罐底部出入口管线应设紧急切断阀，入口紧急切断阀应与球罐高液位报警联锁		
3.8	可燃性气体检测报警器定期检查、校验，保证灵敏可靠		

安全检查表看似简单，但要使其在使用中能切合实际，一步一步起到全面系统地辨识危害的作用，则需要有一个高质量的安全检查表。要编制这样的检查表，大体需要做好如下几项工作：

(1) 组织编写组，其成员应是熟悉该系统的专业人员、管理人员和实际工作者。

(2) 对系统进行全面细致的了解，包括系统的结构、功能、工艺条件等基本情况和有关安全的详细情况，例如，系统发生过的事故、事故原因、影响和后果等；还要收集系统的说明书、布置图、结构图等。

(3) 收集与系统有关的国家法规、制度、标准及得到公认的安全要求等，作为安全检查表编制依据。

(4) 按照系统的结构或功能进行分割、剖析，逐一审查各个单元，找出一切影响系统安全的危害因素，列出清单。

(5) 针对危害因素清单，从有关法规、制度、标准及技术说明书等文件资料中，逐个找出对应的安全要求及避免或减少危害因素发展为事故应采取的安全措施，形成对应危险因素的安全要求与安全措施清单。

(6) 综合上述两个清单，按系统列出应检查问题的清单。每个检查问题应包括是否存在危害因素、应达到的安全指标、应采取的安全措施。这种检查问题清单就是最初编制的安全检查表。

(7) 检查表编制后，要经过多次实践的检验，经不断修改完善，才能形成安全检查表。

(二) 一般作业活动危险性分析(JHA)

一般作业活动危险性分析(JHA)是对作业活动的每一步骤进行分析，从而辨识潜在的危害并制定安全措施。这种方法的基本点在于职业健康安全是任何作业活动的一个有机组成部分，而不能单独剥离出来。

所谓的“作业活动”(有时也称任务)是指特定的工作安排，如安装阀门、焊接管线。“作业活动”的概念不宜过大，如大修机器，也不能过细。

1. 分析步骤

开展一般作业活动危险性分析能够辨识原来未知的危害，增加职业健康安全方面的知识，促进操作人员与管理者之间的信息交流，有助于得到更为合理的安全操作。作为操作人员的培训资料，为不经常进行该项作业的人员提供指导。一般作业活动危险性分析的结果可以作为职业安全健康检查的标准，并协助进行事故调查。

一般作业活动危险性分析的主要步骤是：

(1) 确定(或选择)待分析的作业；

(2) 将作业划分为一系统的步骤；

(3) 辨识每一步骤的潜在的危害；

(4) 确定相应的预防措施。

2. 分析过程

（1）分析作业的危害

理想情况下，所有的作业都要进行一般作业活动危险性分析，但首先要确保对关键性的作业实施分析。确定分析作业时，优先考虑以下作业活动。

① 事故频率和后果：频繁发生或不经常发生但可导致灾难性后果的；

② 严重的职业伤害或职业病：事故后果严重、危险的作业条件或经常暴露在有害物质中；

③ 新增加的作业：由于经常缺乏，明显存在危害或危害难以预料；

④ 变更的作业：可能会由于作业程序的变化而带来新的危险；

⑤ 不经常进行的作业：由于从事不熟悉的作业而可能有较高的风险。

（2）将作业划分为若干步骤

选择作业活动之后，将其划分为若干步骤。每一个步骤都应是作业活动的一部分。划分的步骤不能太笼统，否则会遗漏一些步骤以及与之相关的危害。另外，步骤划分也不宜太细，以致出现许多的步骤。根据经验，一项作业活动的步骤一般不超过10项。如果作业活动划分的步骤实在太多，可先将该作业活动分为两个部分，分别进行危害分析。重要的是要保持各个步骤正确的顺序，顺序改变后的步骤在危害分析时有些潜在的危害可能不会被发现，也可能增加一些实际并不存在的危害。

划分作业步骤之前，仔细观察操作人员的操作过程。观察人通常是操作人员的直接管理者，关键是要熟悉这种方法，被观察的操作人员应该有工作经验并熟悉整个作业工艺。观察应当在正常的时间和正常状态下进行，如一项作业活动是夜间进行的，那么应在夜间进行观察。

（3）辨识危害

根据对作业活动的观察、掌握的事故（伤害）资料以及经验，依次对每一步骤进行危害辨识。

为了辨识危害，需要对作业动作进一步的观察和分析。辨识危害应该思考的问题是：可能发生的故障或错误是什么？其后果如何？事故是怎样发生的？其他的影响因素有哪些？发生的可能性？以下是危害辨识清单的部分内容：

① 是否穿着个体防护服或配戴个体防护器具？

② 操作环境、设备、地槽、坑及危险的操作是否有效的防护？

③ 维修设备时，是否对相互连通的设备采取了隔离？

④ 是否有能引起伤害的固定物体，如锋利的设备边缘？

⑤ 操作者能否触及机器部件或机器部件之间操作？

⑥ 操作者能否受到运动的机器部件或移动物料的伤害？

⑦ 操作者是否会处于失去平衡的状态？

⑧ 操作者是否管理着带有潜在危险的装置？

⑨ 操作者是否需要从事可能使头、脚受伤或被扭伤的活动（往复运动的危害）？

⑩ 操作者是否会被物体冲撞（或撞击）到要害物体？

⑪ 操作者是否会跌倒？

⑫ 操作者是否会由于提升、手拉物体或运送笨重物品而受到伤害？

⑬ 作业时是否有环境因素的危害，如粉尘、化学物质、放射线、电源弧光、热、高噪声？

（4）确定相应的对策

危害辨识以后，需要制定消除或控制危险源的对策。

确定对策时，从工程控制、管理措施和个体防护三个方面加以考虑。具体对策依次为：

① 消除危害：消除危害是最有效的措施，有关这方面的技术包括：改善环境（通风）、完善或改换设备及工具。

② 控制危害：当危害不能消除时，采取隔离、机器防护、工作鞋等措施控制危害。

③ 修改作业程序：完善危险操作步骤的操作程序、改变操作步骤的顺序以及增加一些操作程序。

④ 减少暴露：这是没有其他解决办法时的一种选择。减少暴露的一种办法是减少在危害环境中暴露的时间，如完善设备以减少维修时间，配戴合适的个体防护器材等。为了减少事故的后果，配置一些应急设备如洗眼器等。

对策的描述应具体，说明应采取何种做法以及怎样做，避免对于原则的描述，如“小心”“仔细操作”等。

3. 信息传递

一般作业活动危险性分析是消除和控制危害的一种行之有效的方法，因此，应当将一般作业活动危险性分析的结果传递到所有从事该作业的人员。

4. 应用举例

作业活动为：从顶部入口进入，清理化学物质储罐的内表面。

运用一般作业活动危险性分析方法，将该作业活动划分为 9 个步骤并逐一进行分析，分析结果见表 4-2。

表 4-2　一般作业活动危险性分析表

步骤	危害辨识	对象
1. 确定罐内的物质种类，确定在罐内的作业及存在的危险	a. 爆炸性气体。 b. 氧含量不足。 c. 化学物质暴露： 气体、粉尘、蒸气（刺激性、毒性）； 液体（刺激性、毒性、腐蚀、过热）。 d. 运动的部件、设备	a. 根据标准制定有限空间进入规程。 b. 取得有安全、维修和监护人员签字的作业许可证。 c. 具备资格的人员对气体检测。 d. 通风至氧含量为 19.5%～23.5%，并且任一可燃气体的尝试低于其爆炸下限的 10%，可采用蒸气薰蒸、水洗排水，然后通风的方法。 e. 提供合适的呼吸器材。 f. 提供保护头、眼、身体和脚的防护服。 g. 参照有关规范提供安全带和救生索。 h. 如有可能，清理罐体外部
2. 选择和培训操作者	a. 操作员呼吸系统或心脏有疾患，或有其他身体缺陷。 b. 没有培训操作人员——操作失误	a. 工业卫生工程师或安全员检查，能适应于该项工作。 b. 培训操作人员。 c. 按照有关规范，对作业进行预演
3. 设置检修用设备	a. 软管、绳索、口齿脱落的危险。 b. 电气设施电压过高、导线裸露。 c. 电机未锁定并未作出标记	a. 按照位置，顺序地设置软、绳索、管线及器材以确保安全。 b. 设置接地故障断路器。 c. 如果有搅拌电机，加以锁定作出标记

续表

步骤	危害辨识	对象
4. 在罐内安放梯子	梯子滑倒	将梯子牢固固定在人孔顶部及其他固定部件上
5. 准备入罐	罐内气体或液体	a. 通过现有的管道清空储罐。 b. 审查应急预案。 c. 打开罐。 d. 工业卫生专家或安全专家检查现场。 e. 罐体接管法兰处设置盲板(隔离)。 f. 具备资格的人员检测罐内气体(经常检测)
6. 罐入口处安放设备	脱落或倒下	a. 使用机械操作设备。 b. 罐顶作业处设置防护护栏
7. 入罐	a. 从梯子滑脱 b. 暴露于危险的作业环境中	a. 按有关标准，配备个体防护器具。 b. 外部监护人员观察、指导入罐作业人员，在紧急情况下能将操作人员自罐内营救出来
8. 清洗储罐	发生化学反应，生成烟雾或散发空气污染物	a. 为所有操作人员和监护人员提供防护服及器具。 b. 提供罐内照明。 c. 提供排气设备。 d. 向罐内补充空气。 e. 随时检测罐内空气。 f. 轮换操作人员或保证一定时间的休息。 g. 如果需要，提供通信工具以便于得到帮助。 h. 提供两人作为后备救援，以应对紧急情况
9. 清理	使用工(器)具而引起伤害	a. 预先演习。 b. 使用运料设备

(三) 故障类型和影响分析(FMEA)

故障类型和影响分析(Failure Modes and Effects Analysis)主要应用于系统的安全设计，研究对象为设备和材料的故障。它是根据系统可分的特性，按实际需要分析的深度，把系统分割成子系统，或进一步分割成元件，然后逐个分析各部分可能发生的所有故障类型及其对子系统和系统产生的影响，以便采取相应措施，提高系统的安全性。

1. 故障、故障类型

故障：元件、子系统或系统在运行时达不到规定的要求，因而完不成规定的任务或任务完成不好称为故障。

故障类型：指元件、子系统或系统故障的表现形式，一般指能被观察到的故障现象。如一个阀门发生故障，可能有四种故障类型：内漏、外漏、打不开、关不严等。分析人员应当列出所有故障类型。一般可能再现的故障类型见表 4-3。

例：某个常关阀门的故障类型可包括：

(1) 阀门卡住；

(2) 阀门处于开的状态；

(3) 阀门泄漏物料；

(4) 阀门内漏(未关严)；

(5) 阀体破裂。

表 4-3 故障类型表

序　号	故障类型	序　号	故障类型
1	结构(破损)	18	错误动作
2	物理性的结卡	19	不能开机
3	颤振	20	不能关机
4	不能保持正常位置	21	不能切换
5	不能开	22	提前运行
6	不能关	23	滞后运行
7	错误开机	24	输入过大
8	错误关机	25	输入过小
9	内漏	26	输出过大
10	外漏	27	输出过小
11	超出允许上限	28	无输入
12	超出允许下限	29	无输出
13	意外运行	30	电短路
14	间断性工作不稳定	31	电开路
15	漂移工作不稳定	32	电泄漏
16	错误指示	33	其他
17	流动不畅		

2. 故障产生的后果分析

对发现的每个故障类型，应对故障类型本身所在的元件、子系统和系统造成的直接后果及其他系统可能产生的后果进行分析。如泵密封泄漏的直接后果是泵内液体物料溅射到的工作区域，若是易燃物质，将可能引起火灾、损坏泵及其附近的设备，并威胁操作人员安全，也可使邻近设备受热，引起设备内物料温度升高，加速反应过程，导致反应失控等。FMEA的关键是对所有设备故障和可能后果进行分析，并假定在所有的安全保护失效这种最坏的情况下可能产生的后果。

3. 确定故障等级

根据故障类型对子系统或系统影响程度的不同而划分的等级称为故障等级。划分故障等级主要是为了分清轻重缓急采取相应措施。一般情况下，故障类型可划分为表 4-4 中所列的四个等级。

表 4-4 故障等级划分表

故障等级	影响程度	可能危害或损失
一级	致命的	可能造成死亡或系统损失
二级	严重的	可能造成重伤、严重职业病或主系统损坏
三级	临界的	可造成轻伤、轻度职业病或次要系统损坏
四级	可忽略的	不会造成伤害和职业病，系统不会受损

上面是定性划分故障等级的方法，基本是根据严重程度来确定等级的，有一定的局限性，为了更全面地确定故障等级，可采用如下定量的方法(致命度点数法)：

致命度点数：$C_E = F_1 \times F_2 \times F_3 \times F_4 \times F_5$

式中　F_1——风险事件对人的影响；

F_2——风险事件造成的财产损失；

F_3——风险事件发生的频率；

F_4——风险事件发生的难易程度；

F_5——设备是否为新技术、新设计或操作人员对设备熟悉程度。

$F_1 \sim F_5$取值见表4-5，评价点数与风险等级对照见表4-6。

表4-5　$F_1 \sim F_5$分值表

项　　目	内　　容	分　　值
故障或事故对人的影响 F_1	造成生命损失	5.0
	造成严重损失	3.0
	一定功能损失	1.0
	无功能损失	0.5
对系统、子系统、单元造成的影响 F_2	对系统造成两处以上重大影响	2.0
	对系统造成一处以上重大影响	1.0
	对系统无大的影响	0.5
故障或事故发生的频率 F_3	易于发生	1.5
	可能发生	1.0
	不太可能发生	0.7
防止故障或事故的难易程度 F_4	不能防止	1.3
	能够防止	1.0
	易于预防	0.7
是否为新设计(技术)及熟悉程度 F_5	相当新设计(新技术)或不够熟悉	1.2
	类似的设计(技术)或比较熟悉	1.0
	同样的设计(技术)或相当熟悉	0.8

表4-6　评价点数与风险等级对照表

致命度点数	风险等级	说　　明
>7	Ⅰ致命的	人员伤亡，系统任务不能完成
$4<C_E\leqslant 7$	Ⅱ重大的	大部分任务完不成
$2\leqslant C_E\leqslant 4$	Ⅲ小的	部分任务完不成
$\leqslant 2$	Ⅳ轻微的	无影响

第二节　风险评价与控制

风险是某一特定危险情况发生的可能和后果的组合。风险评价就是根据危险源辨识的结果，采用科学方法，评价危险源给本单位所带来的风险大小，并确定是否重大风险的过程。

一、风险评价方法

风险评价的方法很多，而且新的评价方法在不断的发展中，这里主要介绍常用的几种风险评价方法。

(一) 矩阵法

将风险事件的后果严重程度相对地分成若干级(通常为五级)，将风险事件发生的可能性也相对地定性分为若干级，然后以严重性为表列，以可能性为表行制成表，在行列的交点上定性给出风险等级。风险评价矩阵表见表4-7。

表4-7 风险评价矩阵(RAM)

后果严重性(S)					事故发生的可能性(L)				
人 (P)	财产 (A)	环境 (E)	声誉 (R)	分值	本行业中未听说(不可能)	本行业中未听说(不可能)	本公司发生过(每10年1次)	本公司每年发生数次(每1至2年1次)	本工厂每年发生数次(每年数次)
					1	2	3	4	5
可忽略的	极小损失	极小影响	极小影响	1					
轻微伤害	小损失	小影响	小影响	2		Ⅰ			
严重伤害	较大损失	较大影响	一定范围	3			Ⅱ		
个体死亡	重大损失	重大影响	国内范围	4				Ⅲ	
多人死亡	巨大损失	巨大影响	国际范围	5					

注：Ⅰ级为可承受风险，Ⅱ级为需关注风险，Ⅲ级为不可承受风险。

在矩阵表中，对人、财产、环境、声誉的后果严重性定性给出了五个等级。为便于把握，保证评价的准确性，可根据实际对其进一步说明和明确，具体分别见表4-8~表4-11。

表4-8 对人的伤害

后果严重性	影响程度	说明
1	可忽略的	对健康没有任何伤害和损害
2	轻微伤害	对完成目前工作有影响，如行动不便或需一周以内的休息才能恢复
3	严重伤害	导致某些工作能力的永久更新丧失或需要长期恢复才能恢复工作
4	个体死亡	单个死亡或永久性能力丧失，来自事故或职业病
5	多人死亡	多个死亡，源于事故或职业病

表4-9 财产损失或浪费

后果严重性	影响程度	说明
1	极小损失	经济损失在1000元以下
2	小损失	经济损失在1000~10000元
3	较大损失	经济损失在10000~300000元
4	重大损失	经济损失在300000~500000元以下
5	巨大损失	经济损失在5000000元以上

表4-10 环境影响

后果严重性	影响程度	说明
1	极小影响	环境破坏限制在组织的某一范围内
2	小影响	环境破坏限制在组织的内部范围内

续表

后果严重性	影 响 程 度	说　　明
3	较大影响	环境破坏限制在组织所处的区域内
4	重大影响	环境破坏涉及组织的周边地区
5	巨大影响	环境破坏影响到全国乃至全球

表 4-11　名誉损失

后果严重性	影 响 程 度	说　　明
1	极小影响	只是在组织的某一范围内被关注和议论
2	小影响	在组织内部被通报和议论
3	一定范围	受到组织所在的区域媒体的报道和关注
4	国内影响	受到省级以上的媒体的报道关注和议论
5	国际影响	受到国外媒体的报道关注和议论

矩阵法往往与安全检查表、危险性预分析、危险和可操作性研究等危害辨识方法结合使用，构成一个完整的危害辨识和风险评价过程。

(二) 作业条件危险性评价法(LEC)

这是一种简单易行的评价人们在具有潜在危险性环境中作业时的危险性半定量评价方法。它是采用与系统风险率有关的三种因素指标值之积来评价系统人员伤亡风险大小的。这三种因素分别是：

L——发生事故可能性大小；

E——人体暴露于危险环境的频繁程度；

C——一旦发生事故后可能产生的后果。

但是要取得这三种因素的科学准确的数据，却是相当烦琐的过程。为了简化评价过程，可采取半定量计值法，给三种因素的不同等级分别确定不同的分值，再以三个分值的乘积 D 来评价危险性的大小，即 $D=L\cdot E\cdot C$。D 值大，说明该系统危险性大，需要增加安全措施，或改变发生事故的可能性，或减少人体暴露于危险环境中的频繁程度，或减轻事故损失，直至调整到允许范围。

1. 发生事故的可能性(L)大小

事故或危害事件发生的可能性大小可用发生事故的概率来表示，即绝不可能发生的事件为 0，而必定要发生的事件为 1。然而，在做系统安全考虑时，绝不发生事故是不可能的。所以确定 L 值时，人为将“发生事故可能性极小”的事件分数定为 0.1，而必然要发生的事件的分值定为 10，介于这二种情况之间的情况指定为若干中间值。如表 4-12 所示。

表 4-12　发生事故的可能性(L)

分 数 值	事故发生的可能性	分 数 值	事故发生的可能性
10	完全可以预料	0.5	极少可能
6	相当可能	0.2	不可能
3	有可能	0.1	极不可能
1	可能性小		

2. 暴露于危险环境的频繁程度(E)

人员出现在危险环境中的时间越多，则危险性越大。规定分数值在连续出现于危险环境的情况时为 10 分，而每年仅出现一次时为 1，非常罕见地出现在危险环境中时定为 0.5。对根本不会在危险环境中出现的情况是不考虑的。同样介于这二种情况之间的情况规定为若干中间值。如表 4-13 所示。

表 4-13　暴露于危险环境的频繁程度(E)

分　数　值	暴露于危险环境的频繁程度	分　数　值	暴露于危险环境的频繁程度
10	连续暴露	2	每月一次暴露
6	每天工作时间暴露	1	每年一次暴露
3	每周一次暴露	0.5	非常罕见地暴露

3. 发生事故产生的后果(C)

事故造成的人身伤害的变化范围很大，对伤亡事故来说，可以是极小的轻伤直到很多人死亡的结果。由于范围很广，所以规定分数值范围为 1~100。把需要救护的轻微伤害分数值规定为 1，把造成很多人死亡的开发部分数值定为 100，其他情况的数值均在 1~100 之间。如表 4-14 所示。

表 4-14　发生事故产生的后果(C)

分　数　值	暴露于危险环境的频繁程度	分　数　值	暴露于危险环境的频繁程度
10	连续暴露	2	每月一次暴露
6	每天工作时间暴露	1	每年一次暴露
3	每周一次暴露	0.5	非常罕见地暴露

4. 危险等级划分(D)

根据经验，总分在 20 以下是被认为低危险的，这样的危险比日常生活中骑自行车上班还要安全些；如果危险分值达到 70~160 之间，那就有显著的危险性，需要及时整改；如果危险分值在 160~320 之间，那么这是一种必须立即采取措施进行整改的，高度危险环境值在 320 以上，表示环境非常危险，应立即停止生产直到环境得到改善为止。危险等级划分见表 4-15。

表 4-15　危险等级划分(D)

分　数　值	风 险 等 级	分　数　值	风 险 等 级
>320	极其危险，不能继续作业	20~70	一般危险，需要注意
160~320	高度危险，要立即整改	<20	稍有危险，可以接受
70~160	显著危险，需要整改		

(三) 致使度点数法

在第四章第一节的危险源辨识方法中，介绍故障类型与影响分析方法时已对其致使度点数评价方法作了详细介绍，故不再赘述。

(四) 有毒作业危害评价法

应用《职业性接触毒物危害程度分级》(GBZ 230—2010)对装置生产运行的有毒作业危害

程度进行分级评价。依据急性毒性、影响毒性作用的因素、毒性效应、实际危害后果等4大类9项分级指标进行综合分析，计算毒物危害指数。每项指标均按照危害程度分为5个等级并赋予相应分值(轻微危害0分，轻度危害1分，中度危害2分，高度危害3分，极度危害4分)，同时根据各项指标对职业危害影响作用的大小赋予相应的权重系数，依据各项指标加权分值的总和，即毒物危害指数确定职业性接触毒物危害程度的级别。

职业接触毒物危害程度分为轻度危害(Ⅳ级)、中度危害(Ⅲ级)、高度危害(Ⅱ级)和极度危害(Ⅰ级)4个等级。

毒物危害指数计算公式为：

$$THI = \sum_{i=1}^{n} (k_i F_i)$$

式中　THI——毒物危害指数；

k——分项指标权重系数；

F——分项指标积分值。

危害程度的分级范围如表4-16所示。

表4-16　毒物危害程度分级

分　级	毒物危害指数 THI	危害程度
Ⅳ	$THI<35$	轻度危害
Ⅲ	$35 \leq THI<50$	中度危害
Ⅱ	$50 \leq THI<65$	重度危害
Ⅰ	$THI \geq 65$	极重危害

(五)噪声作业危害评价法

根据《噪声作业分级》规定，噪声作业分为五级：0级(安全作业)、Ⅰ级(轻度危害)、Ⅱ级(中度伤害)、Ⅲ级(高度危害)、Ⅳ级(极度危害)。

根据《工作场所有害因素职业接触极限值第2部分：物理因素》(GBZ 2.2—2007)的规定，工作场所操作人员每周工作5天，每天工作8h，稳态噪声限值为85dB(A)，非稳态噪声等效声级的限值为85dB(A)；每周工作5天，每天工作时间不等于8h，需计算8h等效声级，限值为85dB(A)；每周工作不是5天，需计算40h等效声级，限值为85dB(A)。根据《工业企业噪声控制设计规范》(GB/T 50087—2013)的规定，非噪声工作场所的噪声声级接触限值见表4-17。根据《工作场所职业病危害作业分级第4部分：噪声》(GBZ/T 229.4—2012)规定，依据噪声暴露情况计算$L_{EX,8h}$(按额定8h工作日规格化的等效连续A声级)或$L_{EX,W}$(按额定周工作40h规格化的等效连续A声级)后，根据表4-18确定工作场所噪声作业分级。

表4-17　非噪声工作地点的噪声声级接触限值

工作地点	噪声声级接触限值dB(A)	工效限值dB(A)
噪声车间观察(值班)室	75	55
非噪声车间办公室、会议室	60	
主控室、精密加工室	70	

表 4-18　工作地点噪声作业分级表

分　级	等效声级 $L_{EX,8h}$ 或 $L_{EX,W}$ dB	危害程度
Ⅰ	$85 \leq L_{EX,8h}$ 或 $L_{EX,W} < 90$	轻度危害
Ⅱ	$90 \leq L_{EX,8h}$ 或 $L_{EX,W} < 94$	中度危害
Ⅲ	$95 \leq L_{EX,8h}$ 或 $L_{EX,W} < 100$	重度危害
Ⅳ	$100 \leq L_{EX,8h}$ 或 $L_{EX,W}$	极重危害

（六）粉尘作业危害评价法

根据《工作场所职业病危害作业分级第 1 部分：生产性粉尘》（GBZ/T 229. 1—2010）规定，生产性粉尘作业危害程度分为：相对无害作业（0 级）、轻度危害作业（Ⅰ级）、中度危害作业（Ⅱ级）和高度危害作业（Ⅲ级）。

生产性粉尘作业分级的依据包括粉尘中游离二氧化硅含量、工作场所空气中粉尘的职业接触比值和劳动者的体力劳动强度等要素的权重数，根据权重系数计算分级指数 G；根据分级指数 G 将生产性粉尘作业为四级，见表 4-19；或者根据测得的生产性粉尘中游离二氧化硅含量、工作场所空气中粉尘的职业接触比值和体力劳动强度分级，根据表 4-20 确定生产性粉尘作业分级。

表 4-19　生产性粉尘作业分级

分级指数 G	作业级别	分级指数 G	作业级别
0	0 级（相对无害作业）	$6<G\leq16$	Ⅱ级（中度危害作业）
$0<G\leq6$	Ⅰ级（轻度危害作业）	>16	Ⅲ级（高度危害作业）

表 4-20　生产性粉尘作业分级表

游离二氧化硅含量 M/%	体力劳动强度	粉尘的职业接触比值权重数 W_B						
		<1	~2	~4	~6	~8	~16	>16
$M<10$	Ⅰ	0	Ⅰ	Ⅰ	Ⅰ	Ⅱ	Ⅱ	Ⅲ
	Ⅱ	0	Ⅰ	Ⅰ	Ⅱ	Ⅱ	Ⅱ~Ⅲ	Ⅲ
	Ⅲ	0	Ⅰ	Ⅰ~Ⅱ	Ⅱ	Ⅱ	Ⅲ	Ⅲ
	Ⅳ	0	Ⅰ	Ⅰ~Ⅱ	Ⅱ	Ⅱ~Ⅲ	Ⅲ	Ⅲ
$10\leq M\leq50$	Ⅰ	0	Ⅰ	Ⅰ~Ⅱ	Ⅱ	Ⅱ	Ⅲ	Ⅲ
	Ⅱ	0	Ⅰ	Ⅱ	Ⅱ~Ⅲ	Ⅲ	Ⅲ	Ⅲ
	Ⅲ	0	Ⅰ	Ⅱ	Ⅲ	Ⅲ	Ⅲ	Ⅲ
	Ⅳ	0	Ⅰ	Ⅱ~Ⅲ	Ⅲ	Ⅲ	Ⅲ	Ⅲ
$50<M\leq80$	Ⅰ	0	Ⅰ	Ⅱ	Ⅲ	Ⅲ	Ⅲ	Ⅲ
	Ⅱ	0	Ⅰ	Ⅱ~Ⅲ	Ⅲ	Ⅲ	Ⅲ	Ⅲ
	Ⅲ	0	Ⅱ	Ⅲ	Ⅲ	Ⅲ	Ⅲ	Ⅲ
	Ⅳ	0	Ⅱ	Ⅲ	Ⅲ	Ⅲ	Ⅲ	Ⅲ
$M>80$	Ⅰ	0	Ⅰ	Ⅱ~Ⅲ	Ⅲ	Ⅲ	Ⅲ	Ⅲ
	Ⅱ	0	Ⅱ	Ⅲ	Ⅲ	Ⅲ	Ⅲ	Ⅲ
	Ⅲ	0	Ⅱ	Ⅲ	Ⅲ	Ⅲ	Ⅲ	Ⅲ
	Ⅳ	0	Ⅱ	Ⅲ	Ⅲ	Ⅲ	Ⅲ	Ⅲ

二、风险等级判别准则

不同的评价方法，有不同的判别准则，现按评价方法分别介绍。

（一）矩阵法（RAM）评价

适用范围：应用安全检查表（SCL）方法辨识的危险源，其风险评价采用矩阵法（RAM）进行评价。

评价过程：$L_n \cdot S_m$

式中 L——事故发生的可能性；

n——事故发生可能对应的分值，取值为1~5；

S——后果严重性；

m——后果严重性对应的分值，取值为1~5。

例如，某一风险"事故发生的可能性"确定为"本公司发生过（每10年1次）"，根据"风险评价矩阵"规定，其对应分值 n 为3；后果严重性为"人员严重伤害"，其对应分值 m 也为3，则风险评价过程为"$L_3 \cdot S_3$"。

风险分级：可承受风险（Ⅰ级）、需关注风险（Ⅱ级）、不可承受风险（Ⅲ级）。

判别准则：可承受风险（Ⅰ级）和需关注风险（Ⅱ级）判定为一般风险，不可承受风险（Ⅲ级）判定为重大风险。

（二）作业条件危险性评价法（LEC）

适用范围：应用一般作业活动危险性分析（JHA）方法辨识的危险源，其风险评价采用作业条件危险性评价法（LEC）。

评价过程描述：$L \cdot E \cdot C=D$

式中 L——发生事故可能性大小；

E——人体暴露于危险环境的频繁程度；

C——一旦发生事故后可能产生的后果；

D——危险等级。

例如，某一风险"发生事故的可能性（L）"取值为6，"暴露于危险环境的频繁程度（E）"取值为3，"发生事故产生的后果（C）"取值为7，则风险评价过程为"$6\times3\times7=126$"。

风险分级：极其危险、高度危险、显著危险、一般危险、稍有危险。

判别准则：一般危险和稍有危险判定为一般风险，极其危险、高度危险和显著危险判定为重大风险。

（三）致命度点数评价

适用范围：应用故障类型与影响分析辨识的危险源，其风险评价采用致命度点数评价。

评价过程描述：$F_1 \cdot F_2 \cdot F_3 \cdot F_4 \cdot F_5=C_E$

式中 F_1——风险事件对人的影响；

F_2——风险事件造成的财产损失；

F_3——风险事件发生的频率；

F_4——风险事件发生的难易程度；

F_5——设备是否为新技术、新设计或操作人员对设备熟悉程度；

C_E——致命度点数。

风险分级：致命的（Ⅰ级）、重大的（Ⅱ级）、小的（Ⅲ级）、轻微的（Ⅳ级）。

判别准则：小的（Ⅲ级）和轻微的（Ⅳ级）判定为一般风险，致命的（Ⅰ级）和重大的（Ⅱ

级）判定为重大风险。

（四）有毒作业危险评价

适用范围：应用毒物浓度监测方法辨识的危险源，其风险评价根据《工作场所职业病危害作业分级第 2 部分：化学物》（GBZ/T 229. 2—2010），对有毒作业危害程度进行分级评价。

评价过程描述：化学物的危害程度权重数×化学物的职业接触比值权重数×劳动者的体力劳动强度权重数

《职业性接触毒物危害程度分级》（GBZ 230—2010），将卫生接触毒物危害程度分为四级：极度危害（Ⅰ级）、高度危害（Ⅱ级）、中度危害（Ⅲ级）、轻度危害（Ⅳ级）。

风险分级：相对无害作业（0 级）、轻度危害作业（Ⅰ级）、中度危害作业（Ⅱ级）、重度危害作业（Ⅲ级）。

判别准则：相对无害作业（0 级）、轻度危害作业（Ⅰ级）和中度危害作业（Ⅱ级）判定为一般风险，重度危害作业（Ⅲ级）判定为重大风险。

（五）噪声作业危害评价

适用范围：应用噪声监测方法辨识的危险源，其风险评价根据《工作场所职业病危害作业分级 第 4 部分：噪声》（GBZ/T 229. 4—2012）规定，对噪声作业危害程度进行分级评价。

评价过程描述：依据噪声暴露情况计算 $L_{EX,8h}$（按额定 8h 工作日规格化的等效连续 A 声级）或 $L_{EX,W}$（按额定周工作 40h 规格化的等效连续 A 声级）

风险分级：安全作业（0 级）、轻度危害（Ⅰ级）、中度伤害（Ⅱ级）、重度危害（Ⅲ级）、极度危害（Ⅳ级）。

判别准则：安全作业（0 级）、轻度危害（Ⅰ级）和中度伤害（Ⅱ级）判定为一般风险，重度危害（Ⅲ级）、极度危害（Ⅳ级）判定为重大风险。

（六）粉尘作业危害评价

适用范围：应用粉尘监测方法辨识的危险源，其风险评价根据《工作场所职业病危害作业分级第 1 部分：生产性粉尘》（GBZ/T 229. 1—2010），对生产性粉尘作业危害程度进行分级评价。

评价过程描述：粉尘中游离二氧化硅含量权重数×工作场所空气中粉尘的职业接触比值权重数×劳动者的体力劳动强度权重数

风险分级：相对无害作业（0 级）、轻度危害作业（Ⅰ级）、中度危害作业（Ⅱ级）和高度危害作业（Ⅲ级）。

判别准确：相对无害作业（0 级）、轻度危害作业（Ⅰ级）和中度危害作业（Ⅱ级）判定为一般风险，高度危害作业（Ⅲ级）判定为重大风险。

（七）直接判定

当出现下列情况时，不必采用上述方法进行风险评价，可直接判定为重大风险：

（1）违反职业健康安全法律、法规的标准的。

（2）相关方面有合理的反复抱怨和迫切要求的。

（3）曾经发生过事故，现今未采取防范、控制措施的。

（4）直接观察到可能导致危险的错误，且无适当控制措施的。

三、风险控制

（一）风险控制的原则

危险源辨识、风险评价的目的是为了能采取相应的风险控制措施。因此，应根据危险源辨识和风险评价的结果，进行风险控制策划。

确定风险控制措施时“三项原则”，即除风险、降风险、防风险。对于需要控制的风险，在制定风险控制计划或控制措施时，如果可能，首先应考虑能否消除风险或风险产生的根源。其次，对于无法或难以消除的风险，则应采取措施努力降低风险(降低风险发生概率或后果的严重程度)。最后，对于既无法消除又不能降低的风险，再考虑采取适当的个体防护措施。当然，除非彻底清除风险或其根源，任何降低风险的措施仍有残余风险的存在，因而采取降低风险的措施通常还需辅之必要的个体防护。

(二) 风险控制方式

风险控制的方式有以下四种：

1. 制定目标和职业健康安全管理方案

(1) 根据风险评价的结果，确定哪些风险需要通过制定目标、职业健康安全管理方案加以控制。一般情况下，需上硬件设施才能控制的风险和有相关的体系文件规定且很充分，但不能有效执行，需加强教育和培训、严格遵守规定来控制的风险，应采用“目标-管理方案。”

(2) 对需制定目标-管理方案的风险，由风险所在单位(部门)负责制定目标和管理方案，所在单位(部门)确实无法解决的，可逐级申报。车间的目标和管理方案，由车间级风险评价小组研究制定，经车间领导批准实施，车间级风险评价小组组织检查验收；车间解决不了的，上报厂级安全管理部门，由安全管理部门提交厂级风险评价小组研究制定目标和管理方案，经厂管理者代表批准实施，厂级风险评价小组组织检查验收；厂里解决不了的，上报公司安全管理部门，由公司安全管理部门提交公司级风险评价小组研究制定目标和管理方案，经公司管理者代表批准实施，公司风险评价小组组织检查验收；公司解决不了的，可向上级专业公司申报立项解决。

(3) 针对同一风险制定的管理方案，需要公司、厂和车间三级共同分工实施的，各级均要制定各自的管理方案，按分工填写项目内容并组织实施、检查和验收，但管理方案的编号应保持一致。

(4) 职业健康安全目标管理方案应与安措、技措和安全隐患治理项目统一。

2. 开展运行控制

对于不能通过“目标-管理方案”一次性消除或明显减轻风险的，属于经常性、周期性的业务活动，尤其是一些容易引发事故的活动(包括相关方的活动)，若无程序文件、作业指导书进行规定的，或有规定，但规定不充分、不完善，采用“运行控制”方式，即制定和完善程序文件和作业指导书，并按程序文件和作业指导书的规定严格进行日常控制管理。

下列活动一般要进行运行控制：危险作业(如动火、动土、高处作业等)、设备维护保养、安全设施和个人防护用品管理等。

3. 实施监视测量

通过监控机制(绩效测量与监视、内审和管理评审)，对风险控制措施的运行与活动进行检查监控，包括管理方案的适宜性，文件、制度和规程的充分性，采取的风险控制是否保证活动已处于有效控制之下，发现问题并予以纠正，以达到持续改进职业安全健康绩效的目标。

4. 落实应急准备与响应

对于识别的潜在事件和紧急情况，应制定应急准备和响应控制程序，按程序进行管理。

第三节　环境因素识别与评价

一、环境因素识别与评价基本步骤

根据GB/T 24004《环境管理体系　通用实施指南》对环境因素识别评价基本框架的要求，环境因素识别与评价总体分为四个步骤(如图4-2所示)。

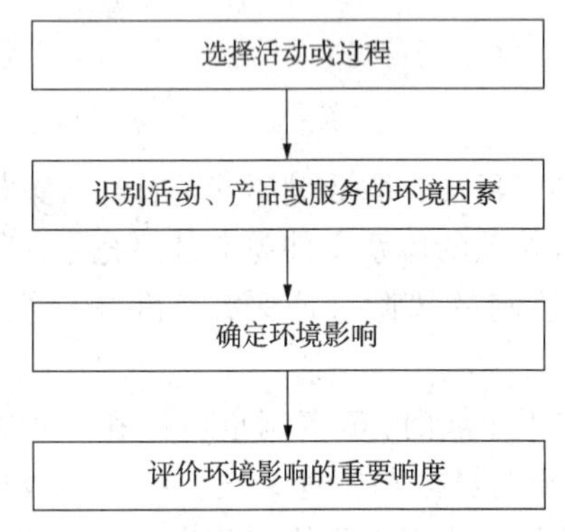

图4-2　环境因素识别与评价步骤示意图

(一) 选择活动或过程

首先对本单位活动、产品和服务过程进行认真分析，然后编制出所有活动或过程的清单。活动、产品和服务的典型例子有：

(1) 维修、保养；

(2) 检验、分析、检验设施；

(3) 基础设施；

(4) 设备更新；

(5) 产品使用；

(6) 服务。

(二) 识别环境因素

在确定环境因素时应考虑涉及以下活动、过程中存在的环境因素。这些活动包括：

(1) 向大气的排放；

(2) 向水体的排放；

(3) 废物管理；

(4) 土地污染；

(5) 材料使用和自然资源的利用；

(6) 对局部地区或社会有影响的社会问题；

(7) 特殊问题。

(三) 确定环境影响

环境因素影响的确定要考虑以下几个方面：

(1) 在正常、异常、紧急运行状况下的环境影响；

(2) 与过去、现在及将来操作相关的环境影响；

(3) 可控与不可控(如供方原材料的变更等)的环境影响；

(4) 直接的或间接的环境影响。

(四) 评价环境影响

环境影响程度的大小是企业制定环境方针、环境目标、指标和环境管理方案的重要依据。进行环境影响评价时要充分考虑下面四个基本因素和六个重要内容。

需考虑的四个基本因素：

(1) 环境影响的规模范围；

(2) 环境影响的程度大小；

(3) 环境影响的持续时间；

(4) 环境风险的概率。

需考虑的六个重要内容：

(1) 有关法律法规的要求；

(2) 控制改变环境影响的难度；

(3) 改变环境影响的资源代价；

(4) 相关方的关注程度；

(5) 组织的社会形象；

(6) 进行环境影响控制对组织其他活动的过程可能带来的影响作用。

二、环境因素识别

环境是指组织运动活动的外部存在，包括空气、水、土地、自然资源、植物、动物、人，以及它们之间的关系。环境因素是指一个组织的活动、产品或服务中能与环境发生相互作用的要素。重要环境因素是指具有或能够产生重大环境影响的环境因素。

(一) 环境因素识别要求及步骤

1. 环境因素识别的要求

(1) 环境因素识别要覆盖本单位环境管理有显现和潜在影响的所有活动、所有产品和所有服务项目；

(2) 环境因素识别要充分考虑"三种时态""三种状态"；

(3) 环境因素识别要体现全过程环境管理的思想。

2. 环境因素识别的基本步骤

(1) 确定活动、产品和服务；

(2) 针对活动列出投入的原材料、能源、产品与废物等；

(3) 确定活动过程所伴随的环境因素；

(4) 确定由于环境因素所造成的环境影响。

(二) 环境因素识别方法

环境因素识别一般采用以下方法：

1. 调查表法

(1) 常规气体排放(表 4-21)；

(2) 常规废水排放(表 4-22)；

(3) 噪声(表 4-23)；

(4) 固体废弃物管理(表 4-24)；

(5) 能源消耗和物料消耗(表 4-25)；

(6) 泄漏情况(表 4-26)；

(7) 事故和紧急情况(表 4-27)；

(8) 办公室消耗及其他(表 4-28)；

(9) 工程承包方(表 4-29)、货物供方(表 4-30)、废品收购方(表 4-31)和公众诉讼方(表 4-32)。

环境因素调查表中的环境因素要填写清楚是什么设备的什么物质排放。

表 4-21　常规气体排放调查表

单位：　　　　　　　　　　　　　　填写人：　　　　　　　　　　　　　　日期：

活动、产品、服务	岗位	环境因素	主要排放物名称	月排放总量	频率	去向及排放高度	治理措施及效果	以后采取什么措施

填写说明：

1. 污染物常规排放指正常生产过程中产生的排放。

2. 月排放量根据计量数据或物料衡算结果填写。

3. “活动、产品服务”支所选定识别评价对象，如聚合单元、裂解单元、开停工过程等。

4. “污染物治理措施”主要指排放的污染物现在如何处理，即已有的污染物治理措施。如裂解炉烧焦水这一环境因素中排放物焦粉的治理措施即“沉积在沉降池内”。

5. “今后应采取什么措施”主要是指针对这些排放污染物在以后要采取的措施。

表 4-22　常规废水排放调查表

单位：　　　　　　　　　　　　　　填写人：　　　　　　　　　　　　　　日期：

活动、产品、服务	岗位	环境因素	主要排放物名称	月排放总量	频率	去向	治理措施及效果	以后采取什么措施

填写说明：

1. 污染物常规排放指正常生产过程中产生的排放。

2. 月排放量根据计量数据或物料衡算结果填写。

3. “活动、产品服务”支所选定识别评价对象，如聚合单元、裂解单元、开停工过程等。

4. “污染物治理措施”主要指排放的污染物现在如何处理，即已有的污染物治理措施。如裂解炉烧焦水这一环境因素中排放物焦粉的治理措施即“沉积在沉降池内”。

5. “今后应采取什么措施”主要是指针对这些排放污染物在以后要采取的措施。

表 4-23　噪声排放调查表

单位：　　　　　　　　　　　　　　填写人：　　　　　　　　　　　　　　日期：

活动、产品、服务	岗位	噪声源	强度/dB(A)	频率	降噪措施及效果	以后采取什么措施

填写说明：

1. “活动、产品服务”支所选定识别评价对象，如聚合单元、裂解单元、开停工过程等。

2. “噪声源”具体说明什么设备干什么的时候产生的噪声。

3. 强度填写检测上限值。

4. 降噪措施指现有的降噪措施。

5. “今后应采取什么措施”主要是指针对这些排放污染物在以后要采取的措施。

6. 调查表一般以噪声源为基础进行调查，同类可合并调查。

7. 调查出来的噪声环境要素汇总起来后进行评价时则以车间(装置)边界处的实际噪声为准进行评价。

表 4-24　固体废弃物管理调查表

单位：　　　　　　　　　　填写人：　　　　　　　　　　日期：

活动、产品服务	岗位	废物名称	废弃物性质	数量/(t/次)	频率	废弃物处置状态				备注
						储存场所	运输方式	是否可回收	废弃物是否可以处理	

填写说明：

1. "活动、产品服务"支所选定识别评价对象，如聚合单元、裂解单元、开停工过程等。
2. 废弃物性质是指废弃物排放使得物理状态性质。
3. 在废弃物性质一栏按危险和一般来填。
4. 危险废物以国家 47 类危险废物目录为准，目录以外的全按一般废弃物处理。

表 4-25　能源消耗和物料消耗调查表

单位：　　　　　　　　　　填写人：　　　　　　　　　　日期：

类别	种类或名称	单位	用途	年消耗量	综合能耗/(MJ/t 产品)	可以节约的措施
能源	水	t				
	电	度				
	气(汽)	t				
	燃料气	m^3				
物料						
三剂化学品						

填写说明：

1. 能源的种类包括蒸汽、新鲜水、循环水、脱盐水、生活(消防)水、空气、氮气、燃料气、燃料油等。
2. 物料指装置主要原料。
3. 全员填写是为了让所有员工知道本岗位的能源物料消耗情况，以增强全员的节能意识。

表 4-26　泄漏情况调查表

单位：　　　　　　　　　　填写人：　　　　　　　　　　日期：

类型	活动、产品服务	环境因素	泄漏物	原因	泄漏频率	泄漏量	去向	处理方法	现场储存量
出现的泄漏									
类型	活动、产品服务	环境因素	泄漏物	原因	去向	针对泄漏可采取的措施			
可能的泄漏									

表 4-27　事故和紧急状况调查表

单位：　　　　　　　　　　填写人：　　　　　　　　　　日期：

前五年发生的事故和紧急情况		原　因	损失及环境影响	现场采取行动	应采取什么措施
危险品溢出或泄漏事故					
火灾、爆炸事故					

续表

前五年发生的事故和紧急情况		原　因	损失及环境影响	现场采取行动	应采取什么措施
污染物排放造成的污染事故					
人身伤亡事故					
其他					

填写说明：

1. 现场采取行动如立即停炉。
2. 应采取什么措施如燃料气要保证不带液。
3. 填写各类事故要考虑自己所知道的同行业发生过的同类事故。

表 4-28　办公消耗及其他调查表

单位：　　　　　　　　　　　　填写人：　　　　　　　　　　　　日期：

		规格或型号	月消耗量	有无浪费	现有措施	可采取的节约措施
资源消耗类	办公用纸消耗					
	其他消耗	用途				
	水/t					
	电/(kW·h)					
	其他					
污染物排放类		排放量或生产量				
	电池					
	油墨					
	生活垃圾					
	其他					

填写说明：

1. 本表只限于办公人员填写。
2. 其他消耗不限于水和电，如废电池。
3. 机关办公场所的环境因素调查由经理办公室牵头组织，以部门为单位调查、汇总和评价，并形成记录。

表 4-29　承包方调查表

单位：　　　　　　　　　　　　填写人：　　　　　　　　　　　　日期：

序号	工程承包方名称	工 程 名 称	活 动 过 程	环 境 因 素	采取的控制措施

注：工程部、机动处等主管施工建设工程的部门都要进行承包方的环境因素调查。

表 4-30　货物供方调查表

单位：　　　　　　　　　　　　填写人：　　　　　　　　　　　　日期：

序号	供 方 名 称	货 物 名 称	年度采购价值/万元	环 境 因 素	可以采取的措施	评　　价

注：采购部负责对货物供方的环境因素调查。

表 4-31　公众投诉情况调查表

单位：　　　　　　　　　　　　填写人：　　　　　　　　　　　　日期：

序号	投诉内容	同类事件投诉频率	投诉处理方式	评　价

注：经理办负责对公众投诉的环境因素进行调查。

表 4-32　废品（协议品）收购调查表

单位：　　　　　　　　　　　　填写人：　　　　　　　　　　　　日期：

序号	废品（协议品）收购方名称	废品（协议品）名称	处理方式	是否合法	改进措施

注：计划处牵头负责、销售部等相关部门配合进行废品收购环境因素的调查。

2. 物料衡算法

对投入产出过程比较简单、计算比较完善的环保关键工序或关键设备在环境因素调查表的基础上可应用物料衡算法进行深入量化识别调查。

物料衡算法是通过物料衡算来定量识别环境因素的一种常用方法。随着生产装置计量手段的不断完善，物料衡算法使用也更加广泛。物料衡算法的目的不是为了找理论平衡，而是为了找平衡的缺口。通过对物料实际应用量的平衡计算来找出在哪些装置或部位排放什么废弃物、去向、组成数量。

平衡关系为：投入量=产出量+废物量。

物料衡算示意图如图 4-3 所示。

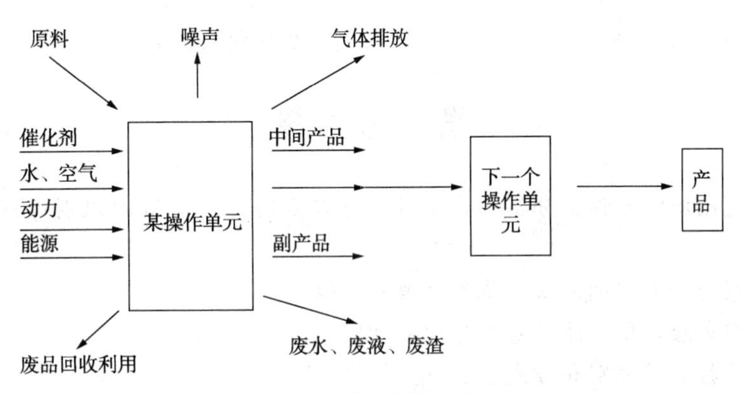

图 4-3　物料衡算示意图

三、环境因素评价

环境影响：全部或部分的有组织的环境因素给环境造成的任何有害或有益的变化。

（一）矩阵评价法

环境因素评价矩阵图

	违反法律法规	三废排放		噪声	安全隐患		浪费资源能源	相关方
		影响大	影响小		影响大	影响小		
进一步改进的方案可行，有投资保证可实现	★	★	△	★	★	△	★	★

续表

	违反法律法规	三废排放		噪声	安全隐患		浪费资源能源	相关方
		影响大	影响小		影响大	影响小		
靠加强管理或优化操作即可改进或控制	★	★	△	△	★	△	△	△
近期改进有难度，必须加强管理控制	★	△	△	△	△	△	○	○

注：★—重要环境因素　△——般环境因素

（二）重要性准则评价法

凡符合下列重要性条件之一者均为重要环境因素。

（1）原料、能源消耗方面超出设计值，有节能降耗潜力，并在短期内有能力实现的。

（2）废水、废弃、噪声等污染物的排放不符合法律法规标准及其他要求的。

（3）有害有毒废弃物处理不符合有关要求或未找到好的处理办法的。

（4）含有贵重金属的废弃物有能力回收而没有回收的。

（5）有害有毒易燃易爆等物品在采购、运输、储存、使用、废弃过程中可能有重大环境影响的。

（6）有放射性物质的。

（7）国家控制或禁止使用的物质。

（8）一旦发生，其环境影响可能造成相关方投诉或会付诸法律诉讼的。

（9）可能发生人身重大伤亡、财产损失、环境破坏的事故隐患。

（10）通过上方案技术措施能够解决的，也列为重要环境因素。

思　考　题

1. 什么叫危险源？如何区分第一危险源和第二危险源？危险源识别过程中应该考虑哪些方面的问题？

2. 简述常用危险源识别方法的基本原理和步骤。

3. 简述常用风险评价方法的基本原理和步骤。

4. 简述风险控制的原则和方式。

5. 简述环境因素识别与评价总体的基本步骤。

6. 简述常用环境因素识别和评价方法的原理和步骤。

第五章　钻井作业风险识别与评估

在石油天然气工业中，钻井占据了重要的位置。勘探、开发石油、天然气等埋藏地下的资源，钻井成了必须采用的手段，也只有通过钻井方式才能实现发现和获得地下石油、天然气宝贵资源的目的。

钻井是高风险的行业，在钻井作业的整个活动中，都可能存在潜在的对健康、安全与环境危害的影响因素。识别钻井作业中潜在的 HSE 风险与危害影响因素，是有效控制和削减钻井过程中给健康、安全与环境带来的危害及影响的重要基础。

石油天然气钻井作业是高投入、高风险和高技术水平要求的特殊行业，存在各种各样的风险。钻井作业包括整个一个口的钻井活动，即在陆地上修建井场或海上建造钻井平台、安装钻机设备、钻进施工、下套管固井、测井、试油完井等一系列作业。由于钻井工艺的特殊性和钻井场所的特殊性，在钻井作业的不同阶段和不同的环节中，均存在对人员身体健康、人员与设备设施安全和生态环境不同程度与形式的影响和危害，即存在不同程度、形式各异的风险。

在钻井作业中全面推行和实施“健康、安全和环境”HSE 管理体系标准，有利于防范和削减钻井作业中的各种风险，充分体现“以人为本，预防为主，防治结合，持续改进”的原则，使钻井(平台)队员工接受“安全是最大的节约，安全出效益”的理念。

当今市场竞争日趋激烈，实施 HSE 管理已成为大的趋势，也是社会发展和市场竞争的必然选择。无疑，实施 HSE 管理的钻井队将大大增强市场竞争能力。目前，国际石油、天然气勘探、开发以及各工程建设市场对进入市场的各国石油企业提出了 HSE 管理方面的要求，未制定和执行 HSE 标准的企业将限制在市场之外。因此，实施 HSE 管理，促进我国石油天然气钻井企业的健康、安全与环境管理与国际接轨，并使我国的钻井队伍能在竞争中顺利进入国际钻井市场。

总之，在钻井作业中实施健康、安全与环境风险管理，一方面可以通过提高 HSE 的管理质量改善企业的形象；另一方面，通过减少和预防事故的发生，降低和预防 HSE 风险，提高经济效益，增强市场竞争力，使经济效益、社会效益和环境效益有机地结合在一起，为保护人类生存和发展作出应有的贡献。

第一节　钻井施工工序

石油钻井是一项复杂的系统工程，是勘探和开发油气田的主要手段。其主要施工工序一般包括定井位、道路勘测、基础施工、安装井架、安装设备、开钻、钻进、接单根、起钻、换钻头、下钻、完井测试、固井、井队搬迁等。

一、定井位

定井位就是确定油、气井的位置。它是由勘探部门(勘探井)或油田开发部门(生产井、注水井、调整井等)来确定。确定井位时，应全面考虑地形、地势、土质、水源、地下水位、排水条件、交通状况等，优选最佳井位。

确定井位还应考虑避开山洪及暴雨冲淹或可能发生滑坡的地方；油气井井口距高压电线及其他永久性设施不少于75m，距民宅应不少于100m，距铁路、高速公路应不少于200m，距学校、医院和大型油库等人口密集性、高危险性场所应不少于500m。

二、道路勘测

道路勘测是对井队搬迁所经过的道路进行实地调查，以保证安全顺利的搬迁。搬迁前要勘察沿途的道路、桥梁和涵洞宽度及承载能力，掌握沿途上三线(高压线、低压线、通信线)和下三线(油水、气、通信光电缆线)的情况，凡不符合要求者及时整改处理。

三、基础施工

基础是安装钻井设备的地方，目的是保证机器设备的稳固，保证设备在运转过程中不移动、不下沉，减少机器设备的振动。井架基础应满足最大钩载对加在其上面的全部载荷而不下沉。基础质量差，直接影响钻井设备的正常运转，加速设备的磨损。

钻井现场基础一般采用填石灌浆、混凝土预制和方木基础，特殊条件下可用木桩基础、爆扩桩基础。

基础完工后必须用水准仪找平。井架、柴油机和钻井泵的基础表面水平误差不超过±3mm(其他设备的基础不超过±5mm)，前后误差不超过±10mm。平面位移以中心线为准，偏差不超过±20mm。

四、安装井架

1. 安装塔形井架

首先安装井架底座，安装底座时先把井口中心线划出来，找好安放底座的位置，用吊车将大梁逐件摆上，连接固定好。底座安装好后，把搬运到井场的井架部件初步组装成组合件，并放在方便施工的位置，然后用吊车将组合件大腿及各层组装好的拉筋装上，再用扒杆法或旋转扒杆法依次将井架一层层安装完毕，最后吊装天车，拉好井架绷绳。

2. 安装A形井架

首先安装底座，底座安放前应以井口纵向、横向中心线为基准，在底座上划出底座安放边线。底座安装时，一般以井口为中心按设计尺寸在基础上划好线，再用吊车逐件将底座架摆放到基础上。吊装底座一般从井架主体底座架开始，逐件安放并同时用销子或U形卡子把相接的底座架按要求连接起来。

底座安放完毕，需用水准仪进行找平，并核对有关尺寸。该类钻机底座安装好后，摆放设备时一般不再找平，故整体底座的对正与找平必须按设备出厂要求和标准严格执行，保证质量。然后采用水平安装，整体吊升的方法安装井架。

五、安装设备

安装设备是将钻井所需设备、工具(除新设备、新工具外，一般是井队搬迁拆开的设备、工具)等在新井场重新组装，形成完整的钻井设备系统。

安装工作主要有：设备就位、校正设备、固定设备等。设备的安装工作可在整个井场同时进行。校正设备应先找正，后找平，校正要按规定顺序进行。首先根据井架四条大腿对角线交点来确定转盘中心位置，再确定天车的中心，使天车中心、转盘中心、井口中心三者在一条垂线上。然后通过转盘链轮和绞车过桥链轮的同一端面校正绞车的位置。依次类推，校正1号车位置，校正柴油机、联动机、钻井泵、压风机、除砂泵等设备的位置。

固定设备时必须按规定的力矩使螺栓紧固牢靠，零部件齐全，保证质量并注意安全。钻井设备的安装质量是影响一口井能否顺利完工的关键因素之一。安装质量要达到"七字"标准和"五不漏"要求。在设备开始运转之前，要对设备进行一次全面保养。

六、钻进

钻进是用一定的破岩工具，不断破碎岩石加深井眼的过程。钻进应采用先进的工艺技术，按设计要求，安全、快速、高效地钻达目的层。

钻进按开钻次数分为：一次开钻钻进，二次开钻钻进，三次开钻钻进等。

1. 开钻

一次开钻是设备安装完毕后，为下表层套管而进行的钻井施工；二次开钻是下完表层套管固井后，再次开始的钻井施工；三次开钻是指下入技术套管后，需继续加深的井所组织的钻井施工。对于超深井和特殊井可能要下多层套管，那么会有四次开钻、多次开钻等。

2. 钻进操作

当钻头接触井底前，由司钻操作，开泵，启动转盘(顶部驱动、井下动力钻具)，慢慢使钻头接触井底，逐渐施加钻压(即钻进时施加于钻头上的力)，旋转钻头，钻头便不断破碎岩石，形成的岩屑被射流冲离井底，并由钻井液带至地面。

当方余(钻进中，方钻杆在转盘面以下的长度称为方入；在转盘面以上的方钻杆有效长度称为方余)打完后，停泵，停转盘，上提钻具，至方钻杆下钻杆内螺纹接头提出转盘面，扣上吊卡悬挂住钻具，用液气大钳(吊钳)卸开方钻杆，拉方钻杆与小鼠洞内的单根相接，然后提单根出鼠洞再与井口的钻柱相接，开泵、下放钻具，启动转盘，恢复正常钻进。

七、起钻、换钻头、下钻

1. 起钻

起钻是将井内钻具从井眼中起出的工作。起钻一般以3根钻杆为1根立柱起出移放于钻杆盒内。

2. 换钻头

换钻头是起钻完毕，把钻柱底端的旧钻头卸下，换上所需的新钻头的工作。对所换新钻头在下井前必须进行仔细检查，检查内容包括钻头类型、尺寸、牙型、钻头水眼、螺纹、焊缝及牙齿(切削元件)等。

3. 下钻

下钻是换好钻头后，将钻具重新下入井内的工作。下钻工作与起钻基本相同，不同之处是起钻是卸螺纹，提升钻具，下放空吊卡；而下钻是上螺纹，下放钻具，提升吊卡，并比起钻多一道使钻具上螺纹的工作。

八、完井测试

任何一口井在进行完井作业前都要进行完井测试，其目的是为完井作业和油田开发提供可靠的资料。

完井测试(测井)主要有：电法测井、放射测井、工程测井等。其中工程测井与钻井工程的关系较密切。工程测井包括：井径曲线测井、井斜曲线测井、井温曲线测井、声幅测井、磁性定位测井等。其目的是检查井身质量、固井质量，为准确射孔提供依据。

测井时，要按时向井内灌满钻井液，并应密切注意井口液面变化。若发现溢流要立即报告井队负责人(队长、技术员等)，及时进行处理。

九、下套管固井

油气井钻到设计井深后，须进行电测，经电测合格后下套管固井。固井是向井内下入一定尺寸的套管串，并在其周围注以水泥浆，把套管与井壁紧固起来的工作。其目的是封隔疏松、易漏、易塌等复杂地层；封隔油气水层，防止相互窜漏；安装井口，形成油气通道，控制油气流。以便达到安全钻井和保证长期生产的目的。下完套管固井一定时间后，须进行测井和试压检查固井质量。

十、完井

完井是钻井工程最后一个重要环节，其主要内容包括钻开生产层，确定井底完成方法，安装井底及井口装置等。

含有油气流体孔隙性砂岩或裂缝性碳酸盐岩的储集层称为油气层，一般均有一定的压力，而且有较好的渗透性。因此钻开油气层时，总会产生钻井液对油气层的损害或是油气层中的油气侵入钻井液。当井内钻井液柱压力大于地层压力时，钻井液中的滤液或固相颗粒就会进入油气层中，使油气层渗透率降低，造成油气层的损害。压力越大，时间越长，对油气层的损害就会越大，就会降低油气层的产量。反之，如果钻井液液柱压力小于地层压力时，油气水就会侵入钻井液中。如果处理不当，就会造成井喷失控事故。因此，钻开油气层既要防止和减少对油气层的损害，又要防止井喷失控事故的发生。

井底装置是在井底建立油气层与油气井井筒之间的连通渠道，建立的连通渠道不同，也就构成了不同的完井方法。只有根据油气藏类型和油气层的特性并考虑开发开采的技术要求去选择最合适的完井方法，才能有效地开发油气田、延长油气井寿命、提高采收率、提高油气田开发的总体经济效益。

完井井口装置包括套管头、油管头和采油树。井口装置的作用是悬挂井下油管柱、套管柱，密封油管、套管和两层套管之间的环形空间、控制油气井生产、回注(注蒸汽、注气、注水、酸化、压裂和注化学剂等)和安全生产。

石油钻井建井过程如图 5-1 所示。

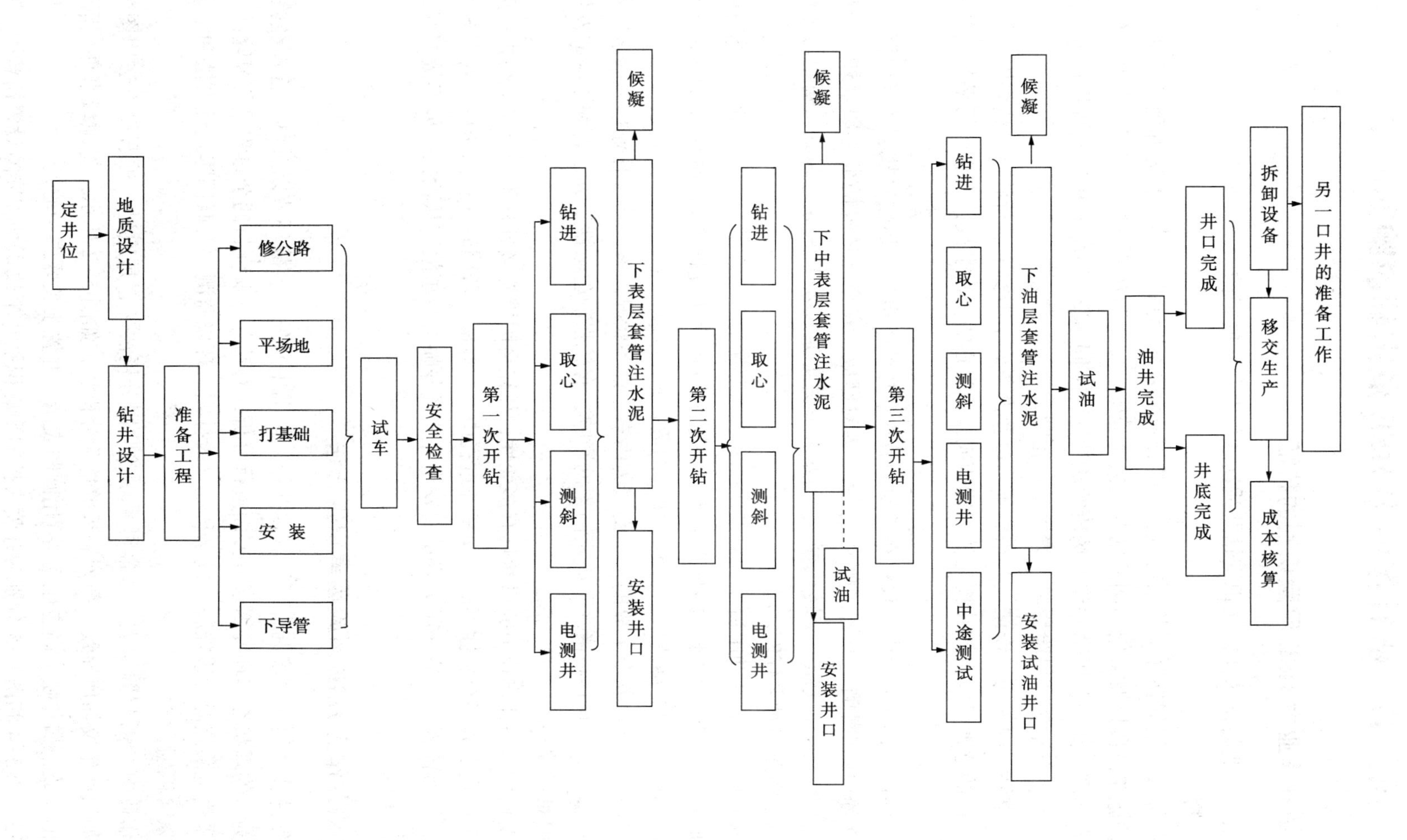

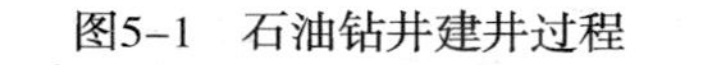
图5-1 石油钻井建井过程

第二节　钻井作业中 HSE 危害和影响的确定

一、钻井作业中 HSE 风险识别的特征

由于钻井作业的特殊性，在识别钻井活动过程中存在危害健康、安全与环境因素时应掌握以下主要特征：

(1) 差异性　根据钻井工艺的特点，钻井作业大致分为钻前、钻井和完井施工活动几个阶段。不同施工阶段以及采用不同的钻井工艺对健康、安全与环境的影响不同，存在的危害和风险因素不同。此外，因钻井作业场所的流动性，不同地域(如海上和陆地钻井)的环境、气候条件不同，其危害和风险影响因素也不尽相同。

(2) 严重性　因人为操作或工艺措施不当以及设备处于不安全运行状态等诸多因素所导致的事故造成的危害极大，如井控失效可能造成井毁人亡的恶性事故，产生的后果甚至是灾难性的。

(3) 多样性　钻井活动中不仅存在常规的着火、爆炸、电击、运输事故、有害材料化学试剂、工作环境(如滑倒、堕落、噪声、振动)等对健康、安全与环境的危害因素外，还存在设备伤害(如水压和气压、旋转机械)、污水和钻井泥浆以及 H_2S 等对健康、安全与环境的影响，其危害是多种多样的。

(4) 时间性　钻井活动中造成的对健康、安全与环境的危害有的是突发性的，影响时间较短暂，而有的影响时间较长(如噪声危害贯穿整个钻井活动过程中)，而有的影响则可能是永久性的(如钻井中井漏造成的对地下水源的危害)。

(5) 隐蔽性　钻井安全事故的发生受人为因素、设备状况因素、施工作业措施因素以及外界等因素影响，并且存在诸多不确定因素的影响，有较强的隐蔽性。其危害和影响的发生及程度有时难以预料。

(6) 变化性　钻井作业中的风险具有多变性，往往会因措施或处理不当，可能会由一般事故升级为严重事故甚至恶性事故。如钻井过程中发生井漏，若同时存在高压层，处理井漏措施不当，就可能因井漏液柱压力降低而发生井喷或井喷失控事故，从而由一般事故演变成严重或恶性事故。

二、钻井作业 HSE 风险因素识别方法

根据钻井作业地区环境调查结果和钻井作业活动中易发生事故环节以及日常管理经验，从人的行为、物理状态、环境因素等方面进行分析，对钻井作业项目的全过程进行风险因素识别。可采用危险点源分级挂牌、危害程度分级挂图、环境监测、关联图等定性方法和定量方法进行风险识别。

钻井作业中 HSE 风险识别，通常可采用关联图分析法。它是通过一种假设方法用图来表示危害如何产生及如何导致一系列后果的危险分析法，如图 5-2 所示，将顶级事件(指不希望发生的事故，如井喷、高空坠落等)用圆圈表示，并置于关联图中心。

图 5-3、图 5-4 和图 5-5 分别为井喷失控的隐患识别、事故识别和屏障设置树状图。

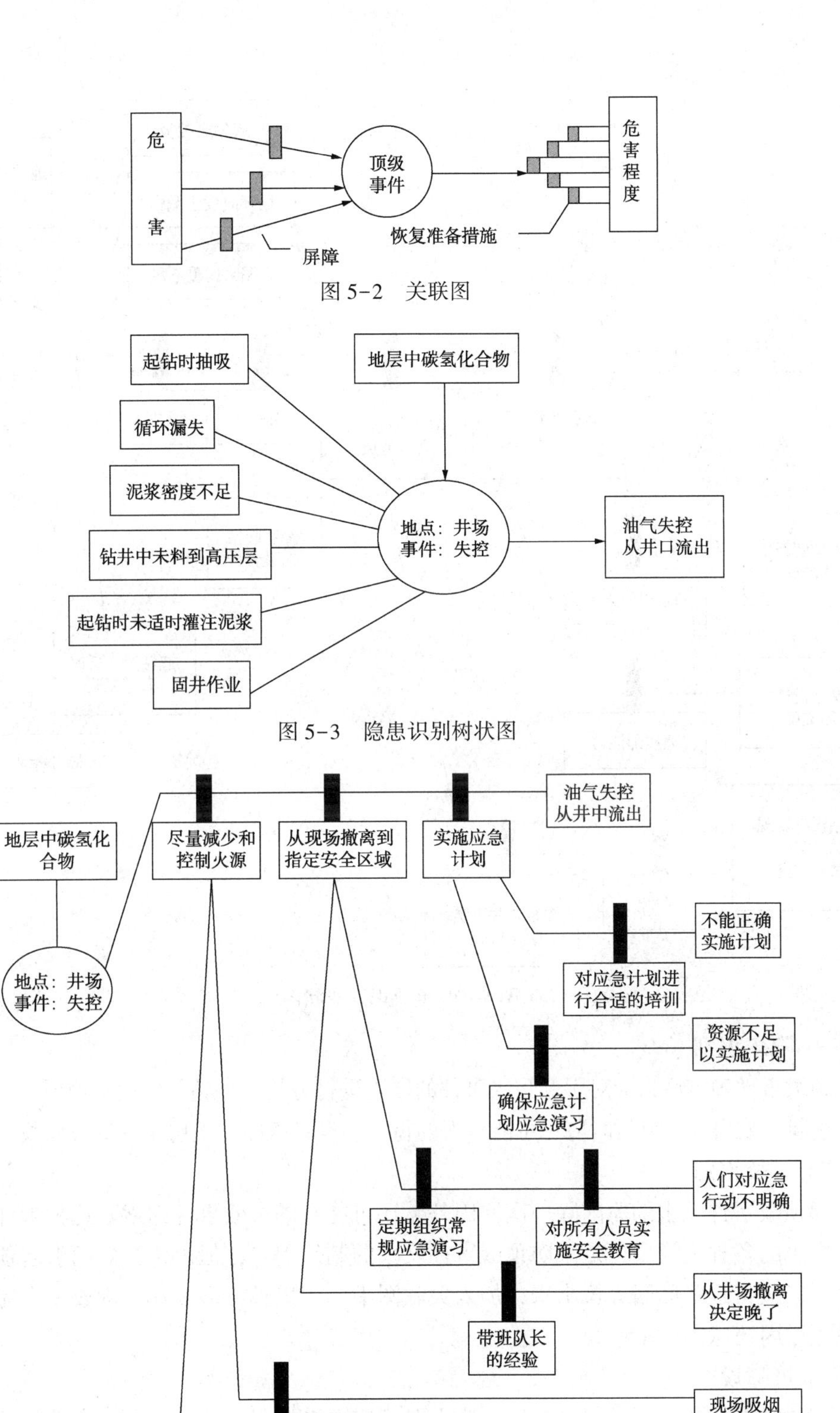

图 5-2　关联图

图 5-3　隐患识别树状图

图 5-4　屏障设置树状图

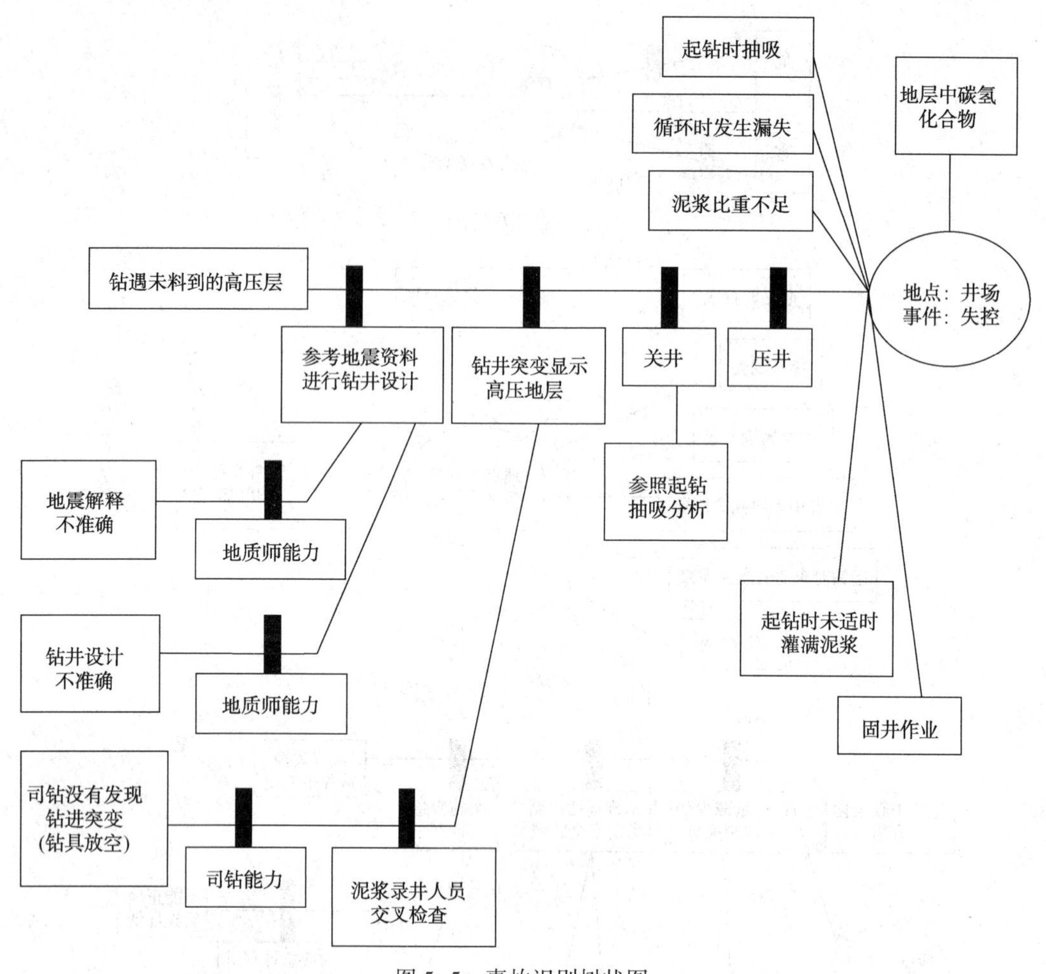

图 5-5　事故识别树状图

（一）隐患识别

在顶级事件确定后，应对引起顶级事件的原因进行分析。如钻井作业中地层有碳氢化合物逸出，引起井喷失控，分析时应尽可能从人的行为、设备故障、地层条件等方面找出原因。

（二）事故识别

引起顶级事件发生的原因除一次原因外，还可能有的失效事件因素。这种事件因素在顶级事件发生的各种途径中，是预防顶级事件发生的制约因素，但由于失效而引起顶级事件的发生。所以应将这些原因分析出来，加入关联图中，用黑长方形表示，构成一个完整的顶级事件发生原因树状图（图 5-3）。

（三）屏障设置

在对顶级事件及原因进行分析后，应采取相应的措施限制和预防顶级事件的发生，即设置屏障，削减和控制风险。在屏障设置树状图中，用黑长方形表示设置的屏障（参见图 5-4），通常屏障包括安全教育、安全管理、应急计划，员工培训和硬件措施等。

三、钻井及相关作业的主要风险

钻井作业过程中，存在相关承包方的技术服务作业，产生的 HSE 风险会影响整个全局。

因此，在进行风险识别时，不但要识别出共同风险，也要识别出相关作业风险。

（一）共同作业风险

（1）井喷及井喷失控可能造成地层碳氢化合物的逸出；

（2）火灾及爆炸：地层碳氢化合物的逸出，特别是轻质油、H_2S 等可燃（剧毒）气体逸出、汽油及柴油、润滑油、机油等泄漏造成火灾爆炸危险事故；

（3）营房火灾；

（4）电气火灾；

（5）现场易燃纤维或其他物品着火；

（6）高空作业人员坠落；

（7）高空物品坠落（如大钩、游动滑车、天车、井架及井架附件、二层台附件）；

（8）起吊重物坠落；

（9）人员施工操作（如操作大钳）过程中造成物体打击危险；

（10）机械伤害；

（11）触电伤害；

（12）食物中毒；

（13）化学品中毒；

（14）H_2S 中毒；

（15）噪声伤害；

（16）交通事故；

（17）恶劣天气或自然灾害造成的危险，如山洪、地震、雷击等；

（18）环境污染：包括修建道路、井场对植被的破坏、作业及生活污水及有害气体对大气的污染；

（19）海上钻井的风险：如海浪、台风等恶劣天气的危害、平台倾斜/倒塌、撞船、迷航；

（20）社会环境带来的风险：如不法分子侵袭、战争、骚乱等。

（二）相关作业风险

（1）测井作业风险：放射性伤害、射孔弹误发伤人危险、测井仪器落井危险；

（2）录井作业风险：使用的天然气样标瓶泄漏、野蛮装卸可能造成火灾爆炸、使用三氯甲烷等有毒物料可能造成中毒危险、使用强酸性物质可能造成人员皮肤腐蚀或烧伤危险等；

（3）定向井作业风险：测斜绞车伤人、定向井工具落井危险；

（4）固井作业风险：高压管汇泄漏可能造成人员伤亡、严重窜槽、未封住高压油气水层发生井喷危险；

（5）试油作业风险：管线爆裂、接头泄漏、井品采油树刺漏、压爆等；

（6）相关作业产生的废水、废渣、废气对环境的污染。

四、钻井作业中的危害和影响

（一）钻井作业中的主要特定危害和影响

钻井作业除有常规的共同 HSE 危害外，还因其作业场所和工艺的特殊性具有特定的风险。通常应在工程项目调查的基础上，根据钻井作业的地理环境、自然气候、钻井设备和使用的原材料以及钻井工艺特点等因素，尽可能找出钻井作业不同阶段各环节所有潜在的隐患，发生 HSE 风险的可能性，确定其危害程度和影响后果。以便对钻井作业中 HSE 风险进行评价，制定出有效的风险削减措施。

与钻井作业有关的危害大致可归纳为两种类型：

（1）表现为重大/灾难性损失，造成人员伤亡、多个设施损坏和严重的环境破坏、财产损失或国内外声誉受挫。

（2）表现为现场工作秩序严重混乱，特别是增加作业时间，如工程事故以及任何可能导致财产或环境的损害事件。

钻井作业危害和影响的确定应根据钻井工艺的特点，从钻井过程的各个阶段和不同工艺环节识别对健康、安全与环境的危害和影响，包括：

（1）钻井井场施工前准备工作(如修建井场、钻井设备运输及安装)对健康、安全与环境已经或可能产生的危害和影响；

（2）钻井正常进行时因工艺所带来的或潜在的各种对健康、安全与环境的危害和影响；

（3）钻井操作(如起下钻等操作)对健康、安全与环境的危害和影响；

（4）钻井过程中各种事故状态对健康、安全与环境的危害和影响；

（5）下套管固井作业对健康、安全与环境的危害和影响；

（6）测井作业对健康、安全与环境的危害和影响；

（7）完井、试油作业对健康、安全与环境的危害和影响；

（8）钻井施工结束后对周围健康、安全与环境的影响和可能存在的潜在危害因素。

表 5-1 列出了钻井作业中主要的特定危害和影响。

表 5-1　钻井作业中的主要特定危害和影响

项　目	主 要 危 害	主 要 影 响
修建井场	破坏植被	生态环境
修建海上钻井平台	造成海洋环境局部破坏	珊瑚礁和海洋生物
钻进	钻井设备产生噪声	人和动物的正常生活
起钻	井喷(潜在)	威胁人身及财产安全
下钻	井漏(潜在)	污染地下水源
井口操作	落物及意外事故	危害人身安全
井喷失控	着火(潜在)	威胁人和设备安全、污染环境
H_2S 逸出	毒性、着火、爆炸	威胁人和设备安全、污染环境
泥浆处理剂及原材料	腐蚀刺激皮肤、粉尘、毒性	危害人体健康
泥浆及作业污水	破坏环境	影响井场周围农作物、植物生长，污染地下水
固井作业	水泥失重诱发井喷	威胁人身及财产安全
测井作业	放射源泄漏(潜在)	危害人体健康、污染环境
试油作业	原油、烃类气体逸出、火灾爆炸	污染环境、威胁人身及财产安全
排出的钻屑及废浆	破坏环境	生态环境
设备维护、保养	产生废弃物、油污	污染环境
营地	产生生活垃圾	污染环境
井场周围干燥植物着火	火灾	危害人财安全、影响栖息的动物

（二）井喷失控的危害和影响

井喷失控是钻井工程中性质最严重的灾难性事故，对健康、安全与环境的危害和影响是巨大的。如图 5-3、图 5-4 所示，造成井喷失控的直接原因主要为：

（1）起钻抽吸，造成诱喷；

（2）起钻不灌钻井液或没有灌满；

（3）不能准确地发现溢流；

（4）发现溢流后处理措施不当，井口不安装防喷；

（5）井控设备的安装及试压不符合要求；

（6）井身结构设计不合理；

（7）对浅气层的危害缺乏足够的认识；

（8）地质设计未能提供准确的地层孔隙压力资料，造成使用的钻井注液密度低于地层孔隙压力；

（9）空井时间过长，又无人观察井口；

（10）钻遇漏失层段未能及时处理或处理措施不当；

（11）相邻注水井不停注或未减压；

（12）钻井液中混油过量或混油不均匀，造成液柱压力低于地层孔隙压力；

（13）思想麻痹，违章操作。

一旦发生井喷失控事故，其危害和影响是巨大的，主要包括以下几个方面：

（1）打乱全面的正常工作秩序，影响全局生产；

（2）使钻井事故复杂化，处理难度增加；

（3）井喷失控极易引起火灾，影响井场周围千家万户的生命安全；

（4）喷出的油、气、水及有害物质（如 H_2S）会造成严重的环境污染，危及人员健康和安全；

（5）伤害油气层，破坏地下油气资源；

（6）井喷着火，造成机毁人亡和油气井报废，带来巨大的经济损失；

（7）涉及面广，在国际、国内造成不良的社会影响。

（三）全球性钻井作业识别出的主要危害

以下是 IADC（国际钻井承包商协会）在北海地区识别出的主要危害及其他国际区域的特殊的健康和环境问题。

（1）浅层气（逸出）；

（2）储层中的烃类（从储藏处喷出）；

（3）泥浆体系中的烃类气体（着火或爆炸）；

（4）测井过程中的烃类（着火或爆炸）；

（5）化学处理剂形成的烃类、有毒物和腐蚀性物质（环境影响）；

（6）H_2S；

（7）纤维物质（着火）；

（8）易爆物（爆炸）；

（9）高空重物（坠落）；

（10）拉紧的物体（脱扣或结构损坏）；

（11）直升机运输（失事）；

(12) 海上运输(牵引事故，碰撞或失稳)；
(13) 陆路运输(撞车)；
(14) 恶劣天气(风、浪、闪电)；
(15) 污水和钻井泥浆；
(16) 疾病(井队和当地居民的传染)。

第三节　钻井作业 HSE 风险评估

风险评估或风险评价，是对系统存在的风险进行定性和定量分析，依据现存的经验、评价标准和准则，对危害分析结果得出系统发生危险的可能性及其严重程度的评价，通过评价寻求最低事故率、最少的损失和最优的安全投资效益。

对所有钻井装置、设备(设施)、工艺、工作场地及生产作业实施风险评估，针对已确定的危害和影响进行评价，以判定其危险程度，为采取相应措施提供依据。

一、确定判别准则

判别准则是判断钻井活动中各种要素危害和影响的依据，各准则主要来自以下几个方面：

(1) 国家、地方或有关部门制定的法律、法规；
(2) 钻井公司与承包方、反承包方等其他部门等合同的约定；
(3) 钻井公司及其主管公司的健康、安全与环境方针和战略目标；
(4) 国际或国内有关钻井行业各种标准。

判别准则应根据具体情况加以确定。例如某石油勘探局在河南省境内，按照 GB 8978—1996《污水综合排放标准》中的要求，钻井废水的主要污染物 COD、石油类等，只要达到该标准的控制等级要求，即可排入外环境，该标准即可作为一条定量标准来评价其影响和危害。但某石油勘探开发指挥部在新疆焉耆盆地进行钻井作业时，由于该地区特殊的地理环境，有大量的水资源对环境保护要求异常严格。该地区的环境主管部门——新疆环保局颁布的有关水环境保护条例要求，在该地区进行钻井作业时，产生的钻井废水不得外排，必须运往指定地区集中处理，因此该保护条例就是判别其钻井废水危害的一重要准则。所以，对于同一活动，不同地区、不同部门其判别的准则也不尽相同。

在采用钻井新工艺或新设备运行期间，应确定相关活动的判别准则并评价是否符合标准。表现准则尽可能量化，把钻井作业中对人、财产、环境和公司声誉的影响程度作为判断的准则，见表 5-2~表 5-5。

表 5-2　对人的影响

潜在影响		定　义
0	没有伤害	对健康没有伤害
1	轻微伤害	对个人继续受雇和完成目前劳动没有损害
2	小伤害	对完成目前工作有影响，如某些行动不便或需要一周以内的休息才能恢复
3	重大伤害	导致对某些工作能力的永久丧失或需要经过长期恢复才能恢复工作

续表

潜在影响		定　义
4	单独伤害	个人永久丧失全部工作能力，也包括与事件紧密联系的多种灾难的可能(最多3个)，如爆炸
5	多种灾害	包括4种与事件密切联系的灾害，或不同地点/不同活动下发生的多种灾害(4个以上)

表5-3　对财产的损害

潜在影响		定　义
0	无损坏	对设备没有损坏
1	轻微损坏	对使用没有妨碍，只需要少量的修理费用(低于1万元人民币)
2	小损坏	给操作带来轻度不便，需要停工修理(估计修理费用低于30万元人民币)
3	局部损坏	装置倾倒，修理可以重开始(估计修理费用低于100万元人民币)
4	严重损坏	装置部分丧失，停工(停工至少2周或估计修理费用低于500万元人民币)
5	特大损坏	装置全部丧失，广泛损失(估计修理费用超过1000万元人民币)

表5-4　对环境的影响

潜在影响		定　义
0	无影响	没有财务影响，没有环境风险
1	轻微影响	可以忽略的财务影响，当地环境破坏在系统和井场的范围内
2	小影响	破坏大到足以影响环境，单项超过基本的或预定的标准
3	局部影响	已知的有毒物质有限的排放，多项超过基本的或预设的标准，并漏出了井场范围
4	严重影响	严重的环境破坏，承包商或业主被责令把污染的环境恢复到污染前的水平
5	巨大影响	对环境(商业、娱乐和自然生态)的持续严重破坏或扩散到很大的区域；对承包商或业主造成严重经济损失，持续破坏预先规定的环境界限

表5-5　对声誉的影响

潜在影响		定　义
0	无影响	没有公众反应
1	轻度影响	公众对事件有反应，但是没有公众表示关注
2	有限影响	一些当地公众表示关注，受到一些指责；一些媒体有报道和政治上的重视
3	很大影响	引起整个区域公众的关注；大量的指责，当地媒体大量反面的报道；国内媒体或当地/地区/国家政策的可能限制措施或许可证使用影响；引发群众集会
4	国内影响	引起国家内公众的反应；持续不断的指责，国家级媒体的大量负面报道或地区/国家政策的可能限制措施或许可证使用影响；引发群众集会
5	国际影响	引起国际影响和国际关注；国际媒体大量反面报道或国际/国内政策上的关注；可能对进入新的地区得到许可证或税务上有不利，受到群众的压力；对承包商或业主在其他国家的经营产生不利影响

二、钻井作业HSE风险评价分析过程

根据钻井作业的特点，可在不同施工阶段实施不同的风险和应急准备分析。图5-6显示了风险评价总的分析过程。

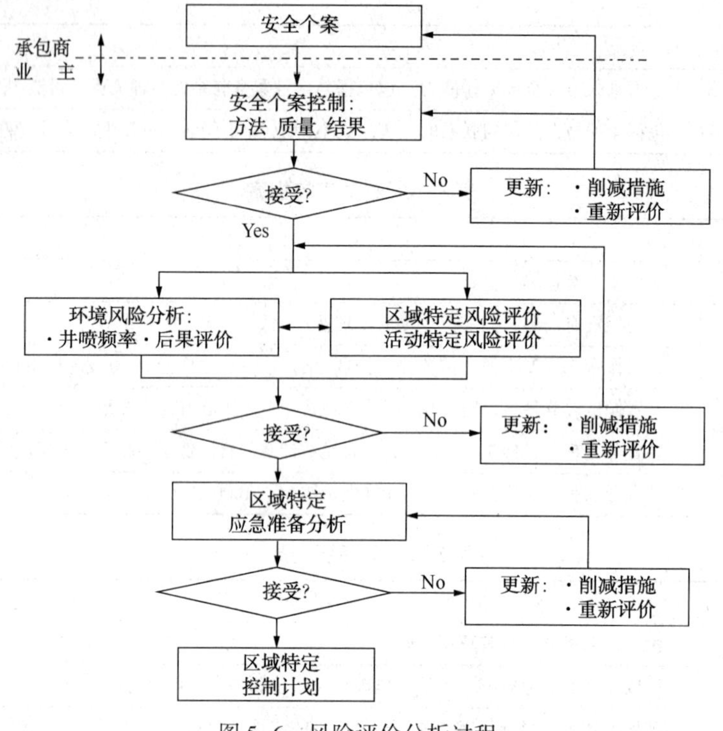

图5-6　风险评价分析过程

(1) 安全个案评估：这是分析过程的第一步，目的在于检查和评估安全个案的执行情况，验证设备是否达到了人员、环境和物质设施可接受的安全水平，而与地点和油井的特定条件无关。

(2) 环境风险分析：风险分析继续进行的第二步，早期判断和严重井喷失控频率的专门分析，为环境影响后果的专门分析提供依据。

(3) 区域特定风险和应急准备分析：目的是为了确定和评估钻井设施作业区域的特定风险(如气候条件等)。

(4) 活动特定风险评估：这是分析过程最后和最详细的一步。这一分析以草拟的钻井程序为基础进行，目的是为当前钻井作业建立一幅油井特定风险简图。

三、风险评价方法

风险是发生概率和后果严重程度的函数，即风险水平是用事故可能发生的概率和可能导致危害的严重程度两个因素表示的：

风险=发生概率×后果严重程度

进行风险评估时，无论采用何种评价技术，都需要考虑其发生的概率和潜在的事故后果严重程度。风险表述通常用定性和定量两种方法，如高/中/低和预期年损失或预期死亡率等。

(一) 定性风险评价

常用的定性风险评价方法有：

(1) 风险矩阵；

(2) 检查表；

(3) 安全工作分析；

(4) 错误模式及影响分析；

(5) 类比分析、预危险分析和危险度评价等。

(二) 定量风险评价

常用的定量风险评价方法有：

危害和可操作性研究(HAZOPs—Hazard and Operability Sdudies)；

事件树或失误树分析(Event Tree or Fault Tree)；

环境影响评价(EIA—Environmental Impact Analysis)；

定量风险评价(QRA)等。

风险矩阵是一种以概率(暴露、频率及类似项)与后果的叠加来表示的风险图表，可直观地看出风险的高低及后果的严重程度，在定性风险评价和风险划分准则的图示中有着广泛的用途，在钻井作业风险的评价中常采用此种方法。

四、评价钻井作业 HSE 危害和影响

在钻井作业 HSE 风险识别的基础上，确定了钻井活动中健康、安全与环境危害的影响因素后，对整个钻井活动作业区及影响范围的环境质量的现状及其将来的影响程度进行综合环境评估，对钻井作业人员的健康、安全及钻井设备财产的安全的危害程度进行综合评估，并根据综合评估的结果提出相应的预防和减轻措施。

例如，Shell 公司在某国家自然保护区准备进行一口控井的钻井施工前，根据该区特殊的环保要求，在施工前需对该活动进行严格的环境影响评价，钻井公司和评价单位结合当地环境特点(鸟类保护区)，确定该活动对环境产生的各种危害和影响因素，采用合理的评估标准，评价出该活动对鸟类迁徙和栖息，以及生态环境影响的程度，并根据其评价结果，提出控制手段，即在无候鸟迁徙的 12~2 月份实施钻井活动。

表 5-6 显示了利用风险矩阵模型进行定性风险评价的实例，在矩阵中，后果对应风险率作图画出折线，与导致这一风险类型相对应。表 5-7 显示了钻井作业中严重事故危险顶级事件和结果。

表 5-6 风险评估分类表

程度	后果				概率增加				
	P	A	E	R	A	B	C	D	E
	人员	财产损失	环境影响	声誉受损	在 EP 钻井工业从未听说过	在 EP 钻井工业曾经发生过	在本公司发生过	在本公司每年发生数次	在典型年发生过多次
0	无伤害	无	无	无					
1	轻微伤害	轻微	轻微	轻微		加强管理持续改进			
2	较轻伤害	较轻	较轻	有限					
3	重大伤害	局部	局部	相当大			引入风险管理削减措施		
4	一人死亡	重大	重大	国内					
5	多人死亡	巨大	巨大	国际				不可忍受	

表 5-7　风险评估表

严重事故危险顶级事件和结果	风险分类表			
	P	A	E	R
1. 地层烃类化合物： 井喷导致碳氢化合物泄露或火灾爆炸	!!	!!	!!	!!
2. 气体碳氢化合物(试油设备)： 试油期间火灾或爆炸				!!
3. 塑料纤维材料： 营地火灾				
4. 干燥植被： 苇田火灾				
5. 常规爆炸物： 在钻台或坡道上存储期间意外引爆				
6. 高空重物设备： 从吊车或井架上坠落	!!			
7. 张力状态下的物体(结构)： 结构毁坏(钻井钢丝、井架、刹车失灵)				
8. 陆路运输： 倒班车道路交通事故	!!			
9. 危险物运输： 泄漏			!!	!!

注释：!!—不可承受；—可接受的最低程度；—低风险

第四节　钻井作业 HSE 风险分类及控制目标

一、钻井作业 HSE 风险分类

在钻井作业活动中，对健康、安全与环境影响的风险因素有多种危害形式，可采用以下几种方式划分钻井作业中的风险类型。

(一) 根据危害程度划分

(1) 根据钻井作业中对人、财、环境和声誉影响的后果可分为6级(见表5-6)，如人员伤亡情况：0级-无伤害；1级-轻微伤害；2级-较轻伤害；3级-重大伤害；4级-人员死亡；5级-多人死亡。财产损失和环境影响：0级-无；1级-轻微；2级-较轻；3级-局部；4级-重大；5级-巨大。声誉受损：0级-无；1级-轻微；2级-有限；3级-相当大；4级-国内；5级-国际。

(2) 根据钻井活动中严重事故危险顶级事件和后果可分为“不可接受”“可接受程度低”和“低风险”三级(见表5-7)。

(二) 根据钻井施工阶段划分

(1) 钻井前期工作产生的风险，即开钻前的准备活动中，如平整井场造成对井场周围植被的破坏，钻井设备运输以及安装过程中的安全事故等。

(2) 钻井过程中产生的风险，即开始钻进至完钻整个钻井作业中产生的 HSE 风险，如钻井作业中产生的各种井下事故、泥浆及作业污水对环境的污染风险等。

(3) 钻井施工结束后产生的风险，如完井后未进行处理的废浆、钻屑及废弃材料对环境的污染。

(三) 根据钻井工艺环节来划分

(1) 钻进作业中的风险；

(2) 固井作业中的风险；

(3) 测井作业中的风险；

(4) 试油、完井作业中的风险等。

(四) 根据钻井作业中危害对象来划分

(1) 设备风险，如设备故障导致的危害；

(2) 人员伤亡风险，如因各种事故或操作不当造成对人员的伤亡；

(3) 人员健康危害风险，如钻井作业流体对人员皮肤的危害，钻机噪声对人员听力的损害，有毒气体对人员健康的危害；

(4) 钻井作业中“三废”对环境的危害风险，如柴油机排出的废气以及钻井作业中排出的废水和废渣，对井场周围环境的污染。

综合运用上述分类方法，绘制出钻井作业 HSE 风险分级与分类图，有利于风险控制目标和风险削减措施的制定。

二、钻井作业 HSE 风险控制目标

钻井(平台)队在制定 HSE 风险控制目标时，应根据上级(总公司、局、公司)的 HSE 管理方针及控制目标，结合钻井活动所在的具体区域和钻井工艺要求，建立合理的、切合实际的、具体的 HSE 风险控制目标，使 HSE 风险管理工作贯穿于整个钻井施工过程中，以安全的、环境上可接受的要求进行钻井作业，使各种风险降至最低程度。

在制定管理目标时，应遵循“合理性、客观性、可验证性和可实现性”的原则。钻井作业 HSE 管理目标包括总体目标和具体目标两部分，前者为大的原则性目标，后者为具体甚至是可量化的目标。

(一) 总体目标

(1) 经常对员工进行健康、安全与环境保护方面的宣传、教育与培训，不断提高员工的健康、安全与环境保护的意识和水平；

(2) 将健康、安全与环境保护管理工作贯穿于钻井施工的全过程，使各种风险降低至最低程度；

(3) 创造安全和健康的工作环境，确保每位员工的健康与安全，提高工作质量；

(4) 杜绝或尽可能减少环境污染，保护生态环境，把钻井作业中对环境的影响降低到最低程度；

(5) 向无事故、无污染、树立一流企业形象的目标迈进。

(二) 具体目标

根据总体目标，结合本井实际，制定出具体的、可达到或应该达到的健康、安全与环境管理目标。如：

（1）杜绝重大人身伤亡事故；

（2）杜绝井喷及井喷失控事故；

（3）杜绝重大环境污染事故；

（4）杜绝火灾、爆炸事故；

（5）其他事故率；

（6）污水排放量；

（7）污染治理率；

（8）污水达标排放率；

（9）员工体检合格率；

（10）员工 HSE 培训合格率等。

例如，某钻井队定出的 HSE 管理目标如下：

（1）定期进行职工健康、安全与环境的知识教育，不断增强职工健康、安全与环境意识，HSE 培训合格率达 100%。

（2）严格执行各项安全管理规章制度，杜绝死亡、重伤事故和重大有责工程、设备事故。不断增强井控意识，杜绝井喷和重大火灾、爆炸事故。

（3）尽可能减少环境污染，保护生态环境，把环境影响降低至最低程度，杜绝重大环境污染事故。

（4）严格执行现场和营地管理制度，创建无害化区，给职工创造一个良好的工作和生活环境，确保职工和周围居民的身心健康。

第五节　钻井作业 HSE 风险削减措施

钻井作业 HSE 风险削减措施就是根据钻井工艺的特点及所在地理环境和条件，利用先进的科学技术，采用一些有效的预防措施将风险降低至实际合理的最低的水平或将无法承受的风险危害转化成中等以及可承受的水平。在制定风险削减措施时，主要考虑以下几个方面的因素：

（1）减少和预防事故发生的可能性；

（2）限制事故的范围和发生的频率；

（3）降低事故长期和短期的影响；

（4）不正常情况升级为事故的因素；

（5）实施风险削减措施的保障体系及代价等。

在钻井作业中应本着"安全第一，预防为主"的方针，建立一套完善的 HSE 保障体系，制定出具体的预防控制、消除险情的措施。钻井作业 HSE 风险削减措施的制定和实施，涉及钻井施工过程中 HSE 管理的各个方面，既需要有削减风险措施的保障体系，也需要各级领导的承诺和人、财物的支持。同时，当有多种措施可用时，应通过综合经济分析来选择，使风险削减程度与风险削减过程的时间、难度和代价之间达到一种平衡，即将风险降低到"合理实际并尽可能低"的水平。有效地防止危害风险发生的措施，包括管理措施、硬件措施和系统措施。

一、管理措施

钻井活动中的风险管理措施，是达到风险控制目标、保证风险削减措施的落实以及有序顺利地实施的重要保证。

（一）管理措施的内容

管理措施应包括以下内容：

（1）建立完善的钻井 HSE 风险防范保障体系和运行机制，保证有关风险削减措施的实施。

（2）组织落实风险防范和削减措施必备的人、财、设备等必备条件和手段，并制定有关保护设备、工具的配制和采购计划。

（3）识别钻井活动中各个阶段和不同工艺施工作业中可能产生的 HSE 风险，制定防止和削减措施。

（4）制定钻井作业中各种险情和危害发生的应急反应计划以减少影响。

（5）钻井安全生产管理措施应形成文件形式，以规定、制度和条例形式下发，指导钻井安全生产。

（6）制定危害影响恢复措施。在钻井作业中，某些危害是不可避免的，如修建井场对井场及周围植被的破坏，若该井钻完未见油气或无开采价值，就应制定恢复措施。

（7）对提出的风险防范、削减和恢复措施也可能产生的危害进行再识别和评估，以确定这些措施在风险控制目标中的作用。

（8）监控措施。对钻井作业中的 HSE 风险控制和削减措施的实施实行全程监控，制定 HSE 监测与检查制度，定期对钻井队进行 HSE 方面的监测检查，如定期对钻井作业中排放的污水进行监测，对未达到排放标准的必须进行整改。

（二）钻井 HSE 管理监测

实施 HSE 管理，对健康、安全与环境表现的有关情况进行监测（包括检查、测试等），并建立和保存相应结果与记录，有利于健康、安全与环境表现的持续改进，也是审核和评审的重要客观证据。

建立钻井健康、安全与环境管理的监测检查制度，是强化 HSE 管理的重要手段、督促 HSE 各项削减风险措施落到实处，也是保证 HSE 管理质量的必要条件。通过对现场人员、设备及设施进行 HSE 方面的定期常规检查和不定期特例检查，有利于发现事故隐患、存在的问题；也有利于发现已制定的 HSE 风险防范、削减措施实施中存在的不足，以便及时提出整改和补救措施，促进 HSE 管理的顺利进行。

1. 监测检查的依据

（1）相关的法律、法规；

（2）有关的标准、安全规范；

（3）HSE 管理体系文件；

（4）HSE 管理的规章制度等。

2. 检查的范围

对钻井队现场的监测检查包括但不限于以下范围：

（1）HSE 管理实施情况；

（2）各项安全规程、标准执行情况；

（3）各种设备、设施的安全技术性、运行及维护保养情况；
（4）自动报警装置及安全防护装置的配置、性能、运行及维护保养情况；
（5）应急措施落实情况、应急设备的配置、维护保养情况；
（6）员工 HSE 培训、应急演习情况；
（7）医疗设备、药品的配备、使用情况；
（8）井场、营地环保规定的执行情况、废物回收、污水处理、环境破坏后的恢复等；
（9）宿舍、餐厅、厨房、厕所、浴室的卫生情况。

3. 检查的对象与内容

（1）对钻井队 HSE 管理的检查

检查包括但不限于以下内容：

① HSE 管理小组人员是否配齐，职责是否明确；
② 井队是否按 HSE 管理的要求进行运作；
③ 井队有关 HSE 管理的规章制度是否完善；是否按已定的规章制度办事；
④ 是否制定有钻井作业 HSE 指导书、计划书、检查表；
⑤ 是否有关于 HSE 管理的法律、法规、规程、规定等文件资料，资料保存是否规范有序；
⑥ 是否对井队员工进行了健康、安全与环境保护方面的宣传、教育和培训；
⑦ 有关的 HSE 规章制度、措施是否上墙，危险部位是否立有警示标志或警示牌；
⑧ 是否进行了 HSE 方面的例行检查等。

（2）对井队员工的检查

对井队员工的检查，根据不同工种和岗位，检查的内容不同，主要包括以下几个方面：

① HSE 管理知识；
② 特殊岗位的持证情况；
③ 是否进行过 HSE 方面的培训；
④ 紧急情况下控制处理险情的技能；
⑤ 紧急情况下个人防护的能力；
⑥ 是否会使用控制险情的设备、工具(如不同类型的灭火器)；
⑦ 当班人员是否穿戴劳保用品；
⑧ 是否会使用防护器具(如氧气呼吸器、防毒面具)；
⑨ 员工的健康状况等。

（3）钻井及 HSE 设备、设施的检查

设备、设施检查主要从以下几个方面进行：

① 设备、设施安装是否符合有关技术、安全规定要求；
② 设备、设施运行是否良好、完整性如何；
③ 设备、设施的安全防护装置是否齐全有效；
④ 消防设施、灭火器材等是否配备齐全有效。

设备、设施具体的检查内容按有关的规定进行，对有关的设备装置，如井控设备要进行测试。

（4）营地的检查

① 营房状况是否良好、基本设施是否齐全、是否符合防火要求；

② 营房是否整洁、卫生；
③ 营房是否有足够的卫生设备；
④ 浴室、厕所状况如何；
⑤ 厨房、餐厅状况如何；
⑥ 营地周围环境状况；
⑦ 生活污水垃圾的处理情况；
⑧ 安全(消防设施、器材的配备)情况等。

（5）医疗设施及药械的检查

① 是否配备有医务室；
② 卫生员的资质；
③ 是否配备有足够的药品；
④ 医疗设备如何、是否配备有急救药械等。

（6）作业现场环境监测

① 卫生状况；
② 大气监测；
③ 作业排放污水监督监测；
④ 噪声监测；
⑤ 污水处理装置工况；
⑥ 污水处理及达标排放情况等。

4. 检查的形式与方法

根据检查的不同对象、不同项目，采用不同的形式和方法，如对人员的检查可采用笔试、口试和实际操作的方法来进行；对设备的检查通常采用测试方法。为了在现场检查方便，应按不同的检查项目设计成不同的检查表格形式，按表格的内容逐项检查。

5. 检查频次

根据钻井作业的特点，整个钻井活动过程中的 HSE 检查可分为三个阶段，即钻前的检查、钻井过程中的检查和钻井施工结束后的检查。钻井过程中的检查又分为常规定期检查和不定期例行检查。一般钻井公司应每季组织有关人员对钻井队进行一次 HSE 检查；由钻井队长每月组织上一次本队的 HSE 检查；重要或大型施工作业前如开钻、钻开油层前、固井、下套管、起放井架前应对设备进行安全检查。

6. 检查结果与考核

按有关的标准和技术规范评定检查结果，未达标的应提出整改措施和建议并监督完成。凡与人的因素有关的 HSE 检查项目，应根据责任制，把检查结果与个人年度考核挂钩，奖惩分明，有利于促进井队健康、安全与环境管理的顺利实施。

（三）钻井安全生产指南

各个钻井公司都根据自己所施工的区域特点，制定了详细的钻井安全生产操作规程，主要包括以下规程，详细内容在这里不赘述。

（1）钻井作业安全规程；
（2）常规钻进安全技术规程；
（3）含硫油气田安全钻井法；
（4）钻井设备拆装安全规定；

(5) 关井操作程序；

(6) 井场动火管理；

(7) 井场用电安全规程。

二、硬件措施

在削减风险危害的措施中，硬件措施必不可少。削减钻井作业 HSE 风险的硬件措施包括配备控制危害和消除危害的设备、仪器、工具、防护装置以及安全劳保用品等硬件的配置和保证钻井设备、设施的完整性及有效使用措施。没有专门用于控制有害操作和保证设施完整性的硬件措施，削减风险也许就是一句空话。

(1) 钻机搬家安装要求

钻机搬家安装要求主要包括钻机搬迁要求、钻机搬迁程序、安装技术要求、钻井设备安全要求、井场防爆电器配置等内容。

(2) 灭火器材配置

灭火器应放在指定地点，并用标签注明类型、使用方法和充灌日期。灭火器用完后，应立即重新充填。每次检查灭火器后应在标签上写上检查人的名字。

(3) 劳动保护措施

钻井队作业人员的劳动保护用品的配发按 Q/SH 0096—2007《石油企业职工个人劳动防护用品管理及配备要求》中的规定执行，所有人员均应配发工装、高筒硬头皮鞋、安全帽和手套等劳动保护用品，上岗人员应按规定正确穿戴。特殊作业环境、工种还应配备不同功能的劳动保护用品。

每一个离钻台或其他工作面 3.3m 或 3.3m 以上高度作业人员，除非正在从事的工作要求身体自由运动，或从事的是安装和拆卸钻机工作，都必须系上安全带。

发电房及电工应配备绝缘手套、绝缘鞋，并定期对绝缘鞋进行检查。

在机房、发电房、钻台等噪声环境下作业人员应配备防噪声的耳塞。

从事钻井液处理的人员应配备耐酸碱手套和防尘口罩；当进行加重作业和固井作业时，作业人员也应配备防尘口罩。

三、系统措施

削减钻井作业 HSE 风险的系统措施，主要包括钻井施工中各种工程事故及安全隐患的预防和环境保护等措施。通过实施这些措施，消除和减少事故隐患，防止事故升级，从而降低系统风险。

（一）钻井中一般故障的防范与处理措施

钻井一般故障主要包括以下 7 种，具体防范与处理措施参看相关的技术手册。

(1) 失去动力；

(2) 绞车失去刹车；

(3) 水龙头发卡；

(4) 憋泵；

(5) 憋跳钻；

(6) 碰天车；

(7) 溜钻、顿钻。

（二）钻井工程事故预防措施

钻井工程事故种类很多，主要包括以下 4 种，具体防范与处理措施参看相关的技术手册。

（1）卡钻事故的预防措施；

（2）井漏事故的预防措施；

（3）井塌事故的预防措施；

（4）井喷预防措施。

（三）钻井作业现场防火和营地火灾预防措施

1. 钻井作业现场防火措施

钻井作业现场的防火措施，要严格按照有关井场防爆、防火规范的要求，制定防范措施，防止火灾的发生。防火措施包括：

（1）严格按照要求配备灭火器材。灭火器应放在规定的地点，并用标签注明类型、使用方法和充灌日期，过期的灭火器应及时更换。

（2）井场照明一律采用防爆灯具和防爆开关，导线负荷要达到安全要求，各接线处要密封良好，导线和金属接触部位要用瓷瓶绝缘，探照灯必须专线控制。

（3）井场内严禁烟火。井场口、钻台、循环系统、油罐等禁火区必须挂禁火标志牌。

（4）柴油机排气管每 10~15d 清理一次，消除内部积炭，以防在气层钻进中排气时喷出火星。

（5）值班房、发电房、配电房、油罐距离井口不少于 30m，井场与上级调度部门保持畅通的通信联络。

（6）钻台及机泵房无油污，钻台上下及井口周围禁止堆放易燃易爆物品及其他杂物。

（7）在高压油气层钻井作业中，井场不允许动用明火，特殊作业需要动火，必须严格执行工业动火管理规定。

2. 营地防火措施

营地的防火措施包括但不限于：

（1）按消防规定配备灭火器具，灭火器挂在随手可取的地方。

（2）营地所有照明、用电设备、电气线路应符合电气安装标准，营房必须安装过载、短路、触电保护装置和小于 10Ω 的接地装置。

（3）营房内严禁使用电炉和大于 60W 的灯泡，禁止存放和使用易燃易爆物品。

（4）将防火制度和应急措施贴在每幢营房内，以增强员工防火意识。

（5）对营地的消防设施、照明线路、灯具等用电设施进行定期检查，及时发现隐患及时整改。

（四）钻井作业现场环境保护措施

1. 防止水污染措施

（1）钻进中遇有浅层淡水或含水带，下套管时应注水泥封固。防止地下水层被地层其他流体及钻井液污染。

（2）井场周围应与毗邻的农田隔开，不让井场内的污水、污油、钻井液等流入田间或进入溪流，以防场外表层淡水源被污染。

（3）采用气冲洗钻台、钻具，最大限度地减少污水量。若用水冲洗钻台、钻具，清洗设备的废水已被油品、钻井液污染，不得直接排出井场，应引入污水储存池，经净化处理后，可再供冲洗钻台或配制钻井液用。

（4）动力设备、水刹车等冷却水，要循环使用，节约用水。不能循环使用的，要避免被油品或钻井液污染。

（5）不得用渗井排放有毒污水，以免污染浅层地下水。

（6）加强对生活垃圾的管理，对排出的废水必须进行达标排放处理。

2. 防止空气污染措施

（1）钻进中发现地层可燃气体或有害气体产出，应立即采取有效措施防止气涌井喷，并把可能产出的气体引入燃烧装置烧掉。

（2）燃烧装置应安装在钻机主导风的下侧，离钻机应有一定距离。

（3）如果井场靠近城市、村镇、人口稠密区建筑物，燃烧装置点火时应特别小心，要考虑当时的风向和其他因素，并经过演习，指定专人监视火情。

（4）井场内不得燃烧可能产生严重烟雾或刺鼻嗅味的材料。

（5）对产生颗粒性粉尘污染的作业，如注水泥、配制加重钻井液等，应采用密闭下料系统，防止粉尘污染井场环境。

（6）动力柴油机排气管应及时清理，防止结炭。

3. 防止噪声污染措施

钻井作业场所的设备噪声应不超过 90dB，特殊设备不得超过 115dB。在城郊钻井，要考虑施工作业的噪声对周围环境的影响，一般不应超过 60dB。通常采取以下减噪措施：

（1）内燃机应装消音装置或其他减噪措施；

（2）噪声大的动力设备应布置在井场主导风向的下风侧，办公用房或员工宿舍应布置在主导风向的上风侧，以减轻噪声的影响。

4. 防止钻井液、钻屑及废油污染环境措施

（1）井场应筑足够容量的废浆池，以便收集事故溢出的泥浆或被置换的废泥浆。在任何情况下，泥浆不得排出井场。

（2）应配备封闭式泥浆净化装置，钻井中泥浆循环使用，尽量避免用土池作泥浆循环池。

（3）一般钻井应使用水基泥浆，严格控制使用油基泥浆和毒性大的泥浆。若必须使用时，则应考虑适宜的安全和防污染措施。

（4）配制泥浆应优先选择低毒或无毒化学剂，严禁使用国际上已禁止使用的有毒化学处理剂。

（5）所有钻井液化学剂和材料，应有专人负责严格管理，防止破损和由于下雨而流失。

（6）凡是井场不用的泥浆，二次、三次开钻替换的废泥浆，必须妥善储存，防止流失造成污染。

（7）井内返出的钻屑，应结合现场具体情况妥善处理，不得造成污染。

（8）井场使用的油料要建立保管制度，经常检查储油容器及其管线、阀门的工作状况，防止油料跑失污染环境。

（9）收油、发油作业时，要先检查，后输油。输完油后，要先扫线后撤管，消除“跑、冒、滴、漏”。

（10）设备更换的废机油和清洗用废油，应集中回收储存，严禁就地倾倒。

5. 完井后的环境保护措施

完井后的井场，由原施工单位移交有关单位管理，井场的环境必须达到接收单位的要求。移交前，应采取以下保护环境措施：

（1）清除井场内所有废料、废油和垃圾；

（2）拆除井场内所有地上和地下的障碍物；

（3）回收转运剩余材料、油料、钻井液重新利用；

（4）捞尽污水池和隔油池内的浮油，处理完污水；

（5）废弃泥浆、岩屑全部固化处理；

（6）清理生活区，填埋或焚烧生活垃圾，恢复工区周围自然排水通道；

（7）如果钻井中由于某种原因弃井时，则井眼内外要封堵，必须把油气层、水层封死。并将地下 1m 以上的套管头切除，以便复耕。同时，做好地下隐蔽工程资料档案。

（五）预防 H_2S 中毒措施

H_2S 是一种窒息性气体，对人的健康和生命构成严重的威胁，对生态环境造成损害。因此，在含硫气田进行钻井作业时，应严格执行 Q/CNPC 115—2006《含硫油气井钻井操作规程》的规定，采取预防措施，防止和减轻 H_2S 逸出的危害。主要预防措施包括：

（1）对钻井队员工进行 H_2S 防护的技术培训，了解 H_2S 的理化性质、中毒机理、主要危害和防护及现场急救方法，提高员工对 H_2S 危害的认识防护能力；

（2）在可能产生 H_2S 的场所设立防 H_2S 中毒的警示标志和风向标，作业员工尽可能在上风口位置作业；

（3）在井场配备 H_2S 自动监测报警器，或作业人员配备便携式 H_2S 监测仪，并保证报警器和监测仪灵敏可靠；

（4）在可能产生 H_2S 场所工作的员工每人应配备防毒面具和空气呼吸器，并保证有效使用；

（5）在有可能产生 H_2S 的场所作业时，应有人监护；一旦发生 H_2S 急性中毒，立即实施救护；

（6）必须对井场 2km 以内的居民住宅、学校、厂矿等情况进行调查，并告之可能会遇到 H_2S 逸出的危害。当这种危害发生时，应有可行的通信联系方法，通知上述人员迅速撤离。

（六）恶劣天气危害的预防措施

1. 防冻措施

（1）冬初成立防冻领导小组，按上级防冻指挥机构的统一布置结合本队实际开展防冻工作；

（2）与当地气象部门取得联系，了解可能出现的最低温度，整个冬季的气候状况，并将收集了解的信息向上级 HSE 管理机构反馈；

（3）针对当地的气候特点，做好相应的物资储备。如职工防寒服，防滑皮鞋，防冻霜（膏），应急油桶，$-10^{\#}$柴油，柴油机防冻液等；

（4）做好预防工作。如包裹油管线，柴油机保温，检查维修野营房的取暖防火设施等；

（5）制定紧急情况的应急措施，制定措施时要考虑人的健康安全。

2. 防暑措施

（1）平台经理（队长）、钻井工程师合理组织生产，避免岗位工人长时间连续高温作业；

(2) 搞好空调野营房的合理利用，保持空调器的正常运转，为下班工人提供良好的休息环境；

(3) 下班职工合理安排娱乐和休息，保证足够的睡眠，避免疲劳上岗；

(4) 食堂不从市场上乱买食物，买回粮副食品、蔬菜、肉类合理存放，保质、保鲜；

(5) 炊具定期消毒，餐具用一次消毒一次；

(6) 职工不乱买食物，高温作业后禁喝冷饮；

(7) 医务室储备足够的防(治)中暑药物、食物中毒急救药物、夏季流行病药物，发现流行病例立即送医院隔离；

(8) 电工在每月的安全检查中，要对野营房的漏电保护装置、导线绝缘性进行检测，保证其他易燃易爆场所的绝缘、防爆能力；

(9) 作业场所通风良好，保持设备良好的散热效果；

(10) 使用好净水器，保证饮用水符合饮用标准；

(11) 卫生员负责督促搞好生产、生活区的环境卫生，厕所定期消毒。

第六节　钻井作业 HSE 应急反应计划

实施 HSE 风险管理，其目的就是通过这套管理来防止各类事故的发生。但一切制度、措施都不是万能的。由于钻井作业的工艺特殊性和作业场所的环境特殊性，各种突发事件随时都可能发生。为了将各种损失降低到最低限度以阻止事态的蔓延和扩大，必须制定一套针对钻井作业活动中各种突发事件的应急计划(或称应急预案)，以保证在发生紧急情况时都能做到有条不紊、胸有成竹。

一、钻井作业 HSE 应急分类

通过风险分析，提出预防、处置钻井作业中各类突发事故和可能发生事故险情的应急反应计划，并且按照应急的要求，进行严格的训练和模拟演习，提高员工的应急处理能力。当钻井作业中发生各种紧急情况时，能确保员工和国家财产的安全，最大限度地降低各种损失和影响。

根据钻井作业的工艺特点和作业环境特点，应急反应可分为五大类：

(1) 钻井作业中的突发事件；

(2) 人身伤害事故；

(3) 急性中毒；

(4) 有害物质泄漏；

(5) 自然灾害。

钻井作业中的应急分类和应急范围如表 5-8 所示。

表 5-8　钻井作业 HSE 应急分类表

序号	应急类型	应急范围
1	钻井作业突发事件	井喷、井喷失控、火灾、爆炸等
2	人身伤害	烧伤、机械伤害、物体撞击、高处坠落、触电、交通事故等
3	急性中毒	H_2S、CO 以及饮食、饮水中毒等

续表

序号	应急类型	应急范围
4	有害物质泄漏	油料、燃料及其他有毒物质泄漏
5	自然灾害	山洪、强台风、暴风雨(雪)、沙暴、雷击、山体滑坡、地震等

二、钻井作业 HSE 应急计划内容

应急计划是根据作业项目制定的最重要的 HSE 作业文件之一，通常包括在 HSE 作业计划书内，具有很强的针对性。根据项目调查、风险识别，对在整个作业施工活动中有可能发生的应急事件，制定出详细周密的应急预案，有效地控制和降低突发事件带来的危害和影响。

钻井作业 HSE 应急计划主要包括以下内容：

(1) 应急反应工作的组织和职责；

(2) 参与应急工作的人员；

(3) 环境调查报告；

(4) 应急设备、物资、器材的准备；

(5) 应急实施程序；

(6) 现场培训及模拟演习计划；

(7) 紧急情况报告程序、联络人员和联络方法；

(8) 应急抢险防护设备、设施布置图；

(9) 井场及营区逃生路线图；

(10) 简易交通图等。

三、钻井作业 HSE 应急反应体系

建立完善的应急反应体系，包括应急反应组织、应急反应管理、应急反应指挥和应急反应实施系统；从上到下，有可靠的、方便的信息传递系统，保证应急计划的顺利实施。

(一) 钻井作业 HSE 应急反应组织体系及职责

钻井 HSE 应急组织属于 HSE 管理组织的一部分，当发生重大险情时，应成立临时性的专门机构，如抢险指挥部。通常应急组织分为三个级别。

(1) 局属 HSE 应急管理机构或应急管理部门

局属 HSE 应急机构或应急管理部门由相应有关的部门人员构成，其主要职能是负责战略管理；在险情发生后发出重要指令；负责向政府报告重大事件和对外发布信息。

(2) 钻井公司 HSE 应急管理机构或重大险情抢险指挥部

钻井公司 HSE 应急管理机构由相关部门人员组成，当发生重大险情时，可会同当地政府及有关部门组成临时性的“重大险情抢险指挥部”。主要职责是负责传达上级指令；制定或审批应急行动方案；组织抢险救助，包括调动、组织协调有关部门如医疗救护队、公安、消防队参加抢险；组织调运抢险所需的求援设备、物质；支援和指挥一线抢险，实施应急计划。

(3) 钻井(平台)队现场应急小组

根据本井的具体情况和可能潜在的险情类型，应设立由钻井(平台经理)队长负责的不同应急类型的应急抢险(队)组，如“井喷应急抢险组”“火灾应急抢险组”等。应急抢险组的成员由与应急抢险类型有关的人员组成。钻井(平台)队现场应急小组的主要职责是建立应急管理制度，制定应急行动方案；执行实施应急计划；负责组织抢险、疏散、救助及通信联络；检查应急设备、设施的安全性能及质量；组织井队有关人员进行应急模拟演练。现场应急小组和抢险组的成员应根据落实的应急抢险岗位，明确其职责，一旦险情发生，便使其能按分工迅速到岗，有条不紊地实施应急抢险。当险情发生实施应急计划和抢险后，应由现场HSE监督写出应急处理情况报告，并报送上级有关部门。

(二) 应急反应管理

1. 应急反应管理的内容

应急反应管理是HSE应急反应体系中的重要环节，内容包括：

(1) 应急反应组织机构和人员的落实；

(2) 应急组织及成员的应急岗位和职责与任务；

(3) 应急反应计划的制定与实施；

(4) 应急抢险防护设备、设施及工具的配置与管理，使其处于良好状态；

(5) 制定紧急情况下的报告制度；

(6) 员工的应急反应培训和应急演习；

(7) 应急反应准备情况的检查；

(8) 发生紧急险情后，实施应急处理的结果报告等。

2. 应急情况下报告程序

当在作业现场发生重大险情后，当事人或目击者应立即报告井队现场HSE管理小组或应急小组负责人及有关人员，同时向甲方现场监督报告；然后根据险情的大小逐级向上一级HSE管理应急部门报告和向相关方通报，并应注明在紧急情况下向有关部门及人员的联络方法。

3. 应急反应实施情况报告

当发生紧急险情后，钻井队应按制定的应急反应计划，实施应急抢险救助和处理。当险情处理完后，应写出应急险情处理实施的情况报告，并报送上级有关部门备案。应急反应实施情况报告的内容包括：

(1) 产生应急险情的类型、时间、地点及场合。

(2) 产生应急险情的原因，是人为的、设备设施的、管理缺陷的，还是自然灾害不可避免的；若是可避免的原因，应对其进行分析。

(3) 有无人员伤亡，设备、设施及财产损失情况。

(4) 应急险情产生的后果和危害程度，以及对社会、对环境和对企业声誉的影响。

(5) 实施应急反应计划和措施的过程，在执行中是否顺利。

(6) 应急反应计划和措施的有效性和在减轻危害风险中所起的作用。

(7) 应急反应计划和措施的缺陷，不足和改进意见等。

(三) 应急器材

根据不同的应急类型，所需的应急器材不同，通常钻井队应配备的应急器材包括但不限于：

(1) 灭火器材；

(2) 氧气袋(罐)、制氧机、空气增压仓、防毒面罩；

(3) 通信器材；

(4) 交通工具及担架；

(5) 急救箱或急救包、急救药品及医疗器械；

(6) 警报器等。

四、钻井作业过程中紧急情况下的应急程序

(一) 火灾及爆炸应急程序

(1) 发现火情立即发出火灾警报；

(2) 火灾应急抢险队员立即赶赴火灾现场，由现场应急小组负责人根据火情拨打"119"火警电话，并说明火情类型、行车路线、同时通知甲方监督；

(3) 断开着火区电源，实施灭火；

(4) 救护人员准备急救用具待命，无关人员疏散到安全地带；

(5) 若火势严重超出现场的控制能力，应向上级汇报，同时采取控制和隔离的方法等候专业消防队员来救火，并安排人员到岔路口指引消防车的行车路线；

(6) 当火被扑灭后，清理现场，写出火灾事故和险情处理报告。

(二) H_2S 防护应急程序

(1) 一旦 H_2S 探测仪或录井仪器发出报警，立即通知司钻，并发出 H_2S 警报信号(鸣喇叭或电铃)；

(2) 听到警报信号后立即戴上防毒面具或氧气呼吸器；

(3) 当班人员按"四七"动作控制关井；

(4) 应急抢险小组人员立即赶赴井场，按分工各司其职，同时将井上情况向甲方监督通报；

(5) 救护人员戴好氧气呼吸器到岗位检查井口是否控制住，有无人员中毒；

(6) 若发现有人员中毒立即抬至空气流通处施行现场急救，同时与挂钩医院联系；

(7) 其他人员全部撤离到上风口集合地点；

(8) 由平台经理和钻井工程师组织处理消除井内的 H_2S 外逸工作；

(9) 若 H_2S 含量低于 10mg/L，可进行循环观察，决定是否恢复生产，若 H_2S 含量高于 10mg/L，则应循环压井，直到最终控制住气侵；

(10) 险情解除后写出应急险情处理情况报告。

(三) 井涌、井喷应急程序

(1) 发出信号(打长鸣喇叭)，全队处于紧急状态。

(2) 迅速按"四七"动作控制井口。

(3) 根据求得的压力，由钻井工程师确定压井泥浆密度和压井方法。

(4) 平台经理根据钻井工程师的技术要求，组织监督做好如下准备。

① 组织泥浆人员配足压井泥浆；

② 组织钻井人员检查泥浆循环系统、排气装置(设施)，回收泥浆线路、容器，两台泵的上水情况、保险阀等是否满足压井施工的需要；

③ 指定专人监视立套压变化，并每隔 15min 向钻井工程师报告一次；

④ 组织钻井工检查四条放喷管线，看固定有无松动，出口有无障碍物、有无在附近活动的人，测定风向；

⑤ 安全员检查氧气呼吸器，并把能用的搬至方便位置，检查消防器具；

⑥ 卫生员准备担架、氧气袋、急救箱到井场待命；

⑦ 全队其他员工到井场待令。

（5）钻井工程师在情况允许的条件下向钻井公司或调度室汇报。

（6）钻井工程师主持实施压井作业。

（7）在压井准备或压井作业过程中出现异常情况，致使关井压力超过最大允许关井压力值时，则根据已测定的风向选择管线放喷，这时须持续以下程序。

（8）停止动力机工作，停止向井场供电。

（9）组织非当班人员在各路口设立警戒，同时由近及远地疏散当地居民。

（10）当班人员卡牢方钻杆死卡，并用7/8″钢丝绳绷紧。

（11）当班人员接好消防水管线正对井口，接好通向防喷四通的注水管线（注意带单向阀）。

（12）含硫气田应在井场入口处安置 H_2S 测检设施。

（13）落实充足的供水源。

（14）向上级调度室汇报，请示上级救援。

（四）油料、燃料及其他有毒物质泄漏应急程序

（1）切断泄漏物的源头，杜绝火源（包括断电）；

（2）迅速控制污染范围，报告上级调度部门；

（3）消防器材、防护用具准备；

（4）抢修泄漏设施或转移泄漏物质；

（5）清理受污染场所，彻底消除隐患；

（6）恢复作业，写出事故报告。

（五）放射性物质落井的处理应急程序

（1）一旦发生放射源落井后，测井公司应立即向上级生产、技术安全与环保部门就带源仪器落井情况提出报告，同时向甲方监督通报情况；

（2）测井部门应与钻井队配合，提出处理措施，积极进行打捞；

（3）如无法打捞，钻井队应及时向上级主管部门汇报，经主管部门批准后，由油田环保部门向井场所在的地方环保部门通报，并提供包括井的位置、放射源落井日期、落入方式、放射源种类、性质、强度等内容的报告；

（4）油田环保部门会同地方环保部门，在落有放射源的井口建立永久性标志牌，标志牌上应有落井放射源的种类、性质、强度及放射源落井日期、落入深度等内容。

（六）恶劣天气应急程序

1. 暴雨洪水应急程序

（1）暴雨洪水季节前成立防洪抢险领导小组和突击队，并在上级防洪指挥部门的领导下开展预防工作（如储备物资，清理排水道等）；

（2）与当地气象部门密切联系，确切了解当地的雨情、汛情，并向上级调度部门反馈；

（3）根据井的情况，找出防洪防汛的重点部位（可能被水淹、滑坡等部位），制定发生险情的急救措施；

（4）得知气象部门的险情预告后应立即撤出危险区的人、财、物，并作出合理安置，停止向险区供电。一旦发生险情立即组织突击队实施急救；

（5）暴雨后检查受损情况，及时恢复正常秩序；

（6）对受洪水淹没过的公共场所，如食堂、厕所、野营房周围等由卫生员组织进行消毒处理；

（7）在洪水期的生活饮用水必须经净化消毒才能使用。

2. 其他恶劣天气应急程序

（1）井场布局考虑季节风的风向、风频，井架大门方向应尽可能背向季节风方向；

（2）大风季节增加对井架、绷绳基础、活动房以及电器设备的检查，发现问题及时整改；

（3）接大风预报警报后，井队应采取全面的防风措施，大风来临前不安排电测、下套管、固井等特殊作业；

（4）遇 8 级以上大风应停止钻进，将钻具起至安全井段，并做好防卡工作；

（5）对于钻遇井漏、井涌等特殊情况，又遇到狂风暴雨不能作业时，以保井为主，临时采取措施进行处理；

（6）遇雷、电、雾等能见度小于 30m 或 6 级以上大风，应停止吊装、拆卸作业，并严禁起放井架和高空作业。

五、变更管理

在钻井勘探作业的实施过程中，由于人员、技术、设施以及其他方面的改变，可能影响钻井队 HSE 作业计划的正常实施，甚至对健康、安全与环境造成潜在危险，因此需要进行变更管理。变更管理的内容包括：对变更及其实施可能导致的健康、安全与环境风险作出记录和进行评审；对由主管部门批准实施的变更要形成文件；制定减少变更影响的具体实施程序等。

（一）技术变更

采用新的钻井工艺新技术，并运用到生产实践中，无疑会提高钻井质量和速度。但由此可能会破坏危及原有的安全保护系统，对新工艺、新技术的掌握，也有一段适应的过程。为减少对作业人员的健康、安全危害，避免环境污染或因不适应新工艺、新技术而造成失误带来损失，当技术变更时应同时做以下工作：

（1）针对采用的钻井新工艺或新技术，对可能产生对健康、安全与环境的危害风险进行识别与评估，从而修改或重新制定新的预防和削减风险的措施。

（2）当使用现有钻井液体系或引用新的钻井液化学处理剂时，须进行毒性试验和对人员健康及环境影响的评价，并制定相应的保护措施。

（3）在钻井施工中往往会因地质或其他方面的原因改变钻井设计或原定的施工方案，由此可能会产生新的 HSE 危害风险或原定的风险防范措施不再有效或不适应，需要制定新的措施。

（4）当引进某项钻井新工艺或新技术时，应针对新工艺或新技术的特点，对所有员工进行培训。培训的内容包括新工艺或新技术的掌握；新工艺或新技术可能带来新的对作业人员健康、安全和对环境方面的危害以及防止、减轻和处理这些危害的措施、方法和技能等方面的知识。

（二）设备变更

设备的变更包括设备的改造升级和设备的更新以及新增加设备，同时也可能带来新的对健康、安全检查与环境的危害问题，如更换或新增大功率动力设备，就可能增加环境噪声和增大废气污染环境的危害。为避免因设施变更带来危害，当设施发生变更时应考虑以下几方面的问题，以制定相应的措施。

(1) 对变更的设备、设施的安全性、可靠性以及设备结构设计和布局设计的合理性进行评估，是否能造成对人员健康、安全与环境的危害；

(2) 变更的设备、设施与原有设备和设施是否匹配，是否会影响原有设备、设施的安全性和可靠性；

(3) 变更设备工作性能和操作条件的明显变化，如压力、温度、流速等变化是否会增大潜在 HSE 风险；

(4) 若变更设备的操作方法与原有设备的操作方法有很大的差别，应对操作人员进行培训。

(5) 针对设备变更带来的 HSE 危害风险，应制定新的防范和减轻危害风险措施。

(三) 人员变更

由于人员变更改变而补充的组织机构成员、设备监督员及操作人员，为了保持其基本能力和 HSE 管理工作的一致性和连续性，应针对油气资源开发和钻井作业的特点进行必要的培训。当员工的岗位改变或设备操作人员发生变更时，须针对新岗位的要求进行培训，对特殊工种需持证上岗的，必须经培训考取合格证后方能上岗。新参加工作的员工必须经过 HSE 培训，取得培训合格证后才能上岗。

(四) 法律、法规变更

公司和钻井队应研究和评价已颁布的或新的法律、法规内容，使健康、安全与环境管理体系(作业计划书)与这些规定的要求相适应。当有关的法律、法规变更后，HSE 计划及相应的措施必须重新制定和修改。

(五) 变更程序

在钻井过程中，由于因钻井工艺技术或钻井设计改变、钻井设备设施更换、钻井人员更换以及有关 HSE 法律法规(或标准)的变化等，制定的钻井作业 HSE 计划的内容以及措施，就有可能不适应健康、安全与环境保护的要求，因此需要更改。此外，由于某种原因造成编制 HSE 计划的失误，也需要对原计划书进行修改，以免造成更大的损失。

变更的程序如下：

(1) 对上述变更(技术变更、设备设施变更、人员变更)后可能产生对健康、安全与环境的风险进行识别和评估；

(2) 根据评估的结果，重新制定或修改原来的计划和措施；

(3) 将重新制定或修改的计划和措施报送有关部门审查与审核；

(4) 批准签发按新的计划书制定的措施执行。

思　考　题

1. 简述一口井建井的基本流程。
2. 简述钻井作业 HSE 的特征。
3. 简述钻井及相关作业的主要风险。
4. 简述钻井作业的主要危害。
5. 简述钻井作业 HSE 常用定性评价方法。
6. 简述钻井作业 HSE 常用定量评价方法。
7. 简述钻井作业 HSE 风险控制目标和消减措施。
8. 简述钻井作业 HSE 应急反应体系。

第六章　油气开采风险识别与控制

第一节　采油风险识别与控制

一、采油生产简介

采油采气生产大部分在野外分散作业，从井口到计量站、联合站，各个环节都有机的联系在一起。整个生产过程具有机械化、密闭化和连续化的特点，生产的介质为易燃易爆的石油和天然气，对人与人、人与机之间的协调都有较高的要求。采油采气生产从流体的举升方式上分为自喷生产和人工举升生产。

（一）自喷生产

自喷采油是指利用油层自身能量将原油举升到地面的采油方式。

自喷采油的能量来源是：井底油流所具有的压力，来源于油层压力；随同原油一起进入井底的溶解气所具有的弹性膨胀能。

（二）人工举升生产

人工举升生产是指人工给井筒流体增加能量将井底原油举升至地面的采油方式。人工举升生产又包括气举采油、有杆泵采油、无杆泵采油。

1. 气举采油

依靠从地面注入井内的高压气体与油层产出流体在井筒中混合，利用气体的膨胀使井筒中的混合液密度降低，将流到井内的原油举升到地面的一种人工举升方式。

气举采油井口和井下设备比较简单，但必须有足够的气源，而且需要压缩机组和地面高压气管线，地面设备系统复杂；一次性投资较大；系统效率较低。

2. 有杆泵采油

有杆泵采油是指通过抽油杆、抽油泵将地面能量传递给井下流体的一种人工举升方式。有杆泵采油主要包括游梁式有杆泵采油和地面驱动螺杆泵采油。

（1）游梁式有杆泵采油

游梁式有杆泵采油装置主要由抽油机、抽油杆、抽油泵组成。通过减速机构将地面动力（电机）的高速旋转运动变成抽油机驴头上下往复运动，从而带动抽油杆柱及抽油泵活塞上下运动，将油井内的液体抽至地面的1种采油方法。按抽油机结构的不同，可分为游梁式抽油机和无游梁式抽油机。

游梁式抽油机深井泵抽油装置是由电动机、柴油机或天然气发动机带动的。电动机通过三角皮带，把高速旋转运动传给减速箱输入轴，经减速后，通过曲柄连杆机构，把高速旋转运动变成驴头低速上下往复运动。再由驴头带动抽油杆做上下往复直线运动，同时抽油杆将这个运动传给井下抽油泵活塞，使活塞做上下往复运动，而将井中的液体抽至地面。

无游梁式抽油机深井泵抽油装置目前在石油矿场上使用得较少。目前油田常见的无游梁式抽油机有：皮带式抽油机和链条式抽油机。

(2) 地面驱动螺杆泵采油

地面驱动螺杆泵采油由螺杆泵、抽油杆柱、抽油杆柱扶正器及地面驱动系统等组成。其工作原理是动力设备带动驱动头、抽油杆柱旋转，使螺杆泵转子随之一起转动，井液经螺杆泵下部吸入，由上端排出，实现增压，并沿油管柱向上流动。

3. 无杆泵采油

无杆泵采油是指地面能量不通过抽油杆提供给抽油泵，将井底原油举升至地面的采油方式。无杆泵采油目前在油田最常用的采油方式有：电动潜油离心泵采油、水力活塞泵采油、水力射流泵采油。

(1) 电动潜油离心泵采油

电动潜油离心泵采油是当前油田最常用的一种无杆泵采油方式。潜油电泵具有排量大、扬程高、地面工艺简单、管理方便等特点，因此在油田开发生产中得到广泛应用。

潜油电泵由井下机组、井筒电缆和地面供电设备三部分组成：井下部分包括潜油电机(三相异步电动机)、保护器、油气分离器、多级离心泵；井筒部分包括电力传输电缆；地面部分包括电力变压器、控制柜。潜油电机、保护器、分离器和泵各轴之间采用花键套连接，壳体之间采用法兰螺栓连接。

(2) 水力活塞泵采油

水力活塞泵是一种液压传动的无杆抽油设备。其井下部分主要由液马达、抽油泵和滑阀控制机构组成。其工作原理是动力液经地面加压后，经油管或单独的动力液传输管线输送到井下，通过滑阀控制机构不断改变供给液马达的流向来驱动液马达做往复运动，从而带动抽油泵工作，实现原油举升。

(3) 水力射流泵采油

水力射流泵又称水力喷射泵，它是利用流体的能量守恒与转化原理，将注入井内的高压动力液的能量传递给井下油层产出液，从而实现原油举升。

(三) 油田注水生产

油田投入开发后，如果没有相应的驱油能量补充，油层压力将随着开发时间，逐渐下降，引起产量下降，使油田的最终采收率下降。通过油田注水，可以使油田能量得到补充，保持油层压力，达到油田产油稳定，提高油田最终采收率的目的。

(1) 油田注水方式简介

油田注水方式就是指注水井在油藏中所处的部位和注水井与生产井之间的排列关系。根据油田面积大小，地质条件、不同油层性质和构造条件等情况，可选择不同的注水方式。

边缘注水。将注水井按一定的形式布置在油水过渡带附近进行注水。边缘注水的适用条件是油田面积不大，构造比较完整，油层分布比较稳定，含油边界清晰，边缘和内部的连通性能比较好，特别是注水井的边缘地区要有较好的吸水能力，能保证压力有效的传播。采用边缘注水的油田，生产井排和注水井排基本上与含油边缘平行，这样有利于油水边缘的均匀推进，达到较高的采收率。

切割注水。利用注水井排将油藏切割成若干区(或块)，每个区作为一个独立的开发单元进行注水开发。

面积注水。面积注水是指将注水井和油井按一定的几何形状和密度均匀的布置在整个开发区上进行注水开发。根据油井和注水井相互位置及构成的井网形状不同，面积注水可分为四点法、五点法、七点法、九点法、反九点法及线状注水等，这种方法注水可使一口生产井受多口注水井的影响，采油速度比较高。

(2) 注水井及其井身结构

注水井是注入水从地面进入地层的通道，主要由井口装置和井下注水管柱构成。

注水井井身主要由导管、表层套管、技术套管、油层套管等组成。导管用来保护井口附近的地层，一般采用螺纹管，周围用混凝土固定。表层套管用以封隔上部不稳定的松软地层和水层。技术套管用以封隔难以控制的复杂地层，保证钻井工作顺利进行。油层套管的作用是保护井壁，隔绝油、气、水层，下入深度视生产层层位和完井方式而定。

(3) 注水站生产

注水站的作用是把供水系统送来或经过处理符合注水水质要求的各种低压水通过水泵加压变成油田开发需要的高压水，经过高压阀组分别达到注水干线，再经配水间送往注水井，注入油层。

注水站主要有储水罐，供水管网、注水泵房、泵机组、高、低压水阀及供配电、润滑系统、冷却水系统组成。

注水站的工作环境为高电压、高水压和高噪声，因此注水站应注意防触电、防噪声和防高压水泄漏。

二、采油生产过程危险性分析

采油生产的主要物质是原油、天然气。这些物质具有易燃、易爆、易挥发和易于积聚静电等特点。挥发的油气与空气混合达到一定比例，遇明火就会发生爆炸和燃烧，造成很大破坏。油气还有一定的毒性，如果大量排泄或泄漏，将会造成人、畜中毒和环境污染。

在采油生产中应注意“六防”，即防火、防爆、防触电、防中毒、防冻、防机械伤害。

防火。防火是采油生产中极为重要的安全措施。防火的基本原则是设法防止燃烧必要条件的形成，而灭火措施则是设法消除已形成的燃烧条件。

防爆。采油生产过程中的爆炸，大多数是混合气体的爆炸，即可燃气体(石油蒸气或天然气)与助燃气体(空气)的混合物浓度在爆炸极限范围内的爆炸，属于化学性爆炸的范畴。

防触电。随着采油工艺的不断发展，电气设备已遍及采油生产的各个环节，如果电气设备安装、使用不合理，维修不及时，就会发生电气设备事故，危及人身安全。

防中毒。原油、天然气及其产品的蒸气具有一定的毒性。这些物质经口、鼻进入人体，超过一定吸量时，可导致慢性或急性中毒。

防冻。采油生产场所大部分在野外，一些施工工作也在野外进行，加之有些油田原油的含蜡量高、凝固点高，这样就给采油生产带来很大的难度。搞好冬季安全生产是油田开发生产系统的重要一环。因此，每年一度的冬防保温工作就成为确保油田连续安全生产的有力措施。如油井冬季测压关井、油井冬季长期关井、油井站内管线冻结等都是采油生产过程中冬季常见的现象。

防机械伤害。在采油生产过程中，接触的机械较多，从井站到联合站，从井下施工到大工程维修施工，无一不和机械打交道。机械伤害事故在油田开发生产中是最常见的。天然气采气、输气过程中，设备、管道的运行都要承受一定的压力，天然气与空气的混合物在一定条件下又具有爆炸的特性，因此，生产过程中必须严格遵守有关规章制度，以保证安全生产。

三、采油生产风险识别

采油生产作为石油工业的一线产业，其现场环境条件苛刻，过程连续性强，原料及产品多为易燃易爆、有毒有害有腐蚀的物质，生产技术复杂，设备种类繁多，稍有不慎，容易发生事故，造成人员伤亡和国家财产损失。

下面将从物料、工艺过程等几个方面对采油生产中的危险有害因素进行辨识。

（一）物料危险性分析

（1）原油危险性分析

原油是一种黄色乃至黑色、有绿色荧光的稠厚性油状液体。其蒸气与空气形成爆炸混合物，遇明火、高热能引起燃烧爆炸；与氧化剂能发生强烈反应；遇高热分解出有毒的烟雾。原油所具有的危险性如下：易燃性、易爆性、挥发性、静电荷积聚性、扩散、流淌性、热膨胀性、易沸溢性、毒性。

（2）伴生气体危险性分析

原油生产中会产生天然气、H_2S 等伴生气体，危险性如下：

天然气中含有大量的低分子烷烃混合物，以烃类中的甲烷、乙烷、丙烷和丁烷为主，属甲类易燃、易爆气体，其与空气混合形成爆炸性混合物，遇明火极易燃烧爆炸。天然气各主要组分的闪点都很低，爆炸范围也很宽。如有泄漏，即会散布于空气中，一旦有明火接触，则会出现燃烧或爆炸。

H_2S 为无色气体，具有臭蛋气味。相对密度 1.19。爆炸上限为 45.5%，下限为 4.3%。H_2S 是一种神经毒剂，亦为窒息性和刺激性气体。其毒作用的主要靶器是中枢神经系统和呼吸系统，亦可伴有心脏等多器官损害，对毒作用最敏感的组织是脑和黏膜接触部位。H_2S 作用于人体之后会造成不同程度的中毒反应。

（二）工艺过程危险有害因素辨识

（1）火灾爆炸

在异常情况下，由于设备或管道的阀门、法兰连接处破裂、泄漏或操作失误等，导致可燃物质释放，在空气中形成爆炸性气体，一旦遇点火源即可引发火灾、爆炸事故。此外管道、受压容器等由于超压超温或意外情况可发生高压物理爆炸。

（2）噪声危害

站内噪声源主要来自注水泵、加药泵等各类泵和压缩机等发声设备，这些设备将产生较大的噪声。在采油作业中，各种机泵等发声设备所产生的噪声会影响工人的身心健康，存在噪声危害。

（3）机械伤害

抽油机、泵的旋转部件、传动件，若防护罩失效或残缺，人体接触易发生碾伤、挤伤等机械伤害的危险。

（4）电气危害

电气危害主要出现在人体接触或接近带电物体时造成的电击或电伤害，电弧或电火花引发的爆炸事故，以及由电气设备异常发热而造成的烧毁设备，甚至引起火灾等事故。

（5）物体打击

在承压设备处，如果设备上的零部件固定不牢或设备超压可能发生物体飞出等事故，当工作人员在现场时可能发生人员伤害。设备设施在检修过程中有松动件可能发生物体从高处落下砸伤工作人员，带压容器发生刺漏也会使人员受伤。

（6）高处坠落

站内存在高于2m的设备，操作工人在巡检、检修过程中，由于其斜梯、栏杆等太陡、焊接不牢等原因，有造成高处坠落可能，如从储罐、试井架上坠落下来，从平地上跌入坑内或池中，从设备开口处掉入设备中等。

（7）高温灼伤危害

加热设备运行时可能发生蒸气泄漏事故，使工作人员可能受到高温灼伤。

（8）毒性危害

站内主要物料原油、天然气等均具有一定毒，如吸入或食入可对人员构成毒性危害。油气经口、鼻进入人的呼吸系统，能使人体器官受害而产生急性或慢性中毒，当空气中油气含量为0.128%时，人在该环境中经过12～14min便会有头晕感，如含量达到1.113%～2.122%，将会出现头痛、精神迟钝、呼吸急促等症状。若皮肤经常与油品接触，则会出现脱脂、干燥、裂口、皮炎或局部神经麻木等症状。

（9）腐蚀危害

在油田生产中，腐蚀事故所占的比例相当高。油气管道、储罐及其他设备一旦发生腐蚀事故，轻者泄漏，重者燃烧、爆炸，不仅造成严重的经济损失，还威胁员工的生命安全。

（三）特种设备（压力容器）危险有害因素辨识

加热炉和分离器作为采油现场最常见的压力容器，也具有一定的危险、有害因素。压力容器内具有一定温度的带压工作介质失控，承压元件失效以及安全保护装置失效是压力容器最常见的危险有害因素。

第二节　采气风险识别与控制

一、采气生产简介

采气作业是将气田开采出的天然气进行收集、输送和初步加工处理的生产经营活动。它主要包括三个方面：一是集气站将气井采出的气液混合物经过管道输送进入集气站进行气液分离；二是有集气站将初步分离的天然气输入计量站，由计量站进入天然气处理厂进行再次脱水或深加工；三是由处理厂或天然气压气站以不同的方式将处理合格的天然气外输给用户。

采气集输地面设施包括井口设施、单井管线、集气站、计量站、集气管线、外输管线等。集气站和计量站主要设备有分离器、闪蒸罐、污水罐、阀组、外输管道、收发球筒、发电机、压缩机、注醇作业车辆、机泵、电路、监测系统、放空火炬、进站管汇、消防设施以及其他辅助生产设施，主要承担天然气采集、初步分离、外输等工作。

采气集输企业在宏观上，有着油田其他企业所共有的性质，但在微观上，又有自己独特的生产经营特点，主要表现在三方面：

（1）生产的连续性

在气田，集气站、天然气管线都属于天然气集输系统的范畴，他们分布在气田的各个区域，比较分散，在安全上，管理难度比较大。在这个系统中，任一环节出现故障或发生事故，都有可能全线停产，甚至影响到整个气田的生产。因此，生产中必须保证系统处于正常状态，以保持系统生产的连续性。

(2) 工艺技术的复杂性

随着新设备、新装置、新工艺被气田广泛地引进，为气田建设与发展以及生产任务的完成提供了有力保证。但是，随着设备、装置、仪表等自动化程度的提高，生产中任一环节出现问题或操作人员监控、操作不到位，都会造成停产，还可能引起设备、装置的损害，甚至发生爆炸事故。

(3) 生产介质的易燃易爆性

由于天然气具有易燃、易爆特性，生产中，如果天然气大量泄漏与空气混合后，很容易形成爆炸性混合物，遇到火源或者静电可能引起火灾、爆炸事故。

二、采气作业风险及识别

采气作业过程中最重要的危险是火灾爆炸，火灾爆炸可能发生在每一个天然气泄漏的区域，其次的危险是压力容器的物理爆炸；一般危险因素主要包括人员的高处坠落、人员触电、人员灼伤、机械伤害、高空落物伤人等。

(1) 火灾爆炸。天然气井、工艺流程设施、管道等处，若出现了意外的焊缝开裂、接头处泄漏以及“跑、冒、滴、漏”现象，遇火源或静电可能发生火灾爆炸事故。发生火灾爆炸事故的原因很多，归纳起来有以下几个方面：

① 设备、管道的操作(工作)压力大于设计工作压力；

② 由于设备、管道的长期运行，因氧化腐蚀、固体物质的冲蚀等，造成了设备、管道壁厚的减薄，或因电化学因素的影响，设备遭受氢、硫、磷等有害元素的侵害，破坏了原有的金相组织，使设备的实际承压能力远远小于设计工作压力；

③ 天然气泄漏以后，与空气混合形成了燃烧或爆炸性混合物，在遇到明火情况下而发生火灾或爆炸；

④ 操作人员在点燃天然气加热炉时，没有按照“先点火，后开气”的规定操作，致使进入炉膛内的天然气在遇到明火时而发生爆炸；

⑤ 维修设备、管道时，没有制定严格的施工方案、动火措施不正确或措施落实不到位，导致施工过程中火灾爆炸事故的发生；

⑥ 气体中的硫化铁粉末遇列空气后发生自燃或引起爆炸；

⑦ 雷电、静电或电气设备损坏后发出的电火花而引起的火灾或爆炸。

(2) 容器爆炸。压力容器和管道，当超压、超温或出现意外情况，在其薄弱处或承受极大压力，就可能发生物理爆炸。

(3) 灼烫。加热设备或高温设备运行时，若操作不当或无隔离设施，有可能发生人员的灼伤事故。

(4) 机械伤害。压缩机动力驱动的传动件、转动部位，若防护罩失效或残缺，人体接触时有发生机械伤害的危险。

(5) 高空作业。距离工作面 2m 以上高空作业的平台、扶梯、走道护栏等处，若有损坏松动、打滑或不符合规范要求等，当操作者不慎、失去平衡时，有可能发生高空坠落的危险。

(6) 触电。带电的设备、装置等接地保护装置失效时，人体接触带电体露电部位，有发生人员触电的危险。

(7) 操作失误造成的事故。如倒错流程、流量、压力时空造成的事故。

(8) 中毒。操作过程中人员防护设施不到位接触有毒有害物质，或者有毒有害物质泄漏，人体接触后会发生不同程度的中毒。

(9) 噪声。当工作环境中噪声超过国家标准允许范围，在此工作环境中工作的人员有可能引起噪声性耳聋。

(10) 环境污染。钻井泥浆池、集气站的污水和废弃物等，将污染周边环境。

第三节　采油采气 HSE 风险控制措施

一、设备、装置、物料的危险有害因素的风险控制

(1) 采用先进成熟的采油工艺，确保设备的完好，有效控制来自设备的危险有害因素；

(2) 做好各种物料的材料管理工作。要注意存放得当，使用过程中小心谨慎，确保破乳剂等腐蚀性物料不会接触员工皮肤以及其他设备；

(3) 原油在存放以及装车过程中要注意防火防爆，针对伴生的 H_2S 等有毒有害气体，要做好防护并及时监测。

二、工艺过程中的危险有害因素的风险控制

工艺过程中的危险有害因素较为复杂，要对方方面面进行控制。针对火灾、爆炸、高压电击、电线短路伴随起火、灼伤、放电伤害、触电伤害是采油队电气设备造成的常见危害。针对这类伤害，应在日常检查中严格检查电气设备的老化情况，及时更换老化的电线、设备；同时要增强井站人员的电气安全知识。

三、特种设备(压力容器)危险有害因素的风险控制

加热炉和分离器作为采油现场最常见的压力容器，也具有一定的危险、有害因素。必须严格按照国家颁发的有关规定运行。炉子点火时，要严格按照“先点火，后开气”的规定操作。操作人员无相应的特种作业操作证禁止操作。

同时，针对压力容器的特性，在日常巡检以及设备定期维护过程中要时刻注意：

(1) 压力容器内具有一定温度的带压工作介质是否失控；

(2) 承压元件是否失效；

(3) 安全保护装置是否失效。

要严格执行压力容器管理制度，从而有效控制其危险有害因素。

四、作业环境危险有害因素的风险控制

(1) 在选择井场位置时，要根据周边环境做出科学、合理的平面布局，保证作业现场安全、整洁有序。

(2) 根据当地季节性的气候特征制定合理有效的应急预案，并定期进行应急演练。

(3) 遇到特殊的天气情况及时向队部上报，从而做好应对特殊天气的物资设备的准备和协调工作。

五、从管理角度进行风险控制

（1）建立健全各项危险因素管理的规章制度。包括安全生产责任制、安全操作规程、培训制度、交接班制度、检查制度和安全考核奖惩制度等各项管理制度。

（2）加强教育培训，增强安全意识和自我保护能力。培训内容包括 H_2S 防护、安全操作规程、各项规章制度、采油的基本原理以及应急管理、危险有害因素辨识等相关知识。

（3）明确安全责任，定期安全检查。对各个系统层面的危险因素管理确定各级负责人，并明确他们各自应负的具体责任，做好作业人员每天自查、班组长定期检查、队领导的不定期抽查等。

第四节　油气集输风险识别与控制

一、油气集输简介

油气集输是指油田矿场原油和天然气的收集、处理和运输。其主要任务是通过一定的工艺过程，把分散在油田各油井产出的油、气、水等混合物集中起来，经过必要的处理，使之成为符合国家或行业标准的原油、天然气、轻烃等产品和符合地层回注水质量标准或外排水质量标准的含油污水，并将原油和天然气分别输往长距离输油管道的首站（或矿场原油库）和输气管道的首站，将污水送往油田注水站或外排。

概括地说，油气集输是以油田油井为起点，矿场原油库或长距离输油、输气管道首站以及油田注水站为终点的之间所有的矿场业务。它主要包括气液分离、原油脱水、原油稳定、天然气净化、轻烃回收、污水处理和油、气、水的矿场输送等环节。

油井产出的多相混合物经单井管线（或经分队计量后的混输管线）混输至集中处理站（油气集输联合站），在联合站内首先进行气液的分离，然后对分离后得到的液相进一步进行油水分离，通常称原油脱水；脱水后的原油在站内再进行稳定处理，稳定后的原油输至矿场油库暂时储存或直接输至长输管道的首站；在稳定过程中得到的石油气送至轻烃回收装置进一步处理；从油水混合物中脱出的含油污水及泥沙等，进入联合站内的污水处理站进行除油、除杂质、脱氧、防腐等一系列处理，使之达到油田地层回注或环境要求的质量标准，再根据需要，回注地层或外排；对从气液分离过程中得到的天然气（通常称为油田伴生气或油田气），进行干燥、脱硫等净化处理后，再进行轻烃回收处理，将其分割为甲烷含量90%以上的干气和液化石油气、轻质油等轻烃产品，其中干气输至输气管道的首站，液化石油气和轻质油等轻烃产品可直接外销。

二、油气集输危险性分析

油气集输既有油田点多、线长、面广的生产特性，又具有化工炼制企业高温作业、易燃易爆、工艺复杂、压力容器集中、生产连续性强、火灾危险性大的生产特点。生产中，任一环节出现问题或操作失误，都将会造成恶性的火灾爆炸事故及人身伤亡事故。

油气集输过程的安全性问题涉及面很广，主要有油气集输联合站、矿场原油库、轻烃生产系统、长输管道、注水站、输气首站、电气设备、消防系统、人员操作、管理和环境因素等多个方面。

（一）油气集输联合站

油气集输联合站的主要任务是将油田中采油井所生产的原油汇集、存储、分离、加热、脱水、计量后进行外输，要完成这项工作，一系列的生产设备是必不可少的，如油气分离器、脱水器、加热炉、原油外输泵、储油罐、输油管道等。由于原油里杂质比较多，如硫、氢氧化钾、盐等；另外，生产中有些油井没有安装井口过滤器，原油中还含许多的机械杂质与固体物。这些成分的存在，会给运行的设备、管道造成一定的腐蚀和冲蚀，引起设备穿孔、泄漏、跑油，甚至导致火灾事故的发生。因此，油气集输联合站是高风险存在和集中的场所。

目前，根据联合站事故统计，结合现场调研及专家评估，联合站主要的事故类型是火灾爆炸、介质泄漏以及其他危害因素导致的各类事故，事故原因如下：

（1）构成火灾爆炸性危险的因素主要有：油罐燃爆、输油泵火灾、双容积量油分离器燃爆、轻油装车火灾或冒顶、压缩机爆炸、压力容器超压爆炸；

（2）构成介质泄漏危险的因素主要有：管线油泄漏、换热器蒸气泄漏、法兰泄漏（压力容器）、分离器跑油、输油泵跑油；

（3）构成其他危害因素主要有：油罐冒罐、油罐憋压、造成加热炉熄火、加热炉损坏、超压后无法泄压。

（二）矿场原油库

油田矿场原油库是矿场油气集输系统的重要组成部分，是油田原油集输生产最基本的单元，同时也是高风险存在和集中的场所，是油料的储存基地，是集输过程中稳定后的原油暂时储存的场所。它的主要任务是将油井中采出的油、气混合物收集起来，经初步处理后输送到用户或储存。

由于原油具有易燃易爆性、腐蚀性、毒性、污染性和反应性等特性，客观上造成了发生火灾及爆炸的可能性。

根据原油库事故统计，其主要的事故类型是火灾、爆炸事故。

（三）轻烃生产系统

轻烃生产是油田采油、集输生产的一个重要环节。轻烃生产的原料为天然气，主要产品是液化石油气、天然气凝液等易燃易爆化工产品。

轻烃生产工艺复杂，设备装置集中，生产中具有很大的火灾爆炸危险性，因此，根据相关的事故统计数据、现场调研及专家评估，该系统主要的事故类型为腐蚀、泄漏、穿孔、火灾爆炸和人身伤害等。

（四）油气长输管道

长输管道是指产地、储存库、使用单位之间的用于运输商品介质的管道，其中应用最为广泛的是输油及输气管道，在油田集输生产中，一般把直径大于150mm，油气输送距离大于100km的管道称为油气集输管道。油气长输管道是油田乃至国家重要的能源运输动脉，在长输管道的设计、建设、使用、管理过程中，任一环节出现问题，都有可能给管道的安全运行埋下巨大的安全隐患。

根据历年管道事故统计数据，现场调研及专家评估结果，在各类管道事故当中，尤以泄漏事故引发的各类火灾及爆炸事故居多。导致管道泄漏的原因主要有以下几个方面：

（1）自然灾害的破坏。主要包括管道上方路面的塌方、洪水和地震等非人力所能制约的灾害因素；

（2）第三方的破坏。主要包括管道上方的违章施工作业以及打破管道偷窃油气资源；

（3）安装问题。即指在管道安装施工过程中的工程质量、管道埋深、焊接等问题；

（4）设备故障。主要指管道选材质量不过关、管道附件质量及其由于疲劳工作所造成的设备损耗等问题；

（5）腐蚀及土壤自然因素问题。主要包括阴极保护和防腐层自身失效、土壤成分等问题。

三、油气水化验过程中的事故预防与处理

化验室的工作人员直接同毒性强、有腐蚀性、易燃易爆的化学药品接触，而且要操作易破碎的玻璃器皿和高温电热设备，如果在化验分析过程中不注意安全，就很可能发生人身伤害及火灾爆炸事故。因此，为了确保化验分析工作的安全正常进行，必须努力做好事故预防和处理工作。

（一）测定原油含水率过程中的事故预防与处理

目前油田原油含水率的测定有两种方法，即加热蒸馏法和离心法。

（1）用加热蒸馏法测定原油含水量时，试样加热从低温到高温，其升温速率应控制在每分钟蒸馏出冷凝液2~4滴；如果加热升温过快，宜造成突沸冲油而引起火灾。假如不慎引起小火，不要着急，应立即关掉电源，用湿布遮盖或用细纱扑灭，如火势较大可用干粉灭火扑灭。

（2）加热蒸馏时应先打开冷水循环，循环水温度不能高于25℃；温度高时油气冷凝差，部分油气会从冷凝管上端跑出，造成化验资料不准，而且也可能引起着火。如果着火则应立即关掉电源，用湿布堵住冷凝管上端孔，使火熄灭。

（3）试样在烘箱内化样时，烘化原油样品温度不能高于40℃；烘样时不能同时烘其他物品。

（4）对使用的电炉和电热恒温箱要认真检查，电器设备与电源电压必须相符，未开电器设备时应视为有电，待查明原因方可通电，电器设备使用完应关闭一切开关。

（二）测定原油密度和黏度时的事故预防与处理

（1）测定原油密度、黏度时，试样必须在烘箱内烘化，不能用电炉直接加热，烘化样品时温度不能高于40℃。

（2）毛细管必须洗刷干净，并且烘干。烘烤毛细管时应在烘箱内进行，严禁用电炉或明火烘烤，以免引起毛细管炸裂伤人和引起着火。

（3）使用运动黏度测定仪和密度测定恒温水浴时，要认真检查，做到电器设备规定电源电压与使用电源电压相符，各部位电源线路的连接完好，无跑漏电现象。一旦发现跑漏电，应立即处理，待完好后方可使用。

（三）测定原油含蜡胶量时的事故预防与处理

（1）测定原油含蜡胶量时，应先检查电器设备和电源线路是否完好，有无跑漏电；如果有跑漏电和不安全因素，应立即处理，正常后方可插上电源通电。

（2）试样恒温时应严格进行控温，加热温度要求在(37±2)℃。

（3）由于采用选择性溶剂进行溶解和分离，使用的石油醚、无水乙醇又是低沸点的挥发性易燃易爆物品，要求化验分析过程在通风柜内进行。

（4）加热回收溶剂应在规定温度下在通风柜内进行。回收溶剂时，加热温度高，挥发性

物质不宜完全回收，可能造成爆炸事故。一旦发生事故，要镇定处理，立即关掉电源，采取相应办法处理。

(5) 在烘箱内烘烤蜡胶多余物时，要在规定温度下进行烘烤，直至蜡胶中无溶剂为止。烘烤完后，降至室温后方可取出，以免造成着火事故。

(四) 天然气分析过程中的事故预防与处理

(1) 在分析天然气时，采用气相色谱仪进行天然气组分吸附分离分析法，在分析过程中要用氢气作载气，样品分析前要对样品进行预热。预热应在恒温箱内进行[温度应控制在(35±2)℃]，禁止试样瓶直接在电热炉上加热，以免引起样品爆炸着火。

(2) 分析样品前应严格检查电源线路连接是否正确、可靠，有无跑漏电；检查仪器气路部分有无漏气。如有漏电、漏气，应处理好后方可开机使用。

(3) 由于使用高压氢气瓶，输出压力应控制在 0.1~0.3MPa，气瓶应妥善安放在室外安全处。

(4) 在化验分析样品过程中，应加强检查，认真观察仪器运行状况以及各表盘内指示参数是否准确可靠。

(5) 样品分析完后，应按照操作规程进行停机操作：①先关记录纸开关；②关记录器电源开关；③关直流电源和交流电源开关以及稳压器电源开关；④气路部分，先关高低压调节阀，再关微量调节阀。

(五) 水样化验时的事故预防与处理

测定水中各种离子含量时，常用化学分析方法进行。由于在化验分析过程中使用和接触的各种化学药品都具有一定的毒性，如果使用不当、保管不好，都会造成事故，应特别引起注意。

(1) 配置各种试剂标准溶液时，不得用手拿取化学药品和有危险的药剂，应用专用工具拿取。

(2) 进行有毒物质化验时，如蒸发各种酸类、灼烘有毒物质的样品要在通风橱内进行，并保持室内通风良好。

(3) 强酸、强碱液体应放在安全处，不应放在高架上，吸取酸碱有毒液体时，应用吸球吸取，禁止用嘴吸。

(4) 开启溴、过氧化氢、氢氟酸等物质时，瓶口不能对着人；中和浓酸或浓碱时，需用蒸馏水稀释后再中和，稀释需将酸徐徐加入水中，严禁将水直接加入酸中。

(5) 接触有毒药品的操作人员，必须穿戴好防护用品；工作完后必须仔细检查工作场所，将有毒药品彻底处理干净。

(6) 所有有毒物质均放在密闭的容器内并贴上标签。工作完毕，药品柜必须加锁；剧毒药品应放在保险柜，要有专人保管，建立使用制度。

(7) 强氧化剂不得和易燃物在一起存放；做完样品倒易燃物时，严禁附近有明火。

(8) 实验室应备有灭火工具和器材，实验室人员应熟悉灭火工具和器材的使用方法和性能。

第五节　井下作业风险识别与控制

井下作业是石油企业中一个重要的服务行业之一，也是恢复油井产能的一个重要手段之一。油水井在长期生产过程中，不停地受到油气流的作用，油井每时每刻都在发生着变化，出现各种不同类型的故障，导致油水井不能正常生产，甚至停产。因此，必须对出现问题与故障的油水井进行井下作业，使油水井恢复正常生产。井下作业施工也是一个危险性高、易发生事故的行业，是石油企业安全生产专项治理的重点行业之一。

一、井下作业简介

井下作业是在野外进行，流动性大，环境艰苦，并且是多工种协作施工。石油、天然气等是易燃、易爆物质，生产过程中事故隐患较多，危险性较大，如果防护措施跟不上，不仅影响生产进度和降低施工质量，还可导致职工体质下降，生命受到威胁。

井下作业内容主要有油水井维修、油水井大修、油层改造和试油。

（一）油水井维修

油水井在采油、注水过程中，因地层出砂、出盐，造成地层掩埋、泵砂卡、盐卡或油管、抽油杆断脱等种种原因，使油水井不能正常生产。油水井维修的目的，是通过作业施工、使其恢复正常生产。油水井维修包括：水井试注、油井检泵、清砂、防砂、堵水及简单的井下事故处理等修井作业。

（1）试注

油田注水是保持油层压力的有效手段．是油田长期稳产高产、提高采油速度和最终采收率的有效措施。当油田的注水开发方案确定以后，为了取得各注入层的注入压力、注入量等有关资料，在正式注水前必须经过一个试注阶段。

油井在正式投入注水前，所进行的新井投注或油井转注的试验与施工过程叫试注。具体到一口注水并，就是清除新井或油井转注前的井壁和井底的泥饼、杂物、脏物，并确定出注水井的吸水指数，为实施注水方案打下良好基础。试注分三个阶段，即排液、洗井、转注及必要的增注措施。

（2）油井检泵

抽油泵在井下作业过程中，受到砂、蜡、气、水及一些腐蚀介质的侵害，使泵的部件受到侵害，造成泵失灵，油井停产。因此，检泵是保持泵的性能良好，维护抽油井正常生产的一项重要手段。

油井检泵的主要工作内容就是起下抽油杆和油管。油层压力不大，可用不压井作业装置进行井下作业；对于有落物或地层压力稍高的井，可用卤水或清水压井后进行井下作业。

检泵工作中需要特别重视的是：准确计算下泵深度，合理组配抽油杆和油管，以及下入合格的抽油杆、油管和深井泵等。

（3）清砂与防砂

因地层岩石胶结硫松或岩石原始受力状态发生变化等原因，使石油从地层流入油井过程中，冲刷岩层将其结构破坏，并把砂粒带入油井中、形成砂堵影响油井正常生产，通过清砂才能恢复油井正常生产。清砂方法有冲砂和捞砂两种。常采用冲砂方法进行清砂。

冲砂就是将具有适当黏度和密度的冲砂液由油管（或油套管环形空间）注入井内，将沉淀在井筒内的砂子冲散，使砂粒随着从油套管环形宝间（或油管）返出的冲砂液排到地面上，达到解除砂堵、恢复油井正常生产的目的。

防砂就是通过一些工艺方法，控制油层出砂，保持油井正常生产。通过防砂后，油层既不出砂，又不破坏其渗透性，使之保持较高的采油速度。防砂的方法很多，通常可分为化学防砂和机械防砂两大类。

化学防砂是将化学药剂注入地层，将疏松的地层砂颗粒胶结起来，形成一个具有一定强度和渗透性的挡砂屏障。而油流又可以渗入油井，达到既防砂又采油的目的。化学防砂方法很多，主要有树脂胶团砂岩、树脂砂浆、预涂层砾石人工井壁、地下合成、水带石灰砂、水泥砂浆、树脂核桃壳等。

机械防砂是用机械(过滤)装置下入油井的油层部位，阻挡地层砂运动，而地层液体可以通过这些装置，流入井筒、达到既产油又防砂的目的。机械防砂装置主要包括滤砂管、割缝衬管、绕丝筛管以及绕丝筛管砾石充填。

(4) 堵水

在油田开发过程中，油层出水会给油田开发工作带来严重影响，甚至降低油田最终开采率。油井出水后，首先确定出水层位，然后采用堵水方法进行封堵。堵水的目的就是在于控制产水层中水的流动和改变水驱油中水的流动方向，提高水驱油效率，力图使得油田的产水量在一段时间内下降或稳定。以保持油田增产或稳产，提高油田最终采收率。

堵水工艺可分为机械堵水和化学堵水两大类，化学堵水又包括选择性堵水和非选择性堵水及注水井调整吸水剖面。

机械堵水就是用封隔器及井下配套工具卡封油井中的出水层位。这种堵水没有选择性，在施工时，配好管柱，使封隔器坐准确、严密，才能达到堵水的目的。这种堵水方法可以封上层采下层，封下层采上层，或封中间层采两头和封两头采中间层位。

化学堵水就是将化学堵剂注入出水层位，利用堵剂的化学性质或化学反应物在地层中变化生成的物质达到封堵地层出水孔道，降低油井综合含水。

选择性堵水是将一些高分子聚合物或一些遇水生成沉淀、凝固的无机物挤入地层中。高分子聚合物中的亲水基因遇水后对水有亲合力、吸附性，发生膨胀，遇油则收缩，没有吸附作用。遇水生成沉淀、凝固的无机物则可以封堵地层出水孔道，遇油不会产生沉淀或凝固。

非选择性堵水大多是靠沉淀颗粒堵塞地层孔道。这种堵水方法既堵出水孔道，也堵出油孔道。

(二) 油水井大修

在石油井的生产过程中，往往由于井下事故等原因，使油水井不能正常生产，特别是发生井下卡钻和井下落物后，将造成油水井的减产或停产，严重时使油水井报废。因此预防井下事故的发生，迅速处理井下事故，是保证油田正常生产的一项重要措施。油水井大修的主要内容包括：井下事故处理，复杂落物打捞，套管修理，侧钻等。

油水井大修作业施工复杂，难度大。操作技术要求高，造成井下事故的原因很多，井下事故类型也很多。常发生的井下事故一般分为技术事故、井下卡钻事故和井下落物事故三大类。处理时必须查明事故的性质，弄清事故的原因。采取相应的技术措施加以妥善处理。凡属工艺技术事故，是在工艺过程中发生的，可在施工过程中，针对事故发生的原因预处理，而井下卡钻事故和井下落物事故，是影响油、水井正常生产的主要井下事故，也是常见的井下事故。

(三) 油层改造

油田目前常用的油层改造方法有：压裂、酸化。压裂酸化将在本章第四节专题介绍。

(四) 试油

试油工作就是利用一套专门的设备和方法，对通过钻井取芯、测井等间接手段初步确定的油、气、水层进行直接测试，并取得目的层的产能、压力、温度和油、气、水性质等资料的工艺过程。

试油的主要目的在于确定所试层位有无工业性油气流，并取得代表它原始面貌的数据。

一口井完钻后即移交试油，试油队接到试油方案。首先必须做好井况调查，待立井架、穿大绳、接管线、排放丈量油管等准备工作之后，就可以开始施工。一般常规试油，比较完整的试油工序包括通井、压井(洗井)、射孔、下管柱、替喷、诱喷排液、求产、测压、封闭上返等。当一口井经诱喷排液仍未见到油气流或产能较低时，一般还需要采取酸化、压裂等增产措施。

二、井下作业施工危险因素

井下作业施工点多、面广，涉及各种各样的施工，危险因素和安全隐患也较复杂，概括起来可归纳为以下几个方面：起下作业、射孔作业、带砂作业、高压作业、带酸作业、打捞解卡作业、磨套铣作业、高空作业以及防喷防爆等。

起下作业是井下作业最频繁的施工之一。由于起下作业前没有检查刹车系统，刹车失控造成顿钻事故；或因超速起下造成顿钻甚至落物事故；没有检查提升系统，在重负荷作用下，发生大绳断落事故；井口操作不熟练造成单吊环伤人；无证操作，不熟练绞车操作规程而发生顶天车、顿钻，甚至管柱落井等恶性事故。

射孔作业是井下作业施工的重要工序，也是易发生井喷事故的施工。施工前因没有合理选配压井液而引发井喷；或因没有合理选择射孔方式而增加事故发生的可能性；或因防喷装置没有检查、试压而发生井喷；没有准备好抢喷工具及配件，致使抢喷失败造成事故。

带砂作业主要指冲砂、填砂、防砂、压裂等作业。由于施工中地层砂或工程砂均需经过油管或油套管环形空间，因此，均有沉砂卡钻的危险，冲砂施工会因排量过小，接单根过慢，循环冲洗不充分等造成砂卡管柱。填砂施工会因填砂后上起管柱不够高而砂卡管柱。防砂会因携砂液性能变坏等原因而砂卡管柱，或因防砂工具掉落造成落物事故。压裂施工混砂比过大，加砂速度过快，排量过小及压后放压过猛等造成砂堵、砂卡事故。

高压作业主要包括封堵、压裂、气举、气井作业等。由于这些作业均属高压施工，地面管线、施工管柱、井口装置等均承受高压。由于选择、试压、检查、安装、固定等问题会造成管线刺漏、闸阀渗漏及管柱弯曲等故障。封堵作业因堵剂性能变坏，施工超时，管柱漏失等造成卡阻或施工失败。压裂施工因油管强度不够、压裂液变质、封隔器不工作及放压控制不当造成事故。气举作业因放喷控制不当引起地层出砂造成事故。气井作业不但在高压下作业，而且易引发井喷爆炸事故。由于井口装置、防喷器等选择、检查、试压等问题造成井口失控，还会因射孔、压井、排液等措施不当引起井喷，甚至爆炸等。

打捞解卡作业是处理井下事故的作业，由于井下事故情况千差万别，并且打捞解卡负荷较大，易发生提升系统大绳断裂、井架倒塌事故；还会因打捞操作失误，选择工具、下探深度等不当，造成遇卡遇阻等事故。解卡施工排量、钻压、转速等参数控制不当也会造成事故。

磨套铣作业由于工具选择不当，管柱配合不当造成卡阻或偏磨，也可因转速、钻压、排量等参数控制不当造成憋卡或磨屑卡钻等。

高空作业由于身处高空危险性较大，因此操作人员应引起重视。应防止因未系安全带发生坠落事故，或因高空作业工具、配件等坠落伤人事故。

防喷防爆在井下作业施工中非常重要，也是造成井下作业重大事故的危险因素。在有可能发生井喷的作业中，防止因防喷器失效、抢喷工具配件不全等造成井喷事故。防爆与防喷是相互联系的。由于井喷等原因而形成易燃易爆气体，应采取相应防燥措施，杜绝着火、爆炸等恶性事故的发生。

三、井下作业风险识别与评估

（一）确定危害和影响

确定危险及其危害和影响是进行风险管理的第一步。危害和影响的确定应该系统进行，首先对井下作业施工在前期准备的各环节(如工艺设计、材料、物资供应)、自然和社会环境条件等对施工的影响，以及作业施工对环境的影响等逐一进行登记，然后根据作业活动的自然状态和保证条件进行一一识别，从而确定是否存在危害。可以说 HSE 风险贯穿于井下作业施工的全过程，因此“危害及其影响”的确定，应考虑到：投资、规划、建设、扩大再生产和技术改造等各阶段；常规和非常规工作环境和操作条件；事故及潜在的紧急情况等(例如产品、原材料的包装缺陷，结构失效，设备的不良状态，气候、地球物理及其他外部自然灾害，恶意破坏和违反安全规程)；人为因素，包括违反健康、安全与环境管理体系要求等；丢弃、废弃、拆除与处理；以往活动遗留下来的潜在危害和影响等。

公司对现有设施进行评价和风险管理时，应考虑所评价项目的优先顺序，在确定对现有设施进行评价的优先顺序时，可考虑下列因素(不必排列先后顺序)：

(1) 有常住人员的设施，比如在浅海设施上的简易住房、平台上的简易住房和更复杂的居住设施；

(2) 易燃、有毒或对环境有害和影响安全的材料的种类和数量；

(3) 需要协调作业的区域；

(4) 操作条件特殊，如高压、强腐蚀液体或其他由于出砂量大或高流速等条件引起严重腐蚀和侵蚀的设施；

(5) 靠近环境敏感区的设施。

（二）井下作业过程中的危害和影响

(1) 井喷。

(2) 在井场搬迁、运输人员和设备以及危险物品时发生交通事故。

(3) 落物导致人员伤亡。

(4) 井架、修井机倒塌，造成人员伤亡。

(5) 高空坠落，导致人员伤亡。

(6) 修井作业时，H_2S 从井内及地面管线中逸出，造成人员中毒。

(7) 钢丝绳、施工管柱断裂，造成人负伤亡。

(8) 放射性同位素找串、找水以及检查套损过程中，由于泄漏造成人员的伤害。

(9) 水泥作业，如封串、堵水等施工中，水泥粉尘对人员造成的伤害。

(10) 侧钻过程中，方补心飞出等原因造成的人员伤亡。

(11) 热力清蜡以及使用锻炉冲洗作业时，由于管线泄漏，造成的人员烫伤。

(12) 检泵过程中，由于电力系统的原因造成人员触电。

(13) 潜在的危险化学品在运输、储存、作业中对人员的伤害，化学品泄漏失控，如配制酸液过程中，酸液及其挥发物对配液人员造成伤害。

（三）井下作业施工风险评估

井下作业施工要评价的风险是通过对已识别出来的危害和影响，对井下作业过程中人和设备两个方面的活动所导致的人、公司财产、环境和公司的声誉等产生的影响以及公司能够忍受的风险程度。

在井下作业风险评估中，目前世界上应用最多、使用最广泛的是风险评价矩阵。下面将以井喷为例，对井下作业过程中主要风险的评估进行阐述。

(1) 井喷的定义

地层流体(油、气或水)无控制地涌入井筒并喷出地面的现象。

(2) 井喷的原因

① 由于对地层物性和压力系统认识的不足，忽略有高压油气层的存在，而在射孔中又采取井口无控制的电缆输送式射孔措施，如果又没有适当加大压井液密度，增加井底回压，那么高压油气层一旦射开，高压油气就会轻而易举地窜入井筒，毫无阻挡地喷出井口造成井喷。

② 在某些分层测试、分层改造、分层开采等作业中，往往要使用封隔器。在起封隔器时，由于封隔器胶筒收缩不好，加之上提速度过快，使封隔器像活塞一样，造成封隔器下部井筒形成真空，抽汲井筒液体和地层油气，低密度的油气上窜，降低井筒液体密度和回压，加速油气向井内浸入，造成井喷。

③ 在射孔和作业中有时会出现某层井漏现象(井内至少有两个层：一个是井漏层，另一个为高压油气层)，当井内液体降至与油气层地层压力相当或更低的静液面时，井内液柱压力与地层压力失去平衡，地层的油气就进入井内，气体向上滑脱膨胀。液体上升外溢，内压井液逐渐减少，回压随之降低，加速溢流速度，直至井喷。如果此时又进行起管作业，再增加抽汲和掏空作用，井喷将更为严重。

④ 由于固井质量太差，水泥环严重窜槽或水泥返高太低，当射开高压油气层时，油气就会沿着井眼和套管环形空间窜出地面，导致井喷。

⑤ 事前没有物资准备和技术保障，没有超前采取应急措施和安装防喷设施。

⑥ 井口装置和井控流程承压能力不够，在超载下不能有效地控制住井内高压流体。

⑦ 井口装置和井控管汇缺乏保养和检验，在应急使用时出现刺漏、故障和失灵。

⑧ 井门装置防喷配件虽然完好，但所用规格与井内管柱不配套或管柱变形，失去控制能力。

⑨ 队伍组织松散，抢救组织不力，采取措施不当，没有全力以赴，错失控制良机。

⑩ 思想麻痹，存在侥幸心理，放松对井喷的警惕性，在没有任何措施下，敞开井口进行某些冒险作业。

(3) 井喷造成的危害

① 浪费和毁坏油气资源。

② 毁坏油井井身结构。

③ 吞噬井口设备。

④ 引起火灾事故。

⑤ 造成人员伤亡。

⑥ 污染环境。

(4) 井喷预防

预防井喷是井下作业中必须做到的工作，井喷有其自身的规律件，预防井喷、消灭井喷在井下作业中是完全能够做到的。预防井喷应从以下几个方面做起：

① 选择密度适当、性能稳定的压井液压井，使压井后液柱压力略高于地层压力。一般为1~1.5MPa。

② 选用正确的压井方式和方法。循环压井中水泥车应保持足够的排量，并且应当一气呵成。高压气井，在压井前应用清水洗井脱气。当压井液进入管鞋部位时，出口闸门应进行控制，使进出口排量一致。

③ 坚持边起管柱边灌压井液。起管过程中应始终保持液面在井口。起管不灌压井液，或者起完管柱后再灌压井液，或者起出相当一部分管柱后再灌压井液的做法，都可能造成井喷事故。

④ 作业井井口安装高压防喷器，一旦井喷立即关防喷器。

⑤ 提前做好抢装井口的准备工作，钢圈、井口螺栓、井口扳手、榔头等应提前备好，放置在井口附近明显位置。

井喷是有前兆的，井喷前，井口往往有逐步加大的油气味，井口先出现液体溢流，随后溢流加大形成井涌，井涌后则是井喷。只要提前有所准备，完全可以在井喷前将井口闸门坐好，使井喷不致发生。

井下作业过程中的其他主要风险如 H_2S 中毒等，这里就不再赘述。表 6-1 是某作业队井下作业危险源识别与风险评价表。

表 6-1　井下作业危险源识别与风险评价表

序号	活动过程服务	危险因素	作业危险评价				风险级别	现有控制措施	是否重大风险
			L	*E*	*C*	*D*			
1	上井准备过程	碰伤、挤伤						运行控制程序	否
		触电						运行控制程序	是
		机械伤害							
2	上井运输过程	交通事故						遵守交通规定	否
		火灾						运行控制程序	否
3	施工作业过程	高空落物打击、物品跌落、跌倒滑倒						运行控制程序	否
		高空落物打击						运行控制程序	否
		高压喷射						运行控制程序	否
		电击、电弧						运行控制程序	否
		坠落						运行控制程序	否
		夹手、工具坠落						运行控制程序	否
		刺手						运行控制程序	否
		漏电引起人员触电						运行控制程序	否
		火灾						运行控制程序	否
		漏电导地不良，造成人员伤害						运行控制程序	否
		井喷						运行控制程序	
		H_2S 泄漏中毒						运行控制程序	
		自然灾害						运行控制程序	否
		食物中毒、疾病传播						运行控制程序	否
		雷击、中暑、冻伤						运行控制程序	

续表

序号	活动过程服务	危险因素	作业危险评价				风险级别	现有控制措施	是否重大风险
			L	E	C	D			
4	仪器回收情况过程	腐蚀						运行控制程序	否
		碰伤、挤伤						运行控制程序	否
		泥浆喷射						运行控制程序	否
		触电						运行控制程序	是
5	仪器维护	碰伤、挤伤						运行控制程序	否
		触电						运行控制程序	是
6	水上作业	自然灾害						运行控制程序	否
		落水、淹溺						运行控制程序	否
		翻船							
		废手套、废棉纱							
		水消耗							
		电消耗							
		生活垃圾							
		噪声							
		空调氟的泄漏							
		空调噪声的排放							
		空调水的排放							
		无线电话辐射							
		泥浆腐蚀							
		空调制冷效果不好，浪费能源							
		打印机产生臭氧、粉尘，少量有害气体						运行控制程序	否
		灭火器失效无法灭火						运行控制程序	否
		H_2S室外泄漏							
		井喷、火灾							
		废弃电池							

四、井下作业各类事故应急预案

(1) 疏散行动程序

① 在井场入口设有应急集合点，发生井喷、火灾及有毒气体泄漏时，所有人员立即按井队应急逃生路线疏散到集合地点。

② 疏散到集合地点后，由定向井监督点名，清点人数。

③ 疏散集合完成后，确定人员到齐，如有人员未到齐，应首先寻找失踪人员。

④ 疏散到集合地点的人员不得参与抢险、围观，只有应急状态解除后，非抢救人员方可进入施工现场。

(2) 井喷失控、着火应急预案

① 摆在井场的仪器房任何时候必须挂好应急钢丝绳，保证在发生意外或突发事故时，可迅速将仪器房拖离现场。

② 一旦井喷失控，首先组织人员尽快将仪器房断电后，利用 UPS 有效的供电时间，迅速将截止事故发生时所有录井数据用软盘备份一份，根据井场的状况，尽最大努力保护、转移人员、资料和财产。

③ 在发生井喷后，考虑安全的优先次序是：在抢救资料、设备之前，人员的安全是第一位的。及时向公司应急小组汇报井喷情况。

④ 一旦井喷后起火，首先想到的应是施工人员的人身安全，判断火势和风向后，确定从安全门撤离方向，并将所有人员撤离到安全区域。

⑤ 起火后，在人员已安全撤离的条件下，如果现场情况允许，应尽最大努力抢救资料和设备。现场中若有拖拉机或重型车，可用拖拉机或重型车将仪器房拖离井场。否则禁止实施抢险。

(3) H_2S 气侵应急预案

① 探井或含 H_2S 地区要求携带正压呼吸器，并会正确使用。

② 一旦听到 H_2S 报警，现场所有人员戴好防毒面具，撤离现场。

③ 确认发生 H_2S 气侵或 H_2S 设备发生高限报警后，所有人员应立即撤离到紧急集合点(距井口 50m 以外上风口安全处)清点人数。若发生溢流、井喷，不能控制，或放喷点火失败，所有人员全部撤离 5km 以外；不允许一个人单独行动；定向井监督应及时向公司应急办公室汇报 H_2S 气侵情况。

④ 对发生 H_2S 中毒人员立即转移到安全地带，采取急救措施。情况严重的要向附近医院或公司求救。

⑤ H_2S 气侵得到控制后，全体人员清理污物，清理干净后方可施工。

(4) 施工现场着火应急预案

① 现场发生着火后，发现的人员应喊“着火了!”并立即报告现场最高领导；

② 立即组织人员达到现场，落实火灾地点、火势大小，同时断开着火区电源开关，全体人员用灭火器、水等进行灭火；火情严重时，应将所有人员撤离至安全区域，及时通知附近消防队和应急办公室组织力量灭火，必要时请钻井队协助。

③ 灭火工作中注意事项：

a. 火灾发生后，应抓住起火初期进行灭火。

b. 火灾现场上，物资、人员、设备等疏散工作应迅速有组织地进行，以最大限度地减少火灾损失。

c. 灭火工作应采取“先控制，后灭火”的原则，防止火势蔓延和扩大。

d. 火灾事故消除后，生产安全部应协助消防部门进行现场勘查，查明起火原因、分清责任、损失程度等。

(5) 急救应急预案

① 发生人员受伤事故或生病，伤者、病人或目击者立即报告现场定向井监督；

② 立即组织进行现场救助，请井队卫生员对伤者、病人进行检查和现场救护，及时报告公司应急办公室，内容包括：地点、时间、人数、伤害程度、伤害原因、伤害部位等。

③ 情况严重时，定向井监督应以最快、最便捷的方式将伤员送至就近医院进行抢救，伤员送往医院途中，尽快通知医院做好急救准备。

④ 在运送伤员途中，应与医院保持联系，随时报告伤者情况和行车位置，以便做好充分准备。

⑤ 通知公司应急办公室。

⑥ 定向井监督应协助公司应急办公室进行事故现场的调查、分析，制定处理方案，防止伤亡事故继续发生和扩大。

(6) 报告与信息管理

① 定向井监督负责本井现场应急信息管理及事故报告。

② 本井在作业中，现场施工人员应及时向定向井监督汇报，不得隐瞒、缓报、谎报。

③ 本井所处邻井含有 H_2S，或新区块构造含有 H_2S，定向井监督在交底会上讲明。

④ 现场人员应知道公司涉及的应急联系电话。

第六节　压裂酸化作业安全控制

一、压裂酸化工艺简介

(一) 酸化

油层的酸化处理是有效的增产措施，特别是对碳酸盐油层，更有重要意义。酸化是将按要求配制的酸液注入油层中，溶解井底附近地层中的堵塞物质，使地层恢复原来的渗透率，溶蚀地层岩石中的某些组分，增加地层孔隙，沟通和扩大裂缝延伸范围，增大油流通道，降低阻力，从而增产。

酸化施工工艺的好坏，是影响酸化措施成败的重要因素；在施工过程中，要严格按设计操作规程进行。一般酸化施工工艺过程如下：

酸化前彻底洗井，井口及高压管线试压，试压值不小于工作压力的 1.5 倍，配置酸液，配制顺序：清水-防腐剂-盐酸-氢氟酸-稳定剂-活性剂。替酸、挤酸液，将酸液从油管替入，当酸液到达油管鞋时，关套管闸门。挤入其余酸液，挤入顶替液，直到酸液全部挤入地层为止。关井反应。排酸，为了防止残酸在地层中停留时间过长发生沉淀，反应后立即开井排酸。

(二) 压裂

油层水力压裂简称为油层压裂或压裂。它是利用水力传压的方法把油层劈开形成一条或数条裂缝，加进支撑剂，使其不闭合，从而改造油层物性，达到油井增产、注水井增注的目的。

油层压裂的目的在于改造油层的物理结构和性质，在油层中形成一条或数条高渗透的通道，从而改变油流在油层中的流动状况，降低流动阻力，增大流动面积，使油井得到增产，水井得到增注。通过压裂可改造低渗透油层，解决油田层间矛盾，解除油层堵塞等。

油层压裂的基本原理是利用液体传压的性质，在地面利用高压泵组，向井内高速注入高黏液体，当注入速度大于地层的吸收速度时，在井底逐渐形成高压，当井底压力超过地层应力和岩石的抗张强度时，地层就产生裂缝或使原有微小裂缝张开、形成裂缝。随着高压液体不断注入，裂缝不断扩展和向地层深部延伸。当液体的注入速度与地层的渗透速度相等时，裂缝就不再扩展和延伸，此时停泵，裂缝就会重新闭合，为了使裂缝不重新闭合，向裂缝中填入具有一定强度和粒度的支撑剂，停泵后，裂绕就不会重新闭合。这样就改善了近井地带的渗滤条件，使油井增产，水井增加注入量。

压裂施工工艺过程如下：

① 走泵：现场用清水，各车辆一起发动。一是把泵及管线中的空气排调，便于上水，二是枪查各车辆的工作情况。

② 试压：目的是检查井口总闸门以上的设备、井口、地面的连接管线能否承受高压作用。试压值为施工设计最高压力的1.2~1.5倍，压力上升到试压值后2~3min下降为合格。

③ 试挤：打开井口总闸门，启动1~2部压裂车将压裂液挤入油层，目的是检查井下管柱以及井下工具工作是否正常，观察地层吸液能力及压力。

④ 压裂：在试挤中，当排量正常，压力稳定后，开动所有压裂车高压大排量泵入前置液，使压力逐渐上升，达到油层破裂压力。显示压开裂缝的标志是排量增大，泵压降低。压开后观察二三个点(5~10min)，确认地层已形成裂缝后再加砂。

⑤ 加砂：裂缝形成，泵压及排量稳定后便可加砂，加砂比从小到大。

⑥ 替挤：加砂完毕，立即替挤，将井筒内携砂液全部挤入地层，防止砂堵、砂卡现象。

以上工序全部完成后，关井扩散压力，然后抬井口、探砂面、冲砂至人工井底排液并进行效果观察。

二、压裂酸化施工中的危险因素

压裂(酸化)施工是多工种、多工序、高压状态下的大型油(气)井作业，在施工过程中存在着许多影响健康、安全与环境的因素，其主要危害和影响如下：

(1) 压裂车、辅助车辆(砂罐车)在井场移动(摆车)时，将井场工作人员碰伤或压死，使设备损坏。

(2) 在压裂(酸化)过程中，由于过压保护设置不当、保护失灵，控制系统失灵以及压力等级不合格等其他原因，出现高压管线、井口破裂和设备的损坏(潜在的多人此亡和严重的设备损坏)。

(3) 压裂(酸化)施工前，地面管线试压过程中，由于压力过高、管线不合格以及其他原因造成地面管线憋坏、井口抬升，造成人员伤亡、设备损坏。

(4) 压裂(酸化)施工中，由于井内钻具(如水力锚、封隔器)失去作用，造成井内管柱上顶、抢升井口，造成人员伤亡、设备损坏；

(5) 压裂(酸化)后放喷时，出于地面放喷管线的固定问题、压力等级不合格以及布局不合理，造成地面放喷管线破裂、人员伤亡。

(6) 潜在的危险化学品在运输、储存、作业中对施工人员的伤害，酸液配制过程中，酸液及其挥发物对配液人员造成的伤害。

(7) 压裂(酸化)施工前后和过程中化学品的挥发、管线的刺漏残液的排放对环境造成的危害和影响。

(8) 压裂(酸化)设备施工期间，产生的腐蚀性残酸、废气或因柴油、机油泄漏而对环境造成的污染。

(9) 在吊装高压管汇时，由于钢丝绳断裂，吊物突然落下，将设备砸坏或将人员砸伤、砸死。

(10) 连接高压管线与安装井口保护器、在上下压裂车(混砂车)和进行作业时，安全措施不当或人员疏忽，造成人员坠落以及落物引起人员伤害。

(11) 连接或拆卸高、低压管线使用榔头时，榔头失控造成施工人员伤害。

(12) 液氮、液态二氧化碳造成人员冻伤、窒息。

(13) 压裂检测仪表中的放射性密度计发生放射性泄漏，造成人员伤亡。

(14) 压裂液配制过程中，增稠剂粉剂造成的人员伤害。

(15) 压裂(酸化)设备发出的噪声，对施工人员听力及神经的影响。

三、压裂酸化作业环境污染与控制技术

(一) 对环境的危害和影响

1. 压裂酸化施工中产生的污染源

(1) 压裂酸化施工作业中产生的废液种类繁多，主要有压裂施工中压裂液的废液，施工过程中设备发生刺漏产生的冻胶，各种液体添加剂的残液；酸化施工中的残酸；施工后大罐清洗产生的废水废液，尤其大方量井施工要求大罐数量多。产生的废液不可忽视；压裂后返排产生的废液，目前不同地区，不同井别的返排率在30%~85%，返排液量达到120~2500m^3；还有各种生活污水等。

(2) 压裂酸化过程中产生的固体废弃物。如破胶剂使用中产生的残渣；支撑剂使用过程中产生的残渣；各种化工料的包装袋等。这些污染物如果处理不好，将会给环境造成严重污染。

(3) 因压裂酸化产生的气体污染源。包括酸化作业中各类酸(尤其盐酸)挥发产生的废气；压裂酸化作业过程中泵车造成的尾气等。

(4) 其他污染源。包括压裂酸化过程中的噪声污染；作业过程中人为产生的各种垃圾；特殊添加剂(如转向剂等)造成的污染。

2. 污染源对环境的危害

上述废水、废液的特点是：水中固体含量高、颗粒的粒径小；有机物含量高，如挥发烃、硫化物等；矿化度高，腐蚀性大，大量外排对环境危害较大。废水、酸液、压裂液产生的主要危害有以下几种：

酸化排出的残液及添加剂中的有毒物质会对环境造成污染。酸化所用的酸液是强酸液(盐酸、氢氟酸)，有强烈的腐蚀性，排入土壤后会使土壤酸化；酸液与硫化物的积垢作用可产生有毒气体H_2S，强烈危及人的安全。

用于配制醋酸的醋酸酐可产生刺激性很强的蒸气，直接接触会造成严重烧伤。

压裂废液成分较复杂，含有原油、地层水和多种化学添加剂，如果直接排入环境，将会对水体、土壤造成污染，对人、动物、植物有一定危害。

(二) 防治环境污染的主要措施

(1) 井下泄油技术

通过泄油器将原油、污水控制在井内，是解决起管柱污染环境的有效途径。不论泄油器采用机械式或者憋压式，其目的就是将油管内液体全部泄入井内，彻底解决了油井作业污染环境问题。

(2) 起油管防污染技术——井口油管刮油器

因原油有一定黏度，为了防止起油管时，油管外壁附着的原油随油管一起上行，带到地面，在井口安装简便井口油管刮油器进行刮油。该刮油器结构简单，体积小、重量轻、不增加井口高度、使用方便，可以和其他任何井口工具配套使用，很好密封油套环空，还可以防

止作业时小物件落井。现场应用表明，该刮油器在起管柱时能起到很好的刮油效果。

(3) 建立密闭的油水循环通道，避免外泄污染

对于需要使用循环液体的施工，必须建立密闭液体循环通道，实现循环液不外泄、不渗漏。油井施工中，液体循环通道有井筒内循环和地面循环两个。

在施工前对井口和施工地面管线整体试压，试压标准达到预测压力值的1.2倍，采取合适的井控装置。井筒内的循环过程应采取有效的密闭措施防止井口装置刺漏，在进行循环施工前，必须根据地层压力情况和施工压力参数，确定安全的井口型号，避免发生井口刺漏污染。地面液体循环过程应在井场处理池的防泄漏和循环通道的防泄漏两个方面采取密封措施，避免地面流程渗漏污染。

(4) 规范作业环节，减少作业污染

一般作业污染主要是起下管柱和放喷产生的污油以及酸化中产生的酸液和压裂过程中产生的压裂液。为减少作业污染一般在作业前用配伍性好的清水洗井，洗掉套管和油管中的原油，然后将洗井液引入流程或备用罐，基本可以消除起下管柱时污油的产生。

(5) 加强作业管理降低作业频次和时间

加强作业管理降低作业频次和时间，是减少污染的根本举措。要加强对油、水井的维护，定期清蜡、热洗、冲砂等，减少非正常井下事故发生频次。

(6) 强化施工营地环境管理，避免人为污染

设置施工营地时应尽量利用自然或原有开辟地；污水坑应经常清理，污水不能流入水沟和农田；排水沟应经常清理，保持畅通，污水不能溢出沟外；不得在施工营区内随意乱倒垃圾，污油、污水、垃圾要妥善处理，不要污染环境。

(7) 现场采用地膜隔离技术

为了不污染抽油机、作业设备及井场，专为抽油机、井架等设备定制"油衣"，油管桥架下铺上地膜，既简单又经济，可有效回收油管、油杆清洗时产生的污染物。

(三) 压裂酸化作业风险控制

1. 压裂酸化施工中风险控制的基本原则

压裂酸化施工是一个由人(施工人员、外来人来)、机、环、各种信息流构成的一个互相制约、互为干扰、互为条件的整体，这四者之间能否进行有效的协调是井下作业施工安全管理工作的重点，因此对压裂酸化施工风险控制必须遵循以下基本原则：

闭环控制：井下作业施工的安全管理工作应该形成一个由管理手段与管理过程相结合的统一的整体，并通过有效的信息反馈使相关施工人员以及管理者及时掌握了解施工现场安全状况，同时依据所反馈的信息做出决策，形成一个闭环的控制过程，达到风险控制的目的。

动态管理：压裂酸化施工的特殊性决定了其具有较强的动态特性。不同时间、不同季节、不同井场、不同人员其工作方法、设备摆放位置、以及生产条件都不尽相同，导致管理的要素也发生了变化，随时可能产生新的危险因素，必须适时正确地加以分析进行控制，才能收到降低风险的效果。

分工负责：压裂酸化施工中对井场的工作人员必须进行明确分工，如：定专人负责井场安全管理工作、定专人接电、检查电器设施、定专人摘挂抽油机驴头、定专人操作修井机车等，同时在自上而下明确分工的基础上将各工种进行有机的结合，形成明晰的施工工艺流程。

经常性管理：为了达到降低施工风险的目的，对修井机车各运转部件、起升系统、吊装

系统、液压钳、管钳等关键部位进行经常性的维护保养以保证它们的正常运转；并定期对岗位员工进行安全知识、安全技术、安全规程的培训以防止其安全意识的减弱。

应急控制：一旦前面的控制措施失效，将导致事故的发生，所以就要有针对性地采取紧急控制措施，制定可行的应急预案，沿相应的逃生路线撤退人员，采取自救、互救措施和应急救援行动。因此，每一个作业施工现场都应明确规定逃生路线、集合地点，以利于人员撤退并及时清点人数，确保最大限度地减少人员的伤亡。

2. 压裂酸化施工中风险控制的方法及措施

加强安全文化建设、营造良好安全氛围：安全文化，即安全意识，是存在于人的头脑中，支配人们行为是否安全的思想。建设安全文化的前提是加强安全宣传教育工作，普及安全常识，强化全员安全意识，真正做到安全生产"警钟长鸣"，从而达到全员向"要我安全、我要安全、我想安全、我会安全"方向上的转变。

建设安全文化建设应该从以下几个方面入手：

一是明确各级安全管理职责，实行"一岗一责"制。做好安全文化建设首先必须明确各级人员安全管理职责，做到分级管理、区域负责，达到事事有人管、事事有人问、奖惩有人担的目的。

二是明确安全管理目标，建立健全各项安全管理制度和操作规程。明确安全管理目标，建立健全各项安全管理制度和操作规程是安全文化建设的必要条件，同时也是员工在进行现代化安全生产工作中统一的行为准则。因此，井下作业队应该建立健全各项安全管理制度和操作规程，明确安全管理目标，从而使井下作业队安全管理工作走向标准化、法制化轨道。

三是坚持不懈的开展安全教育培训工作。安全培训是员工最大的福利，是管理者对社会、对家庭、对个人所应承担的责任。因此，应该加强井队负责人、岗位员工的安全培训工作。切实提高井队员工的安全意识，达到施工过程中不伤害自己、不伤害他人、不被他人伤害的目的。

四是严格执行奖惩制度，进一步调动岗位员工参与安全管理工作的积极性。安全管理的实质是全员参与，如果没有全员的参与就不会有真正意义上的安全管理。因此，制定并严格执行相应的奖惩制度，做到奖惩有理有据、使人信服、对压裂酸化施工安全起着至关重要的作用，一方面可以充分调动岗位员工参与安全管理的积极性、主动性、创造性；另一方面通过全员参与能够及时发现施工现场新出现的无法预知的各类危险有害因素。

思 考 题

1. 简述采油生产中的危险有害因素及风险识别。
2. 采油采气 HSE 风险控制措施有哪些？
3. 油气集输过程中的危险性有哪些？
4. 以测定原油含水率为例，阐述油气水化验过程中的事故预防与处理。
5. 简述井下作业施工过程中的危险因素。
6. 什么是井喷？简述井喷的原因和危害。
7. 简述井下作业各类事故应急预案。
8. 简述压裂酸化施工中的危险因素。
9. 简述压裂酸化作业对环境的危害和影响以及防治环境污染的主要措施。

第七章 海洋石油工程 HSE 风险管理

第一节 海洋石油工程特殊 HSE 风险识别及控制措施

海洋石油工程包含了海洋钻井、海洋采油、海洋修井、海洋储运等油气勘探开发的各个环节。由于海洋的特殊性，除了包括陆地石油钻井、采油、修井等环节之外，在钻井、采油平台等的搭建、搬家，工作人员的换班交替，工作过程中平台安全因素等方面都与陆地石油工程作业有着较大的差别。本章主要介绍除了陆地石油钻井、采油、修井等环节之外的海洋石油工程特殊 HSE 风险管理。

一、海洋石油工程特殊 HSE 风险识别特征

由于海洋石油工程的特殊性，海洋石油工程作业过程中存在的 HSE 风险具有以下特征：

（1）差异性

海洋石油工程除了正常的钻井、采油、井下作业以外，还包括拖航、抛锚定位、人员远程的换班交替等等。不同的作业、不同的施工阶段、不同的工艺以及操作过程，对健康、安全与环境的影响不同，存在的危害和风险因素也不同。

（2）严重性

海洋石油工程由于操作平台的限制、运输工具的无可挑选性、设备的复杂性，都增加了海洋石油工程危险的严重性。往往由于运送换班人员的飞机出现故障，就会造成机毁人亡的恶性事故。另外，井喷失控以及台风的突然来临都会使作业平台上的所有人员都无路可逃。拖航过程中由于操作措施不当会使平台倾倒跌入大海。因此海洋石油工程发生事故所产生的后果往往是灾难性的。

（3）多样性

在海洋石油工程活动中，不仅存在着常规的着火、爆炸、电击、有害材料和试剂、工作环境(如噪声、滑倒、振动等)、设备伤害(如水压、气压、机械设备)、污水和钻井液以及 H_2S 等对健康、安全与环境的影响，还存在着工作人员由陆地到作业平台的运输工具(小型飞机、轮船等)、相当长时间不能脱离的作业平台对活动环境的制约和噪声的不间断性、气候环境(如一年四季的交替、潮汐潮落对作业平台的冲击等)、拖航稳定性、抛锚定位的准确性及稳固性等因素对健康、安全与环境的影响。因此，海洋石油工程 HSE 风险是多种多样的。

（4）多变性

海洋石油工程作业中的风险具有多样性。因措施或处理的方式不同，事故发生的严重程度具有很大差异。例如，在拖航过程中，如果及早发现各拖航固定作业平台的位置不平衡，调整拖航系点的位置，使各拖航船平衡施力，作业平台就可以平稳前进，避免了平台倾倒的危险；如若操作人员疏忽，不能及时发现被拖平台的状况，就会造成平台倾入海底。这样就由一般的事故演变成了恶性的事故。

（5）时间性

海洋石油工程作业中，有些对健康、安全与环境的危害是突发性的，如暴风雨的突然来临对作业平台造成的潜在危害；而有些危害的影响时间较长，如一直在海洋作业平台上工作的人员，只要不离开平台就会自始而终地暴露在噪声以及行动受限的环境下；有的影响可能是长久的，如海洋石油废弃物对海洋环境的污染。

（6）隐蔽性

海洋石油工程安全事故的发生不仅受人为因素、设备状况因素、施工措施因素等的影响，还受到外界许多不确定因素的影响，有较强的隐蔽性。如狂风和海浪可以倾翻固定不稳定的作业平台，狂风可以导致运输飞机失事等。

二、海洋石油工程特殊风险识别

根据海洋石油工程作业中以往发生的事故环节、作业区域环境调查结果以及日常管理经验等，从人为因素、环境因素、操作措施因素、设备因素等方面进行分析，对于海洋石油工程作业项目的全过程进行风险因素识别，确定其危险有害因素及影响，有针对性地制定出有效的削减和控制风险的措施有着重要的意义。

（一）隐患及事故识别

在海洋石油工程作业中，可采用隐患及事故识别方法来识别可能产生的事故危害因素，即通过假设，图示危害如何产生、如何导致一系列后果的危险分析法。首先确定出不希望发生的事故——顶级事故（如工作人员交接班飞机坠机、拖航时平台倾覆、风浪造成作业平台倾倒等等），然后对引起顶级事故的原因进行分析，最后分析该顶级事故可能产生的后果（如工作人员交接班飞机坠机），分析时应从人为因素、飞机设备故障、环境天气的影响等方面找原因，如图 7-1 所示。拖航造成的钻井作业平台倾倒事故的识别树状图如图 7-2 所示。

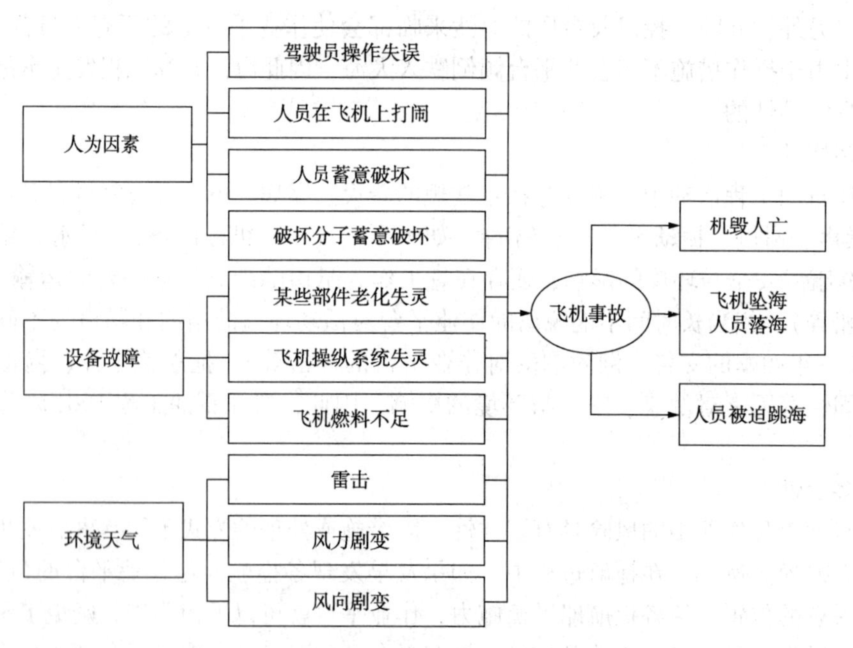

图 7-1　飞机坠机隐患及事故的识别树状图

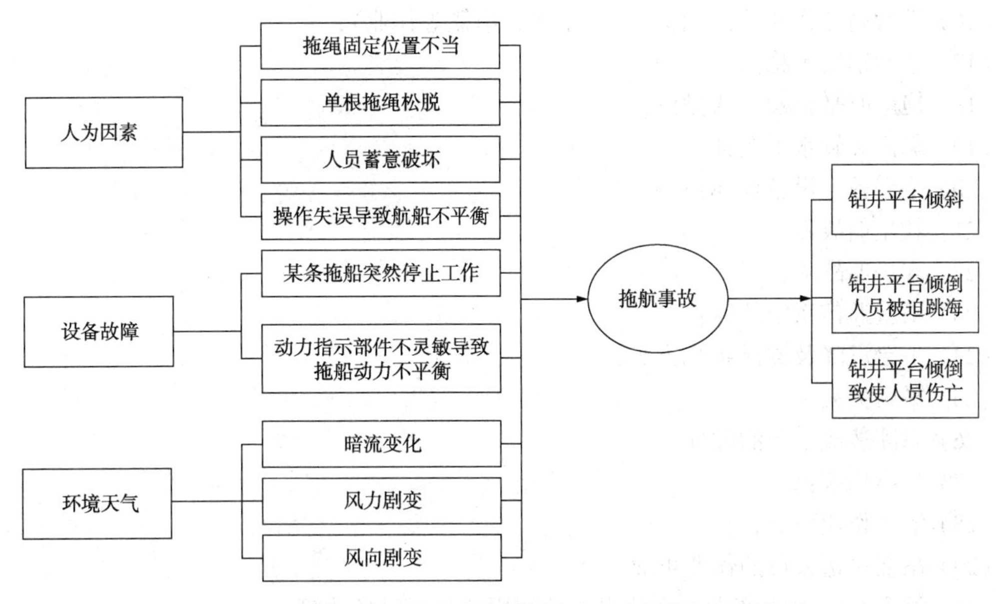

图 7-2　拖航造成的钻井平台倾倒隐患及事故的识别树状图

(二) 屏障设置

在石油工程海洋作业中，除正常的作业外，其他特殊作业都与环境条件、设备情况等有很大关系。因此，在对顶级事件及原因进行分析后，应采取相应的措施来限制和预防顶级事故的发生及扩大化，也就是设置屏障、削减和控制风险。通常屏障包括安全教育、安全管理、应急计划、员工培训等软件措施以及设备能力、设备性能、设备安全检查等硬件措施。

三、海洋石油工程特殊 HSE 风险

在海洋石油工程中，除了具有与陆地石油工程相同的风险外，由于作业的特殊性，还具有很多特殊的风险，在作业前必须明确地识别出来。

(1) 值班飞机故障不能正常起飞；

(2) 值班飞机运输过程中不能高空飞行(超负荷运载，飞机的攀升系统设备故障)；

(3) 值班飞机坠海；

(4) 运输船故障中途抛锚；

(5) 运输船遭遇海上大风浪；

(6) 运输船与礁石或其他船只相撞；

(7) 运输船沉海；

(8) 运输船迷航；

(9) 海上工作人员精神郁闷、失常；

(10) 海上工作人员由于某种原因跳海自杀；

(11) 海上工作人员失足跌入海中；

(12) 食物中毒；

(13) 平台食物、饮用水短缺；

(14) 海上风浪造成平台倾斜或倾倒；

(15) 暗流造成平台倾斜或倾倒；

(16) 平台高处作业坠落(梯子、脚手架、吊篮等作业);

(17) 平台锚定不稳固;

(18) 拖航时平台倾斜或倾倒;

(19) 隔离导管水下腐蚀;

(20) 平台救生设备损坏;

(21) 救生船故障;

(22) 守护船故障;

(23) 平台通信系统故障;

(24) 平台沉降及漂浮系统失灵;

(25) 平台失火;

(26) 海冰造成平台的破坏;

(27) 噪声伤害;

(28) 潜水作业事故;

(29) 吊篮接送人员的作业事故;

(30) 海上油(气)生产设施和陆岸终端使用的起重设备故障;

(31) 钻井平台助航设备故障;

(32) 海上作业、生活排放的污染物(如作业、生活污水),溢油事故对海洋环境造成的污染;

(33) 海上恶劣天气(如台风)对海上作业的影响等。

四、海洋石油工程特殊危害因素的确定

由于海洋石油工程作业具有多于陆地石油工程的特定风险,应该在工程项目调查的基础上,根据海洋石油工程的地理环境、天气状况、特殊设备、特殊工作环境、搬迁方式、交接班运输以及生活必备品供应等因素,尽可能找出不同环节所潜在的隐患、发生 HSE 风险的可能性、确定危害程度和影响后果,从而对海洋石油工程特殊 HSE 风险进行评价,制定出切实有效的风险消减措施。

海洋石油工程特殊危害主要有以下几种类型:

(一) 海洋环境对海洋石油工程的危害和影响

在海洋石油开发过程中,由于作业地点是在海上——作业平台建在海面上、操作者上下班交替要经过海面、操作者生活在海上、作业平台的搬家和安装依然是在海上,因此,海洋石油工程作业受到海洋环境的深刻影响。海洋环境的影响因素主要包括风力、海浪、温度等。

1. 风浪对海洋石油工程的危害和影响

(1) 由于风浪,换班人员乘坐的飞机或船只如若未出港,造成平台工作人员无法正常休整,进而精神疲惫,甚至精神抑郁。

(2) 已经出港的换班人员乘坐的飞机或船只,若遇上大风、台风、飓风、龙卷风,轻则会造成换班交通工具难于到达指定地点、乘坐人员头昏目眩;重则飞机坠落、船只沉没,危及人员的生命安全。

(3) 作业平台会产生摆动,严重影响井眼质量,甚至造成平台倾覆。

(4) 拖航时,造成平台倾斜甚至倾倒。

（5）危及作业平台上人员的生命安全。

（6）平台上的燃料油倾入海中，污染环境。

（7）造成巨大的经济损失。

2. 温度对海洋石油工程的危害和影响

温度对海洋石油工程的影响主要体现在海冰的影响。我国渤海和黄海北部，每年冬季都有不同程度的海水结冰现象。冰封或严重冰情都会造成不同程度的损失，如船只被冻在海上、港湾及航道被封冻等等。

海冰对海洋石油工程作业造成危害和影响主要包括以下几个方面：

（1）流动的海冰撞击换班船只，造成换班人员晕船，甚至船只毁坏、沉没，危及人员的生命。

（2）流动的海冰撞击作业平台，会使作业平台产生摆动，甚至倾覆。

（3）海冰形成的挤压力使平台桩基损坏。

（4）拖航时，危及拖航船只的安全。

（5）危及平台人员的生命安全。

（6）使平台上的燃料油倾入海中，污染环境。

（7）造成巨大的经济损失。

（二）交通工具造成的危害和影响

海洋石油作业由于远离陆地，一般采用飞机或轮船接送交接班的工作人员，利用轮船供应平台上的作业物资、生活用品。飞机、轮船这些交通工具存在着故障排除难、危及生命可能性大的不利因素。因此，必须了解交通工具造成的危害和影响，以便有的放矢，防患于未然。

（1）飞机爬高故障，搭乘人员被迫跳伞。

（2）飞机动力系统局部故障。

（3）飞机遇风飞行困难。

（4）飞机操纵失灵，飞机坠海，搭乘人员同时坠海。

（5）轮船搭乘人员失足入海。

（6）轮船燃料不足、动力系统故障、触礁等造成抛锚。

（7）轮船迷失方向。

（8）轮船遇风浪。

（9）轮船遇飓风倾覆。

（10）运输过程中生活用品被污染。

（11）轮船造成海洋环境的污染。

（三）拖航对平台的危害和影响

拖航是海洋石油作业的搬迁方式。在拖航过程中，受到海洋环境、轮船操控人员操作水平、拖航固定位置等因素的影响，会造成一些 HSE 风险。

（1）拖航绳索崩断，造成设备毁坏、人员伤亡。

（2）拖航绳在平台上的固定位置不平衡，造成平台倾斜。

（3）拖航绳索用力不平衡，造成平台倾斜。

（4）各条拖航船的动力不均衡，造成平台倾斜。

（5）某条拖航船故障。

（四）作业平台造成的危害和影响

海洋作业平台包括钻井作业平台、采油作业平台等类型。钻井作业平台分为固定式钻井平台、移动式钻井平台，采油作业平台（海上油气田生产设施）分为固定式生产设施、浮式生产设施及水下生产设施。由于成本因素，各种作业平台的作业空间一般都比较狭小。此外，作业平台受天气、海浪、海温等因素的影响也非常严重，因此作业平台也会造成危害和影响。

（1）平台的桩基受海浪冲击而发生倾斜或人工岛的一侧被冲毁造成平台歪斜。

（2）移动式平台固定不稳造成工作过程中的平台晃动影响井的质量和生产。

（3）平台空间狭小造成操作困难。

（4）平台小而湿滑，操作人员容易失足摔跤或坠海。

（5）平台狭小，操作人员活动空间受限，造成人员抑郁、精神失常。

（6）操作人员在平台散步失足跌伤或坠海。

（7）移动式平台拖航问题。

（8）移动式平台锚泊问题。

（9）导管受海水腐蚀损坏，导致钻井液循环漏失到海洋中，造成污染。

（五）锚泊过程中的危害和影响

锚泊是海上移动式作业平台的固定方式。良好的锚泊系统是保证平台稳固、安全作业的关键。锚泊造成的危害主要体现在：

（1）起锚机失灵，不能正常下放或提起锚和锚缆。

（2）止锁器在完成布锚及收好锚缆后不能缩紧锚链。

（3）动力锚抓力不够，不能提供平台足够的稳定力。

（4）锚泊方式的选用不够合理，使得移动平台定位性差，甚至造成平台的移动。

（5）锚泊的定位精度超出水深的5%～6%，不能满足平台作业的要求。

（6）锚缆受海水的侵蚀而腐蚀，在风浪作用下以至于断开，造成平台移动。

（7）拖锚船在锚缆和锚的布放过程中航行线路不合适，造成锚缆打结或成捆。

（8）在进行控制压载过程中，预张力不能加到有效设计值造成张力不够，平台不稳定。

（六）废弃物对海洋环境造成的危害和影响

由于海洋作业平台空间狭小，处理作业过程中产生的各种废弃物比较困难，从而造成对海洋环境的污染。

（1）钻井时，岩石碎屑不慎入海，造成污染。

（2）钻井时，导管漏失钻井液流入大海，造成污染。

（3）井下溢流使得平台上的泥浆罐外溢，泥浆流入大海，造成污染。

（4）固井作业过程中水泥浆密度过大，造成海底浅层的胶结层破裂，污染海洋环境。

（5）固井作业过程中导管或输送管漏失，污染海洋环境。

（6）开采生产过程中油气外溢，污染环境。

（7）井下作业清砂、除蜡时，由于疏忽或人为失误导致砂、蜡进入海洋，造成污染。

（8）建井过程中遇风雨，平台上的化学处理剂进入海洋，造成污染。

（9）增产过程中遇风雨，平台上的化学处理剂进入海洋，造成污染。

在海洋石油工程作业过程中除了上述特殊因素造成危害和影响之外，还有许多次要因素也会造成HSE风险与危害。如平台救生设备与系统、助航船问题，油（气）舱、罐、容器和管线清洗及惰化问题，消防设备的检查与维护，海底管道的安全管理，原油外输安全管理，租用船舶安全管理，守护船管理等等。

五、海洋石油工程特殊 HSE 风险控制措施

海洋石油工程特殊 HSE 风险控制措施就是根据海洋石油工程的特点，利用科学技术手段，采取有效的预防措施，将风险降低到可接受的最低程度。防止风险发生的措施主要包括管理措施、硬件措施和系统措施。

（一）海洋石油工程一般 HSE 管理措施

海洋石油工程与陆上石油工程相比，存在不少独特的 HSE 风险，其管理措施除陆上石油工程所涉及之外，还应当包括以下内容：

（1）建立健全海洋石油工程风险防范保障体系和运行机制，保证有关风险控制措施的有效实施。

（2）组织落实风险防范和控制措施实施所必备的人、财、设备等必备的条件和手段。

（3）识别海洋石油工程各作业过程中可能产生的 HSE 风险，制定相应的控制措施。

（4）制定海洋石油工程作业中的各种险情和危害发生的应急反应预案，尽量减少风险带来的危害和影响。

（5）制定海洋石油工程各作业的安全生产管理体系文件，以规定、制度或条例的形式让全体员工认识、学习，以便指导海洋石油工程的安全生产。

（6）制定海洋石油工程各作业的危害及其影响的恢复措施。

（7）反复识别和评估所提出的风险防范、消减和恢复措施，确定这些措施在风险控制目标中的作用。

（8）建立健全管理评审、监督措施，制定海洋石油工程各作业环节评审、监督、检查制度，定期进行 HSE 的监督检查。

通过 HSE 管理体系的运行，HSE 管理体系、防范及控制措施会越来越完善，可以有效地避免和减少事故的发生。

（二）海洋石油工程特殊 HSE 硬件措施

在消减和控制风险危害的措施中，硬件措施是必不可少的。

1. 人员交通运输工具

海洋石油工程作业的人员交接班必须采用交通工具，一般采用直升机和轮船。无论哪一种交通工具都必须遵循 HSE 管理规定，下面以直升机为例说明运营的各项要求及规定。

（1）直升机的运行管理

a. 直升机不带故障飞行。

b. 飞行由资历老练的飞行员主操。

c. 飞行前，对各种仪表逐项检查，并记录。

d. 有应急计划、安全规定等切实可行的制度。

e. 生态环境部每半年组织一次对直升机公司合同执行情况及相关内容进行监督检查，检查内容包括：直升机状况；飞行员资历；直升机维护情况；熟练飞行和特殊科目训练飞行情况；安全管理规定及执行情况；救生衣情况（无破损、便于穿用）；每次登机前对乘客进行安全教育，并有记录；应急计划的制定或修订情况。

（2）对乘客的安全管理

a. 所有乘客按直升机公司的要求穿、脱救生衣，乘机前不得饮酒，遵守机场或平台的各种规定。

b. 不准携带危险物品登机，如生产特需，应报生态环境部审批，审批后由机场或海上石油作业设施安全监督承办。

c. 在直升机的红色闪光防碰撞信号关掉之前，所有人员不要靠近直升机。

d. 乘客应在机场人员的指挥下排队从直升机侧面安全路线接近直升机，所有人员禁止靠近直升机尾部。对于S76系列直升机，禁止从直升机前方接近直升机。

e. 当直升机旋翼转动时，严禁在尾翼架下面或直升机降落区内跑动，以免被打伤；直升机附近不能有其他障碍物。

f. 乘客管理好自己的帽子和其他可能被风或直升机吹起的物品。在驾驶员统一安放好乘客的行李后，有秩序地登机。

g. 上机后，乘客应系好安全带、戴上听觉保护用品、关闭便携式电子设备电源。

h. 上下直升机时，乘客不准自己开关舱门。舱门由驾驶员负责开关，以防发生意外。

i. 在直升机飞行期间，所有乘客必须服从驾驶员的统一指挥，同时遵守下列规定：不得解开安全带，不得吸烟，不得接触任何控制装置；自始至终不得打开舱门，不得妨碍飞行员工作。

j. 直升机降落，驾驶员打开舱门之后，所有乘客摘下听觉保护器，解开安全带，有秩序地离开直升机。

2. 拖航系统

（1）对拖航船舶的要求

在拖航前，生态环境部应对拟用的船舶进行考察。拖航船舶必须具有从事船舶运输以及相关业务的营业执照、船舶运输许可证、船舶财产和人员保险合同、国籍证书和船舶所有权证书、船舶技术证书、船员适任证书、中国海洋石油作业安全办公室签发的作业认可证书或登记证明。

（2）拖航前现场检查的项目

拖航前现场检查的项目包括(但不限于)下列项目：

a. 通信设备应符合海上作业要求。

b. 消防、救生设备在检验有效期之内，且保养状态良好。

c. 按中国海洋石油作业安全办公室的相关法规要求逐项确认。

（3）拖航船舶日常管理

a. 保证设备运转良好。

b. 人员齐备、证件齐全有效。

c. 由资历老练的船长主操。

d. 拖航前对各种仪表逐项检查，并记录。

e. 有应急计划、安全规定等切实可行的制度。

f. 生态环境部每半年组织一次对拖航船合同执行情况及相关内容进行监督检查，检查内容包括：拖航船状况；船长资历；船只维护情况；安全管理规定及执行情况；救生衣情况

(无破损、易穿用)；应急计划的制定或修订情况。

(4) 拖航操作要求

a. 拖航系绳要求各系点高度均衡。

b. 拖航船航行路线要精确，不能偏离。

c. 拖航船船长操作程序及时机要统一。

d. 拖航船的动力要均衡一致。

e. 一旦平台有倾斜的现象，应马上采取措施，以恢复正常。

3. 作业平台

对于海洋石油工程作业的空间——作业平台来说，它是作业进行的场所，必须有稳固、安全作为保证，才能尽量避免由于平台问题造成的严重事故。

(1) 对作业平台的要求

a. 作业平台的固定要稳固、位移量尽量小。

b. 作业平台的支撑部件要耐腐蚀，保证能长时间在海洋中工作。

c. 作业平台的平面上必须保持清洁，避免滑湿造成人员伤害。

d. 平台出水高度合理，尽量减少风浪对平台的冲击。

e. 作业平台面上所有设备和需用工具的摆放要规整，且平台面干净。

f. 平台上的操作系统要易于控制。

g. 平台上的救生系统要完备。

h. 作业平台支撑部件的支撑力要均衡，避免平台面的歪斜。

(2) 监督检查

a. 锚泊时选择的锚泊方式是否合理。

b. 锚泊选用的锚的抓力是否符合平台稳定的要求。

c. 锚泊的定位精度应控制在水深的5%~6%。

d. 锚缆受海水的腐蚀程度。

e. 作业平台的支撑部件的耐腐蚀性能。

f. 作业台平面的卫生状况及设备工具的正确摆放。

g. 平台上的救生系统是否完备。

h. 作业平台支撑部件的支撑力以及平台出水高度合理性。

i. 作业平台故障与应急系统是否完善，是否有日常检查及维修记录。

(三) 海洋石油工程特殊 HSE 系统措施

1. 海洋作业特殊 HSE 事故的防范与处理

海洋石油工程作业与陆地的最大区别在于员工交接班的交通工具、搬家的拖航系统以及平台的定位系统。

(1) 交通事故的防范与处理(以直升机为例)

a. 防范系统的建立

直升机的防范措施主要是建立检查与预报系统。

① 及时检查直升机的各部件，保证直升机不带故障飞行。

② 选择飞行资历老练的飞行员主操。

③ 行前对各种仪表逐项检查，并记录。

④ 直升机决不超员飞行。

⑤ 直升机上的通信设备必须完好。

⑥ 上机后，乘客应系好安全带、戴上听觉保护用品、关闭便携式电子设备电源。

⑦ 在直升机飞行期间，所有乘客必须服从驾驶员的统一指挥，同时遵守下列规定：不得解开安全带，不得吸烟，不得接触任何控制装置，自始至终不得打开舱门，不得妨碍飞行员工作。

⑧ 健全天气预报系统，做到坏天气直升机尽量不飞行。

b. 直升机故障、失事的应急措施

直升机一旦发生故障或失事，现场要立即报告生态环境部或调度室，同时积极组织抢救。生态环境部要立即向应急指挥中心报告并启动应急指挥系统，按照应急程序开展救援工作。

① 直升机在海上发生故障迫降或坠海

Ⅰ. 直升机在飞行中发生故障迫降或坠海，无线电联络员应立即报告生态环境部或调度室，并向该平台上的安全监督、船长、总监、钻井监督或测试监督报告，采取相应措施，同时通过无线电通信系统了解直升机迫降或坠海的大概方位。

Ⅱ. 当与直升机联系不上时，无线电联络员必须询问机场是否与直升机有联系。

Ⅲ. 平台(船)负责人应立即安排守护船前往救援，若条件允许，释放救助艇配合营救人员，医生待命或到现场救助。

Ⅳ. 无线电联络员与直升机、机场、守护船随时保持联系。

② 直升机在海上迫降应急逃生

Ⅰ. 直升机在海上遇到意外事故迫降时，所有乘客应在驾驶员或其他指定人员的统一指挥下按应急逃生程序做好逃生准备。

Ⅱ. 所有乘客必须坐在自己的座位上，等候驾驶员或其他指定人员的命令。

Ⅲ. 在驾驶员下达全部打开舱门指令后，所有乘客从最近的出口离开直升机，但当旋翼仍在转动时不要离开；在未弄清紧急出口的位置或接近紧急出口时，先不要解开安全带，以免涌进机舱的激流将人员冲走。

Ⅳ. 脱离机舱后，迅速拉开救生衣上的充气瓶手柄，给救生衣充气，如果浮力不够，可用嘴通过导管给救生衣充气(在未脱离机舱前，不要给救生衣充气，以免被困在机舱内)。

Ⅴ. 在机组人员的指挥下打开直升机上的救生筏，要固定好首缆，以避免全部乘客进入之前，救生筏漂走。

Ⅵ. 离开直升机后未能进入救生筏，要迅速观察附近有无可依托的救生物或岛屿、船只；若发现有可依托物应迅速游去，并且尽可能地将人员集中在一起。

Ⅶ. 对于经常乘坐直升机的乘客，必须经过“直升机水下逃生”培训。

③ 直升机撞到平台(船)的甲板

Ⅰ. 如直升机撞到平台(船)甲板上，所有接送人员应在总监的统一指挥下展开营救行动，无线电联络员应立即报告生态环境部或调度室。

Ⅱ. 中控室立即启动消防泵，按消防部署进行灭火和抢救人员。

Ⅲ. 若碰撞后爆炸着火或致使船、平台倾覆，应分别按公司应急计划的火灾、爆炸、放弃平台应急程序处理。

(2) 拖航作业故障的防范与处理

a. 防范系统的建立

① 及时检查各条拖航船，保证拖航船不带故障拖航。

② 合作的各拖航船的操作者的经验要丰富。

③ 拖航前对各条拖航船的仪表逐项检查、校准，使得配合的拖航船动力平衡，并记录。

④ 检查拖航系绳的固定点是否均衡。

⑤ 检查同张力条件下个拖航船的动力系统的配合。

⑥ 仔细观察拖航过程中平台的状态，早发现，早处理。

⑦ 健全天气预报系统，做到坏天气时不进行拖航。

b. 拖航时发生平台倾斜事故的处理

① 一旦发现平台有倾斜的迹象，马上停止拖航。

② 向倾斜的反方向稍用力拖动平台，使平台恢复正常状态。

③ 检查拖航系绳的系点是否平衡，调整系点使其达到平衡状态。

④ 检查所有拖航船是否都处于正常状态。

⑤ 校准所有拖航船仪表系统，使其统一。

⑥ 重新启动拖航船进行试拖航。

⑦ 反复调整，使平台处于平衡状态，然后进行拖航作业。

(3) 平台锚泊定位系统作业故障的防范与处理

a. 防范系统的建立

① 检查起锚机下放、提升系统的灵敏程度。

② 合理选择锚的形状。

③ 精确测定不同泥面条件下动力锚的抓紧力。

④ 精确合理地计算不同锚泊方式的合力。

⑤ 选择耐腐蚀的锚缆。

⑥ 事先研究合理的锚缆和锚的布放航行线路。

⑦ 反复试验得出预张力与实际张力值之间的关系，所有的锚达到设计张力值。

b. 平台在工作过程中失去稳定性的处理

① 检查工作平台失去稳定性的原因。

② 重新选择适合于该泥面条件和需要张力值的锚的形状。

③ 精确合理地计算不同锚泊方式的合力，重新进行锚泊。

2. *海洋作业现场环境保护管理措施*

海洋作业现场环境保护管理措施的目的：明确在海洋石油勘探、开发、正常生产及各种施工作业过程中的环保管理，对各种污染物的排放与控制实施正确的管理措施，达到在生产作业中有序操作，防止由于人为失误等造成环境污染而影响企业的正常生产、声誉及引起的财产损失，保持良好的作业环境。

环境保护管理措施主要包括：船舶的管理；钻井作业过程中的管理；完井、地层测试作业的管理；油(气)井开发过程中的管理；正常采油生产期间的管理；停产检修、酸化、修井等海上作业的管理；含油污水的管理；有毒残渣、含油垃圾、固体废弃物的管理；残油、废油及有毒残液的管理等。

(1)船舶的管理

a. 所有工作船、守护船、物探船、起重作业船、挖泥船及其他作业船舶的防污染设备及证书、证件齐全。

b. 具备港务监督要求配备和批准的《油污应急计划》《油类记录簿》《垃圾记录簿》和防污染告示牌。

c. 配备符合要求的机舱油水分离器和垃圾回收容器。

d. 所有垃圾必须交由持证单位处理，并由接收单位提供接收证明，留存备查。

e. 所有船员必须熟悉《油污应急计划》的内容。

f.《油类记录簿》和《垃圾记录簿》要按要求填写清楚。

g. 在进行供、受油作业前必须认真检查各阀门、管线，并与平台联络做好充分的准备，正式供、受油时，双方现场应有人看守，并保持联络通畅，发现问题及时通知对方并采取相应的措施。

h. 输油软管应经常检查，发现问题及时更换。

i. 供、受油应在合适的气象、海况条件下进行作业，任何人不允许强行作业。

j. 在海洋作业的各种船舶机舱污水排放口必须铅封，不准排放。

(2) 钻井作业过程中的管理

a. 钻井平台应具备溢油应急计划并经国家海洋局批准。

b. 钻井平台应具备钻井平台国际防止油污染证书，并具有污染损害民事责任保险或其他财务保证。

c. 钻井平台应具备《海洋石油勘探开发环境保护管理条例》第七条中规定的防污染设备并具有合格证书，以上设备需经船舶检验局检验并具备检验证书。

d. 钻井平台应具备有关的环保法规、资料及相关文件。

e. 钻井平台拖航由专业公司负责，将拖航日期、始拖井位及到达井位、井号等上报政府主管部门并抄报生态环境部。

f. 钻井平台作业、拖航、移位、垃圾转运时，要配备适量的溢油分散剂和吸油材料。

g. 钻井过程中使用的钻井液应具备海洋主管部门核发的钻井液使用核准证。并由钻井部负责按钻井液、钻屑检验的要求送样检验并保存结果。

h. 钻井平台钻屑、钻井液的排放应符合《海洋石油勘探开发环境保护管理条例实施办法》第十五条中的规定：含油水基钻井浆含油量超过10%(质量)禁止排放，低于10%(质量)的水基钻井液回收确有困难，经海区主管部门批准，可以向海中排放，但应交纳排污费。含油水基钻井液排放前不得加入消油剂进行处理。钻屑中的油含量超过15%(质量)时，禁止排放入海。含油量低于15%(质量)的钻屑回收确有困难，经海区主管部门批准，方可向海中排放，但应交纳排污费。油基钻井液不准排放，必须回收。

i. 钻井液、钻屑在排放前应取样分析，报主管部门同意后排放，并取样送主管部门核验。

(3) 完井、地层测试作业的管理

a. 作业者应将进行完井或测试作业的钻井平台或采油平台的井位、作业时间、使用消油剂情况及采取的措施等上报生态环境部，生态环境部接到报告后及时上报政府主管部门。

b. 进行完井、地层测试作业的区域在较浅水域及鱼和贝类养殖区、近海区、渔民易发生争议的敏感区或海洋局规定不准使用消油剂的海域，无论作业地点距陆地远近，首先应考虑原油及污染物回收方案。

c. 参加完井、地层测试作业的各专业公司和有关单位必须制定出本次完井、地层测试作业各岗位的环境保护责任制度，要具体落实到人，交给完井、地层测试监督。

d. 完井、地层测试监督在整个测试作业过程中是现场环保工作的管理者和执行者，负责整个作业过程中的环境保护管理，指挥各专业队伍按各自的环保措施搞好完井、地层测试作业的环境保护工作。

e. 各专业操作人员必须服从完井、地层测试监督的领导，坚守岗位，熟悉本岗工艺流程，严格按操作规程操作，严禁无关人员串岗。

f. 全部设备必须保持良好的工作状态，无“跑、冒、滴、漏”现象。

g. 在测试作业期间，放喷燃烧设备应保持良好状态。燃烧要安全，不得有原油落海。在含水、含泥浆等非燃烧物质影响燃烧的情况下，应采取回收的方法处理残油。

h. 用于油、气分离的设备要保持完好，保证其油、气分离完全。无论是设备漏油还是井口带出的油，必须用吸油材料擦掉后回收处理，禁止使用消油剂处理后用水冲入海中或冲入平台的污水排放系统。

i. 不准用柴油、汽油和轻质油冲、拖甲板或用水冲洗有油污的甲板，甲板上的含油污水要回收处理。

j. 在任何情况下，油污洒落在甲板或设备上，必须由施工单位清除干净。拆、装完井、测试管线时，必须将管线中的油污清扫干净，防止油类流入海中。

k. 作业过程中的工业垃圾、生活垃圾(包括罐头盒、塑料、木头、骨头、废纸、油棉纱、废油等)和固体废弃物要分别装箱运回陆地，由有处理能力和有接收资格的单位进行处理，不准抛入和倒入海中。

l. 平台上的污水必须经处理后方可排放入海。

m. 消油剂的使用按 HSE/WA—055《消油剂使用管理规定》的要求执行。

(4) 油(气)井开发过程中的管理

a. 工程项目的详细设计应按公司批准的基本设计文件及其环境保护篇(章)所确定的各种措施和要求进行。

b. 防污设备的采办工作应能满足建造、安装工作进度的要求，保证能够与油(气)处理设备同时施工和同时投产使用。溢油回收设施的采办工作应能满足在油井试运转时可投入使用的要求。

c. 在向建造或施工单位委托任务时，应同时提出有关环境保护的工作要求，并在项目月报和年报中将环保工程进度情况报告给生态环境部。

d. 要确保环保工程与油(气)田主体工程同时投入试运行，并做好试运行记录。试运行中有污染物排放的，应由环境监测部门进行监测，并提出监测报告。

e. 防污染设备应经船舶检验机构检验合格，并获得有效证书；油田的溢油回收和含油污水处理设备应按基本设计环境保护篇(章)确定的要求，试运行期间配置在合适的地点。

f. 在海底电缆管道铺设、固定平台导管架安装、人工岛施工以及需进行爆破作业的海洋施工作业开始前，应会同施工单位按基本设计环境保护篇(章)的要求，制定施工过程中的环境保护措施，并上报生态环境部备案。

g. 在进行海底电缆、管道的路由调查、勘测实施 60 天前，须向主管机关(国家海洋局)提出书面申请并得到批复。其内容应符合《铺设海底电缆管道管理规定》的要求。

(5) 正常采油生产期间的管理

a. 海上油(气)生产设施、陆岸终端的防污染设备要保证完好和正常运转。

b. 海上油(气)生产设施和陆岸终端的防污染设备按设备设计规范定期检修、保养，严格按操作规程操作，并采取各种措施提高防污设备的处理效果。

c. 海上油(气)生产设施和陆岸终端要杜绝“跑、冒、滴、漏”现象的发生。

d. 海上油(气)生产设施和陆岸终端应对外单位作业人员进行环保宣传，对违反规定或造成环境污染的行为进行监督、检查，并督促其清理。

e. 作业者接受主管部门及政府部门对海上油(气)生产设施、陆岸终端进行的各种环保检查，各海上油(气)生产设施和陆岸终端应做好迎检准备工作。

f. 作业者应按《海洋石油勘探开发环境保护条例》第二十一条规定，为主管部门赴现场检查和事故调查提供方便。

g. 生态环境部负责与主管部门的协调工作，并配合作业者做好主管部门的环保检查及调查工作。

(6) 停产检修、酸化、修井等海上作业的管理

a. 参加海上施工作业的承包商必须制定出该项作业各岗位的环保措施，并交给生产主管部门。

b. 生产主管部门应根据情况组织环保措施审查会，负责对环保措施的审核，并在作业前7天报生态环境部审查。生态环境部提出审查意见后，生产主管部门应进行修改，将修改后的防污染措施报生态环境部备案。

c. 生产主管部门负责组织环保措施的落实工作。生态环境部负责督促、检查。

d. 防污设备、设施进行更新改造时，应写出报告，进行可行性分析，制定更新改造计划报生态环境部审查，上报政府主管部门认可后再实施。

e. 对污水处理设备等进行各种试验及改造时，要将其试验、改造项目方案及其防污措施一同报生态环境部，在试验及改造过程中不能对海洋环境造成污染。

(7) 含油污水的管理

a. 海上油(气)生产设施和陆岸终端的含油污水必须经含油污水处理设备处理并符合排放标准后排放。

b. 为减少含油污水的产生(未经批准)不准用柴油或轻质油冲、拖甲板。用水冲洗有油质的甲板时，污水应排入开式排放系统进行处理，不得直接排放入海。

c. 不允许将超标污水稀释后排放。

d. 陆岸终端含油污水的管理要求：

① 禁止向污水井及下水道内倾倒含油污水及污油。

② 禁止在下水道口处设置废油回收及含油污水存放的容器等。

③ 禁止在下水道口及其附近冲洗带有油污的设备和物件，冲洗含油设备的污水要回收处理，不许排入下水道。

④ 禁止将消油剂倒入盛有油类混合物的容器内处理油，禁止将其混合物排入下水道；收集后的含油污水要尽快返回污水处理流程处理，或委托有处理能力的单位进行处理。

(8) 有毒残渣、含油垃圾、固体废弃物的管理

a. 海上油(气)生产设施上的有毒残渣、含油垃圾、固体废弃物应收集在专门的容器里保存，并及时运回陆地交有资质的单位处理。陆岸终端的这类污染物，禁止就地掩埋，应按照地方政府有关规定妥善处理。

b. 运送这些物品前，总监应视其危险程度及数量而决定是否派专人押运，并将数量、运输方式、运回时间通知接收单位，由接收单位负责安排接收。

（9）残油、废油及有毒残液的管理

a. 残油、废油应排入闭式排放罐或污油罐，以便由泵打回原油处理流程重新处理。

b. 有毒残液应收集在有盖、不渗漏、不外溢的容器内，并及时运回陆地交有资质的单位处理。

c. 掺入大量消油剂的混合物原则上不能进入生产工艺流程，应按照相关规定采取可行的办法进行处理。

（10）环保措施的具体内容包括以下几个方面：

a. 海上作业计划概要（作业时间、地点、工作内容及简要工作流程等）。

b. 作业负责人，应急组织、应急联络表及联系方式（包括陆地应急人员及措施编写上报人员的姓名及电话）。

c. 本次作业可能造成环境污染的环节及相应的防治措施。

d. 本次作业单位所具备的溢油应急能力。

e. 参加本次作业各岗位人员在溢油应急中的职责。

对参加作业的人员进行环保措施的培训，使其了解在本次施工中应承担的责任和任务。在作业期间，此环保措施作为各油（气）生产设施溢油应急计划的一部分。

3. 恶劣天气危害的预防措施

解决天气对海洋石油工程的危害最好的方式就是适应环境。因此，准确、及时的天气预报系统在海洋石油工程中起着重要的作用。一旦遇到大风浪的天气，尤其是台风天气，平台尽量撤离进港；实在不能将平台撤离进港的，应尽量将部分可移动的设备撤离；如果时间实在来不及，人员必须撤离，进入安全地带。

第二节　海洋石油工程作业安全管理

一、海洋石油作业应急与事故管理

（一）海洋石油作业应急

（1）海上石油作业单位在实施作业前，应编制相应的应急预案，并及时修改和补充应急预案的相关内容。

（2）编制应急预案应考虑如下条件和因素，并制定相应的措施。

a. 海上石油作业海区的自然环境。

b. 勘探、开发和生产的不同作业阶段。

c. 海上油（气）生产设施的不同类型和相应的应急手段。

d. 从陆岸基地得到的应急救援力量、施工单位的自救能力及其他可使用的救援力量。

e. 其他必要的条件和因素。

（3）应急预案的内容

a. 陆岸与海上应急组织、指挥系统、医疗机构、通信网络、各应急岗位人员的职责及可能的联系方式、方法。

b. 在陆岸基地及海上石油作业区应配备与海上石油作业规模相适应的应急设备。

c. 各类事故与险情的应急救援、人员撤离、临时弃井等处置程序及具体措施，以及与安全生产监管部门、政府其他相关部门的联系、报告和求援程序。

d. 各类事故和险情应包括井喷失控，火灾与爆炸，平台失控漂移、拖航遇险、被撞损或翻沉、储运设施与管线的破损、泄漏、断裂，直升机、船舶遇难，人员重伤、死亡及流行性传染病，H_2S 或其他有害物质泄漏及发射性物质遗散，潜水作业事故，溢油事故，自然灾害等。

e. 应急演习与训练的内容、方式、时间及其他有关规定和要求。

（4）应急预案应采用中文书写，并经作业单位负责人签署后送审。

（5）作业单位在海上石油作业过程中应当严格执行应急预案，发生事故时，作业单位应按应急预案所规定的步骤与措施控制事态扩大，尽量减少危害与损失。若出现应急预案未预料到的事件，由作业现场的最高负责人作出判断和处置。

（二）海洋石油事故管理

（1）当发生事故时，作业单位应采取一切必要的措施，保护事故现场，立即组织应急救援，防止事故扩大，减少伤亡和损失；同时，立即向上级主管部门和国家海洋石油作业生产监管部门报告，并应保持联系直至事故或险情得以控制。

（2）向生产安全监管部门报告的内容

a. 概述，包括事故的类别、发生的时间、位置及实施名称等。

b. 事故现场的状况及事故期间的气象、海况。

c. 已采取的和随后拟采取的措施和求救要求。

d. 报告人认为必要的其他内容。

（3）在事故被控制后的15d内，作业单位应及时对事故进行调查分析，并应向安全生产监督部门提交简要的事故报告。

（4）事故被处理结束后，作业单位应按规定向安全生产监督部门提交详细事故报告。详细事故报告的内容应包括：

a. 事故发生的经过及原因。

b. 人员伤亡及财产损失情况。

c. 事故处理结果及改进措施。

d. 其他应报告的事项。

（5）作业单位应对事故进行统计分析，并且编制年度事故统计报告上报安全生产监管部门。

（6）安全生产监管部门可以检查作业单位的事故报告、记录、统计的原始材料。

二、海洋钻井安全管理

（一）海洋钻井安全要求

（1）海上钻井设施应在发证检验机构出具证书、证件中允许的海洋环境条件极限范围之内作业。

（2）使用移动式采钻井平台钻井，在作业前应进行海洋工程地质检查，查明作业区域内水文、地质情况，并出具调查报告；在满足平台自身安全和生产安全条件时才能作业。

（3）每座海洋钻井设施除按国家有关规定配备劳动防护用品外，还应配备以下劳动防护用品：便携式氧气呼吸器2套、轻潜水服2套、防水手电10个、放火衣2套、H_2S 防毒面具6套。

（二）海洋钻井作业一般安全管理

（1）安全组织：每座海上钻井设施都应成立安全生产领导小组，负责对设施上的安全工作进行布置和监督检查；同时成立安全应急指挥小组，全面实施设施的安全应急程序。另外设置两名安全监督，并始终保持一名安全监督在设施上，负责钻井设施各项安全制度的执行。

（2）安全警示：钻井设施上的危险区、噪声区以及其他任何容易发生危险的部位，都应设明显的安全标志与警语。

（3）劳动防护：上岗作业应穿戴劳动防护用品，高空作业应系安全带，舷外作业应穿救生衣，系安全带，特殊施工要穿戴相应的劳动防护用品。

（4）在钻井作业期间应有一艘符合《海洋石油作业守护船安全管理规则》要求的值班守护船，对钻井实施进行守护。

三、海洋采油与井下作业安全管理

（一）海洋采油与井下作业安全要求

（1）海上采油与井下作业设施应在发证检验机构出具证书、证件中允许的海洋环境条件极限范围之内作业。

（2）使用移动式采油与井下作业平台，在作业前应进行海洋工程地质检查，查明作业区域内水文、地质情况，并出具调查报告；在满足平台自身安全和生产安全条件时才能作业。

（3）每座有人值守的海上采油设施（主要指平台群中的生活平台和移动式采油设施），除按国家有关规定配备劳动防护用品外，还应配备以下劳动防护用品：便携式氧气呼吸器 2 套、防水手电 10 个、防火衣 2 套、含有 H_2S 的井应配 H_2S 防毒面具 6 套。

（4）每座有人值守的海上采油设施应配备以下劳动防护用品：防水手电 2 个、H_2S 防毒面具 2 套。

（5）每座海上井下作业设施，除按国家有关规定配备劳动防护用品外，还应配备以下劳动防护用品：H_2S 防毒面具 6 套、便携式氧气呼吸器 2 套、防水手电 10 个、防火衣 2 套。

（二）海洋采油与井下作业一般安全管理

（1）安全组织：每座海上移动式采油与井下作业设施和有人值守的固定式采油设施都应成立安全生产领导小组，负责对设施上的安全工作进行布置、安排和监督检查；同时成立安全应急指挥小组，全面实施设施的安全应急程序。另外设置两名安全监督，并始终保持一名安全监督在设施上，负责采油与井下作业平台的各项安全制度的执行。海上移动式采油设施应负责所停靠的无人值守采油设施的安全：有人值守的固定式设施负责所属的无人值守的采油设施（卫星平台）的安全工作。海上移动式井下作业设施应负责所作业井的无人值守采油设施的安全。

（2）安全警示采油与井下作业设施上的危险区、噪声区以及其他任何容易发生危险的部位，都应设明显的安全标志与警语。

（3）劳动防护：上岗作业应穿戴劳动防护用品，高空作业应系安全带，舷外作业应穿救生衣、系安全带，特殊施工要穿戴相应的劳动防护用品。

（4）在采油与井下作业期间应有一艘符合《海洋石油作业守护船安全管理规则》要求的值班守护船，对钻井实施进行守护。

（5）有自喷、自溢能力的油气生产井均应安装井下封隔器，以封闭油管和套管环空。在海底泥线 80m 以下的位置，油管均应安装井下安全阀。

(6) 平台经理、安全监督和采油岗位操作人员对应急关断系统应熟练掌握检查内容，保证该系统处于良好的工作状态。

(7) 手动应急关断开关或阀门应设置在直升机甲板、救生艇登乘处所、居住处所的逃生口、栈桥入口和井口区附近等地点。

(8) 位于平台各地点的手动应急关断开关应配以清楚的标记和防止误操作的外壳。

(9) 海上石油作业井控装置的额定压力应选高一等级。

(10) 在海上采油与井下作业中，换班期所有人员应进行一次井控演习，认真填写演习记录。

四、海上冰期作业安全管理

为确保冰期(从初冰日至终冰日的时间间隔称为结冰期，简称冰期)作业安全生产，避免油气生产设施遭受冰凌破坏，保障海上作业人员安全，必须切实抓好海上冰期的作业安全管理。

(一) 冰期生产要求

1. 生产管理部门的要求

(1) 在安排冬季生产时要周密计划，严禁安排无冰期作业能力的平台、采油平台、井下作业平台在冰期作业。

(2) 加强冬季防风、防冰工作。生产调度部门要坚持 24h 值班制度，注意收听并及时向海上各作业单位提供天气预报，并做好防冰、防风计划，确保冰期安全生产。

(3) 在冰期，海上生产单位应及时与气象部门联系，掌握油气生产设施所处海域的冰情，每天对冰情做好记录，上报生产调度和安全管理部门。

2. 船舶冰期海上生产要求

(1) 对浅吃水的船舶应采取预防浮冰堵海底门的措施。对船舶甲板和工作场所的积冰要及时清理，防止人员摔倒和船舶稳定性降低。

(2) 在冰期，冰情影响船舶的正常航行时，使用破冰船在平台和航道周围破冰，保证船舶航行安全。

3. 冰期海上平台生产要求

(1) 对于有人驻守平台，在冰期应确保平台自动化监控系统完好，做好平台的监控，当冰情达到设计的极限条件时，应按应急预案的要求，立即遥控关断油井及海管紧急关断阀。在冰期严禁在无人驻守的平台上住人。

(2) 有人驻守平台在冰期应做好平台生产、生活物资准备工作，保障平台所有人员 20 天的生活所需物资。在冰期除平台工作人员外，严禁大批外来人员进住平台。

(3) 对于单井拉油平台，拉油船舶离开油井之前，应关闭所有油井井下安全阀、排气阀以及采油树所有阀门。

(二) 应急措施

(1) 各海上施工单位必须制定详细的冬季生产措施和抗冰应急预案，成立抗冰凌领导小组，配备完善的装备和人员，全面负责海上冰情的应急处理。

(2) 生产调度部门和作业船舶要保持船、岸之间的通信畅通，及时掌握船舶动态，加强与应急指挥中心、地方海事部门和搜救部门的联系。

(3) 要加强冬季应急演习，开展好基层安全活动，提高作业人员的安全技能和应急反应能力。

(4) 各单位要按海上有关法规、标准要求配备消防、救生物资器材和冬防保温的应急物品。为长期在海上作业的人员配备防寒救生衣。

(5) 油田海上应急船舶的配备与使用按照《浅海石油作业安全用船规定》进行管理。确保船舶处于良好状态，加强应急守护的值班工作，遇有险情及时投入行动。

(6) 平台进行冬季施工，油田统一配备破冰船、租用直升机作为应急补给交通工具。有关二级单位对平台的直升机停机坪进行检验，办理有关证件，配备有关五品，做好停直升机的准备。对无直升机停机坪的平台，在作业期间要配备守护船舶。

五、海上石油作业人员应急撤离

(一) 人员应急撤离条件

遇有下列突发事件之一者，应进行人员应急撤离。

(1) 井喷：海上钻井、测试、井下作业中发生井喷，经采取井控措施无效或引起重大火灾无法控制时。

(2) 火灾：由于各种原因导致设施发生火灾，经采取灭火措施无效危及设施上人员生命安全时。

(3) 爆炸：设施上发生爆炸危及整个设施和人员生命安全时。

(4) 硫化氢：在作业过程中设施上出现 H_2S 气体，设施安全区周围 5~10m 内 H_2S 浓度达到 100mg/L 时，经应急处理无效时。

(5) 热带气旋

a. 设施处于作业状态，遇有台风警报不能避免台风时；

b. 实施处于漂浮状态，设施在拖航、移位等漂浮状态下，遇有热带风暴，经调整设施稳性或采取其他抢救措施，仍可能翻沉时。

(6) 海冰：当设施所处海域将出现超过设计允许的严重冰情，危及设施上人员生命安全时。

(7) 海啸：当预报所处海域将发生海啸时。

(8) 地震：当预报所处海域将有超过设计允许的地震强度时。

(9) 浮体破舱进水：由于各种原因(如触礁、风损、碰撞等)导致浮体破损严重进水，经抢救无效可能翻沉时。

(10) 失去稳性的设施：因各种原因失去稳性，经采取措施无效，可能倾覆时。

(二) 人员应急撤离

(1) 人员应急撤离的命令由设施行政第一责任者或其授权的现场负责人发布。

(2) 人员应急撤离前应迅速发出信号，并向上级主管部门报告。

人员应急撤离石油作业设施时允许携带的物品包括：

(1) 工作日志、应急演习记录、防污染记录簿、特殊作业记录、各种证书、重要文件和资料。

(2) 现款及账册。

(3) 国旗、武器及贵重物品。

(4) 救生无线设备和至少一只救生圈。

六、海上求生与救助条件

在船舶或平台因火灾、碰撞、爆炸、触礁、搁浅等遇险情况下，利用海上求生知识和技能，把所遭受的困难减至最低程度，从而延长遇险人员在海上生存的时间，直至最后获救脱险，称为海上求生。

(一) 海上求生三要素

海上求生三要素包括救生设备、求生知识和求生意志。

1. 救生设备

在浩瀚的大海中，救生设备是一个能帮助遇险人员延长生存时间、保障生命安全的重要因素。丢开这些设备，无谓消耗体力就等于缩短生命。海上石油的救生设备包括直升机、三用工作船、救生艇、救生筏、救生衣、救生圈、其他救生浮具、烟火信号、通信设备等。

2. 求生知识

求生知识包括有关救生设备的结构、属性和使用方法、在紧急情况下应采取的措施和办法、弃船行动与求生原则。求生知识包括理论知识和实际操作技能，而后者更为重要。

3. 求生意志

遇险人员获救的时间往往比想象的要长得多。在求生获救过程中的遇险人员会遇到各种意想不到的困难，除依靠救生设备，还必须有坚强的意志、信心和毅力。克服绝望和恐惧心理，经得起饥饿、寒冷、口渴和晕船的考验。国内外许多经验证明，意志有时比身体更为重要。求生者在任何时候都不要放弃脱险获救的信念，争取最后获救。

求生三要素是互相联系，不可分割的，必须同时兼备才能在救生过程中收到最佳效果。

(二) 海上求生的基本原则

海上求生的基本原则包括自身保护、遇难船舶(平台)位置、淡水与食物。

1. 自身保护

海上遇险求生，首先应注意的是如何做好自身保护，即不论在热带海面还是寒冷气候中都要避免暴露，杜绝不必要的行动。在夏季或热带海区，强烈的太阳光直射，会引起中暑或日晒病。如果长时间暴露在太阳之下人体就会严重失水，一旦失水就会引起一系列不良的反应，后果十分严重。同样，在寒冷中，防寒极其重要。暴露在寒冷中，尤其在冷气中能使人体温度迅速下降，此时身体散失的热量大于体内产生的热量，医学上称之为“过冷”现象，也就是说人体的中心温度即心脏温度降到37℃以下，如体温继续降到35℃即可能产生失热，再下降到26~24℃时就会发生死亡。原因是此时人的大脑和心脏已受到严重损害，无法恢复。统计数字表明，海上遇险者由于低温而冻死的人数不低于溺水者人数。因此，遇险者保障生命安全的最低要求是登上救生艇、救生筏而不是依赖能支撑漂浮于海上的其他物体。在无法直接登上艇、筏的情况下而先行跳入水中，也应尽量缩短逗留在水中的时间，以减少寒冷、海水等对生存造成的威胁。

为了避免身体暴露应做到：

(1) 尽量多穿衣服(如可能外层穿一件防水衣)。

(2) 穿上救生衣(在寒冷气候中最好是防寒救生服)。

(3) 避免直接落入水中。

(4) 一旦入水应尽快登上艇、筏，以减少体温的消耗。

(5) 一旦获救，设法保暖并保持干燥。

2. 遇难船舶(平台)位置

事故发生后，船舶(平台)应立即将弃船地点和时间以求救电码的形式由无线电收发机发出。向能接收到该电文的就近援救组织、过路船舶或飞机指明准确位置。如未知是否能马上获救的情况下，应逗留在原出事地点附近，并在做好自身保护后采取下列措施：停留在现场附近、集结、使用帮助发现位置的设备。

3. 淡水和食物

淡水和食物是维持求生者生命的必不可少的基本物质。比较起来，淡水又比食物更为重要。

思考题

1. 海洋石油工程特殊 HSE 风险识别特征有哪些？
2. 交接班飞机坠机隐患及事故的原因主要有哪些？
3. 海洋石油工程特殊 HSE 风险主要有哪些？
4. 海浪对石油工程的危害和影响是什么？
5. 拖航对平台的危害和影响有哪些？
6. 海洋石油工程特殊 HSE 控制的具体目标是什么？
7. 海洋石油工程作业平台的要求主要有哪些？
8. 直升机在海上发生故障迫降或坠海时的应急措施有哪些？
9. 有毒残渣、含油垃圾、固体废弃物的控制措施有哪些？
10. 海上求生的三要素和求生的原则是什么？

第八章　应急预案及“两书一表”的编制

第一节　应急预案

对于重大火灾、爆炸、毒物泄漏事故，通过安全设计、操作、维护、检查等措施，可以预防事故，降低风险，但还达不到绝对安全。因此，需要针对可能发生的事故，建立应急救援体系，制定相应的应急措施和应急方法，充分利用一切可能的力量，在事故发生后迅速控制事故发展并尽可能排除事故，保护现场人员和场外人员的安全，将事故对人员、环境和财产造成的损失降低至最低程度。

一、事故应急预案

（一）基本概念

（1）应急：指需要立即采取某些超出正常工作程序的行动，以避免事故发生或减轻事故后果的状态，有时也称紧急状态；同时也泛指立即采取超正常工作程序的行动。

（2）事故应急预案（事故应急救援预案）：是指针对事故或灾害，为保证迅速、有序、有效开展应急与救援行动、降低事故损失而预先制定的有关计划或方案；是事故预防系统的重要组成部分；是在危险、有害因素辨识与评价的基础上，对应急救援系统（包括应急机构、应急人员及装备、救援行动等）做的预防性安排或部署。应急机构及装备包含应急机构职责、人员安排、技术及设备设施、应急物资等等。

（3）应急准备：指为应对事故而进行的准备工作，包括制定应急计划，建立应急组织，准备必要的应急设备、设施与物资，以及进行人员的培训与演习等。

（4）应急响应：指为控制和减轻事故应急状态和后果而采取的紧急行动。

（二）编制事故应急预案的目的

（1）一旦发生事故后控制危险源，避免事故扩大。

（2）尽可能减少事故造成的人员和财产损失。

（三）事故应急预案的重要作用

事故应急预案是及时、有序、高效开展应急救援工作的重要保障。它确定了应急救援的范围和体系；有利于做出及时的应急响应，降低事故损失；成为应对各种突发事故的响应基础；当发生影响范围较大重大事故或灾害，有利于各级政府及应急部门之间的协调；有利于提高抵御事故风险能力。统计表明，有效的应急系统可将事故损失降低到无应急系统事故损失的6%。

二、事故应急救援

（一）事故应急救援的总目标

事故应急救援的总目标是控制事态发展、保障生命财产及环境安全、恢复正常状态。

(二) 事故应急救援的特点

(1) 不确定性和突发性

不确定性和突发性是各类安全事故、灾害的共同特征。大多数事故都是突然爆发。爆发前没有任何可查的先兆，一旦爆发，迅速发展蔓延，甚至失控。因此，必须在极短的时间内做出应急反应，在造成严重后果之前采取各种有效的防护、急救或疏散措施。应急指挥员应该清楚：一旦发生严重的事故，留给应急准备的时间是非常有限的，时间就是生命。

(2) 应急活动的复杂性

应急活动的复杂性主要是源于：

a. 事故、灾害或事件影响因素与演变规律的不确定性和不可预见性；

b. 参与应急救援活动的单位来自不同部门，在沟通、协调、授权、职责及文化等方面都存在巨大差异；

c. 应急响应过程中公众的反应能力、心理压力、公众偏向等突发行为的复杂性等。

这些复杂因素，都应该在应急活动中给予关注，并要对其引发的各种复杂情况做出足够的估计，制定出随时应对各种复杂变化的相应方案。

(3) 公共安全事故的后果(影响)易产生猝变、激化与放大，引发应急扩大

公共安全事故、灾害与事件从总体上来说是小概率事件，但一般后果比较严重，大多能够造成广泛的公众影响。应急处理稍有不慎，就可能改变事故、灾害与事件的性质，使平稳、有序的和平状态向动态、混乱和冲突方面发展，引起事故、灾害与事件波及范围扩展，卷入人群数量增加和人员伤亡与财产损失后果加大。猝变、激化与放大造成的失控状态，不但迫使应急响应升级，甚至可导致危机出现，使公众立刻陷入巨大的动荡与恐慌之中。因此，重大事故(件)的应急处置必须坚决果断，而且越早越好，防止事态的扩大。

为预防和控制事故、灾害和事件的猝变、激化和放大，除加强应急指挥工作外，还应强调：一是对公众应急意识的教育和应急救援科学知识的普及；二是增加应急活动的透明度，坚持正确的舆论导向。

(三) 事故应急救援的重要性

由于自然灾害或人为原因，当事故或灾害不可避免的时候，有效的应急救援行动是唯一可以抵御事故或灾害蔓延和减缓危害后果的有力措施。因此，如果在事故或灾害发生前建立完善的应急救援系统，制定周密救援计划，而在灾害发生时采取及时有效的应急救援行动，以及灾害后的系统恢复和善后处理，可以拯救生命、保护财产、保护环境。

(四) 事故应急救援的基本原则

事故应急救援工作应在预防为主的前提下，遵循统一指挥，分级负责，自救和社会救援相结合的原则进行。其中预防工作是事故应急救援工作的基础。

事故应急救援是一项涉及面广、专业性强的工作，靠某一个部门是很难完成的，必须把各方面的力量组织起来，形成统一的救援指挥部。在指挥部的统一指挥下，安全、救灾、公安、消防、环保、卫生、部队等部门密切配合，协同作战，迅速、有效地组织和实施应急救援，尽可能地避免和减少损失。

(五) 事故应急救援的任务

事故应急救援的任务有：立即抢救受害人员；迅速控制危险源；做好现场清除危害后果；指导群众防护，组织群众撤离；查清事故原因，评估危害程度。

抢救受害人员是应急救援的首要任务，在应急救援行动中，及时、有序、有效地实施现场急救与安全转送伤员是降低伤亡率、减少事故损失的关键。

及时控制造成事故的危险源是应急救援工作的重要任务，只有及时控制住危险源，防止事故的继续扩展，才能及时有效地进行救援。

三、事故应急管理

事故应急管理的内涵包括预防、预备、响应和恢复四个阶段。尽管在实际情况中．这四个阶段往往是重叠的，但每一阶段都有自己明确的目标，而且每一阶段又是构筑在前一阶段的基础之上，因而预防、准备、响应和恢复的相互关联，构成了事故应急管理的循环过程。

预防阶段：从应急管理的角度，防止紧急事件或事故的发生，避免采取应急行动。

预备阶段：在应急发生前进行的工作，主要是为了建立应急管理能力。目标集中在发展应急操作计划和系统上。

响应阶段：又称反应，是在事故发生之前、事故期间和事故后立即采取的行动。目的是通过发挥预警、疏散、搜寻和营救以及提供避难所和医疗服务等紧急事务功能，减少损失和伤亡。

恢复阶段：在事故发生之后立即进行，首先使事故的影响地区恢复最起码的服务．然后继续采取措施，使事故地区恢复到正常状态。

四、我国应急救援体系的建立

（一）事故应急救援体系的基本构成

石油行业是高风险行业，在油气生产过程中，潜在的重大事故风险多种多样，所以相应每一类事故灾难的应急救援措施可能千差万别，但其基本应急模式是一致的，即由一个综合的标准化应急体系来完成。

构建应急救援体系，应贯彻顶层设计和系统论的思想，以事件为中心，以功能为基础，分析和明确应急救援工作的各项需求，在应急能力评估和应急资源统筹安排的基础上，科学地建立规范化、标准化的应急救援体系，保障各级应急救援体系的统一和协调。

一个完整的应急体系应由组织体制、运作机制、法制基础和保障系统四部分构成，如图 8-1所示。

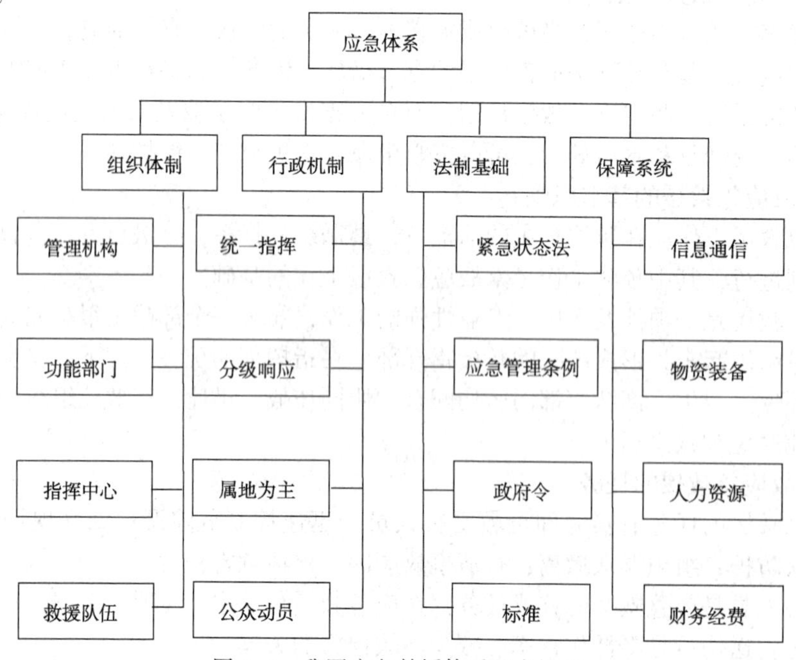

图 8-1　我国应急救援体系基本框图

1. 组织体制

应急组织体制建设中的管理机构是指维持应急日常管理的负责部门；功能部门包括与应急活动有关的各类组织结构，如公安、医疗等单位；指挥中心包括应急预案启动后，负责应急救援活动场外与场内指挥的系统；救援队伍则由专业和志愿人员组成。

我国的应急管理与应急指挥体制按照灾害种类划分为四类，如图 8-2 所示。其中，生产安全应急救援体系主要是针对各类事故灾害的应急救援活动，从体制建设上可以形成“九横四纵”的结构。“九横”是指按专业性质分工形成的矿山、化学危险品、电力、航空、铁路、核、海事、消防和地质灾害九个专业应急体系，“四纵”是按行政区域管理范围划分为国家、省、市(县)和企业管理机构，如图 8-3 所示。

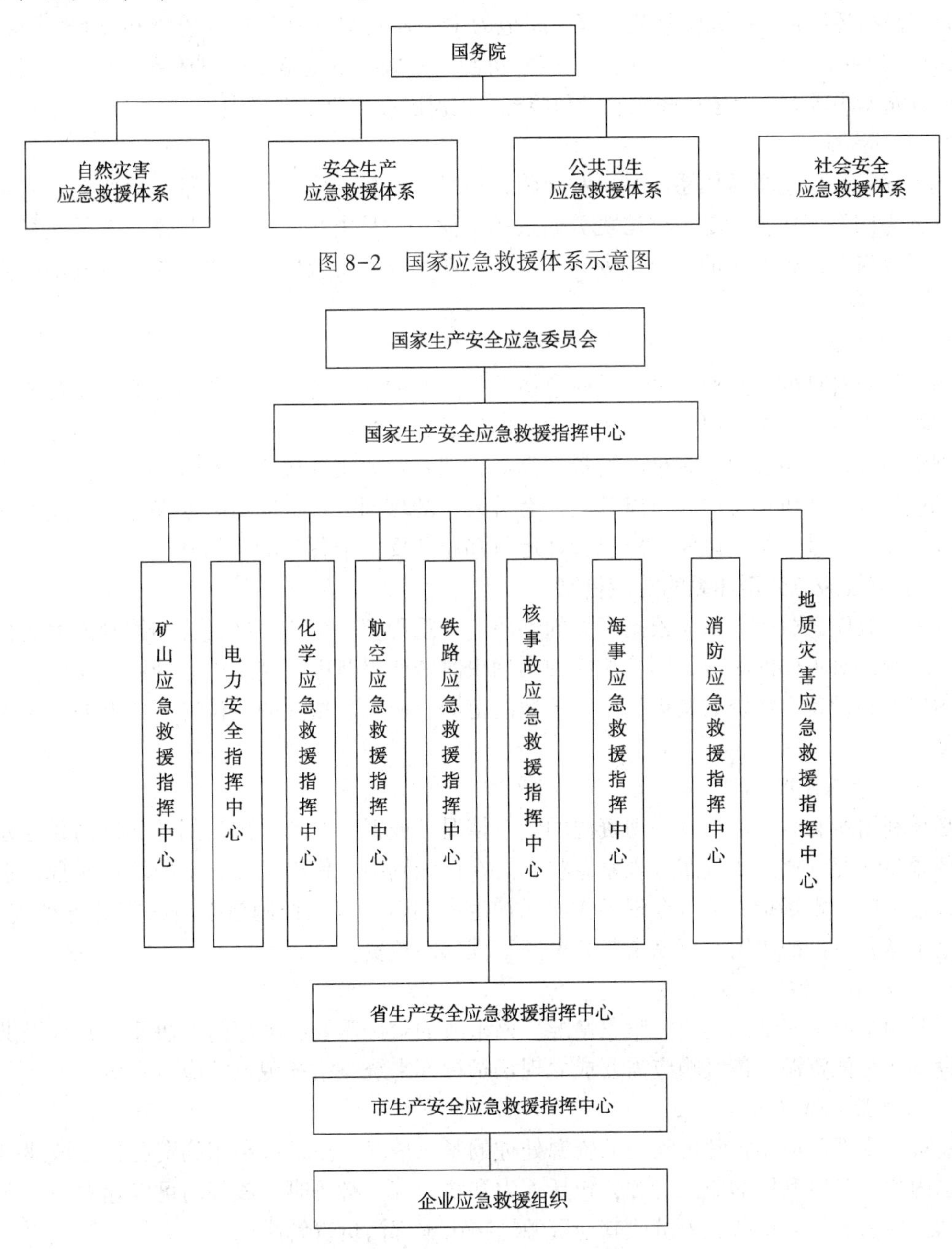

图 8-2　国家应急救援体系示意图

图 8-3　我国生产安全应急救援体制建设框架

2. 运作机制

应急救援活动一般划分为应急准备、初级反应、扩大应急和应急恢复四个阶段，应急机制与这些应急活动密切相关。应急运作机制主要由统一指挥、分级响应、属地为主和公众动员这四个基本机制组成。统一指挥是应急活动的最基本原则。应急指挥一般可分为集中指挥与现场指挥，或场外指挥与场内指挥几种形式，但无论采用哪一种指挥系统都必须实行统一指挥的模式。虽然应急救援活动涉及单位的行政级别高低和隶属关系不同，但都必须在应急指挥部的统一组织协调下行动，有令则行，有禁则止，统一号令，步调一致。分级响应是指在初级响应到扩大应急的过程中实行分级响应的机制。扩大或提高应急级别的主要依据是事故灾难的危害程度、影响范围和控制事态的能力，而控制事态的能力是"升级"的最基本条件，扩大应急救援主要是提高指挥级别、扩大应急范围等。属地为主是强调"第一反应"的思想和以"现场应急、现场指挥"为主的原则。公众动员机制是应急机制的基础，也是整个应急体系的基础，我国在这方面普遍差距较大。上述这些应急机制应充分地反映在应急预案当中。

3. 法制基础

法制建设是应急救援体系的基础和保障，也是开展各项应急活动的依据。与应急有关的法规可分为四个层次：一是由立法机关通过的法律；二是由政府颁布的规章；三是包括预案在内的以政府令形式颁布的政府法令、规定等；四是与应急救援活动直接相关的标准或管理办法。

4. 保障系统

构筑集中管理的信息通信平台是应急体系最重要的基础建设。应急信息通信系统要保证所有预警、报警、警报、报告、指挥等活动的信息交流快速、顺畅、准确，以及信息资源共享；物资与装备不但要保证有足够的资源，而且还一定要实现快速、及时供应到位；人力资源保障包括专业队伍和志愿人员以及其他有关人员的培训教育；应急财务保障应建立专项应急科目，如应急基金等，以保障应急管理运行和应急反应中各项活动的开支。

（二）事故应急救援体系的响应机制

重大事故应急救援体系应根据事故的性质、严重程度、事态发展趋势和控制能力实行分级响应机制，对不同的响应级别，相应的明确事故的通报范围，应急中心的启动程度，应急力量的出动和设备、物资的调集规模，疏散的范围，应急总指挥的职位等。典型的响应级别为三级。

1. 一级紧急情况

必须利用所有有关部门及一切资源的紧急情况，或者需要各个部门同外部机构联合处理的各种紧急情况，通常要宣布进入紧急状态。在该级别中，作出主要决定的职责通常是紧急事务管理部门。现场指挥部可在现场作出保护生命和财产以及控制事态所必需的各种决定。解决整个紧急事件的决定，应该由紧急事务管理部门负责。

2. 二级紧急情况

需要两个或更多部门响应的紧急情况。该事故的救援需要有关部门的协作，并且提供人员、设备或其他资源。该级响应需要成立现场指挥部来统一指挥现场的应急救援行动。

3. 三级紧急情况

能被一个部门应用正常可利用的资源处理的紧急情况。正常可利用的资源指在该部门权力范围内通常可以利用的应急资源，包括人力和物力等。必要时，该部门可以建立一个现场指挥部，所需的后勤支持、人员或其他资源增援由本部门负责解决。

（三）事故应急救援体系的应急响应程序

事故应急体系的应急响应程序按程序可分为接警、确定响应级别、应急启动、救援行动、应急恢复和应急结束几个过程，如图 8-4 所示。

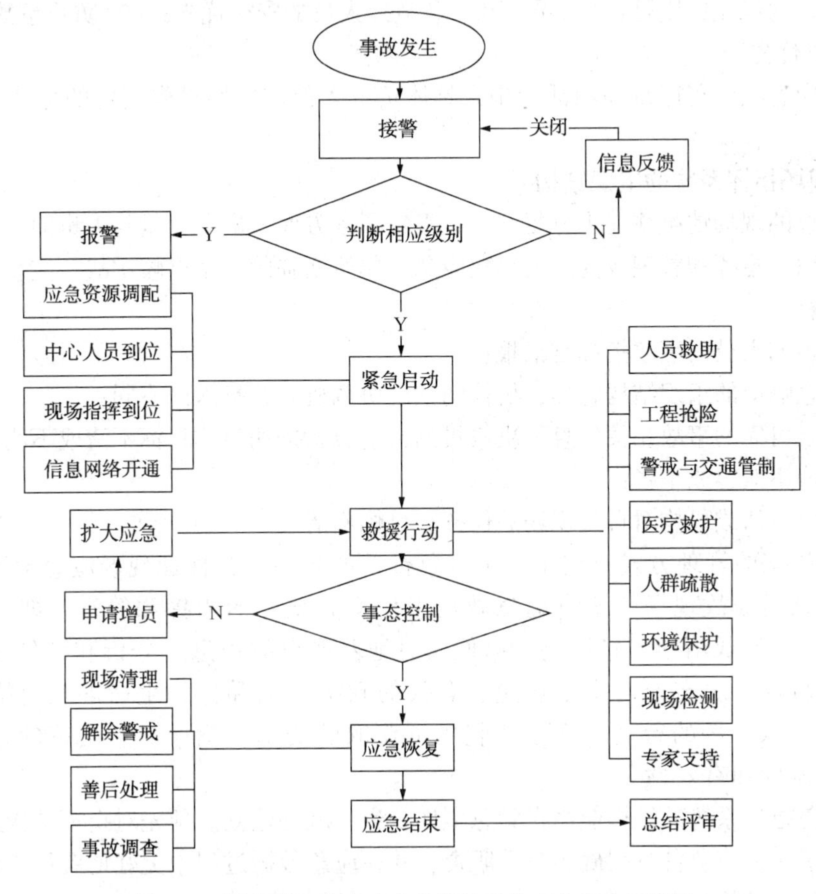

图 8-4　国家安全生产应急救援体系的应急响应程序图

事故灾难发生后，报警信息应迅速汇集到应急救援指挥中心，并立即传送到各专业或区域应急指挥中心。性质严重的重大事故灾难的报警，应及时向上级应急指挥机关和相应行政领导报送。接警时应做好事故的详细情况和联系方式的记录等。报警得到初步认定后，应立即按规定程序发出预警信息，及时发布警报。

应急救援指挥中心接到报警后，应立即建立与事故现场的地方或企业应急机构的联系，根据事故报告的详细信息，对警情作出判断，由应急中心值班负责人或现场指挥人员初步确定相应的响应级别。

如果事故不足以启动应急救援体系最低响应级别，通知应急机构和其他有关部门响应关闭。

应急响应级别确定后，相应的应急救援指挥中心按所确定的响应级别启动应急程序，如通知应急救援指挥中心有关人员到位、开通信息与通信网络、调配救援所需的应急资源（包括应急队伍和物资、装备等）、派出现场指挥协调人员和专家组等。

现场应急指挥中心应迅速启用；救援中心应急队伍应及时进入事故现场，积极开展人员救助、工程抢险等有关应急救援工作；专家组为救援决策提供建议和技术支持。当事态仍无法得到有效控制时，向上级救援机构（场外应急指挥中心）请求实施扩大应急响应。

救援行动完成后，进入临时应急恢复阶段，包括现场清理、人员清点和撤离、警戒解除善后处理和调查等。

应急响应结束后应由应急救援指挥中心按照规定程序宣布应急响应结束(关闭)。

应急行动的优先原则是：(1)员工和应急救援人员的安全优先；(2)防止事故扩展优先；(3)保护环境优先。

在上述应急响应程序每一项活动中，具体负责人都应按照事先制定的标准操作程序来执行。

(四) 现场指挥系统的组织结构

重大事故的现场情况往往十分复杂，且汇集了各方面的应急力量与大量的资源，应急救援行动的组织、指挥和管理成为重大事故应急工作所面临的一个严峻挑战。应急过程中存在的主要问题有：

(1) 太多的人员向事故指挥官汇报；

(2) 应急响应的组织结构各异，机构间缺乏协调机制，且术语不同；

(3) 缺乏可靠的事故相关信息和决策机制，应急救援的整体目标不清或不明；

(4) 通信不兼容或不畅；

(5) 授权不清或机构对自身现场的任务、目标不清。

对事故势态的管理方式决定了整个应急行动的效率。为保证现场应急救援工作的有效实施，必须对事故现场的所有应急救援工作实施统一的指挥和管理，即建立事故指挥系统(ICS)，形成清晰的指挥链，以便及时地获取事故信息、分析和评估势态，确定救援的优先目标，决定如何实施快速、有效的救援行动和保护生命的安全措施，指挥和协调各方应急力量的行动，高效地利用可获取的资源，确保应急决策的正确性、应急行动的整体性和有效性。

现场应急指挥系统的结构应当在紧急事件发生前就已建立。预先对指挥结构达成一致意见，将有助于保证应急各方明确各自的职责，并在应急救援过程中更好地履行职责。现场指挥系统模块化的结构如图 8-5 所示。

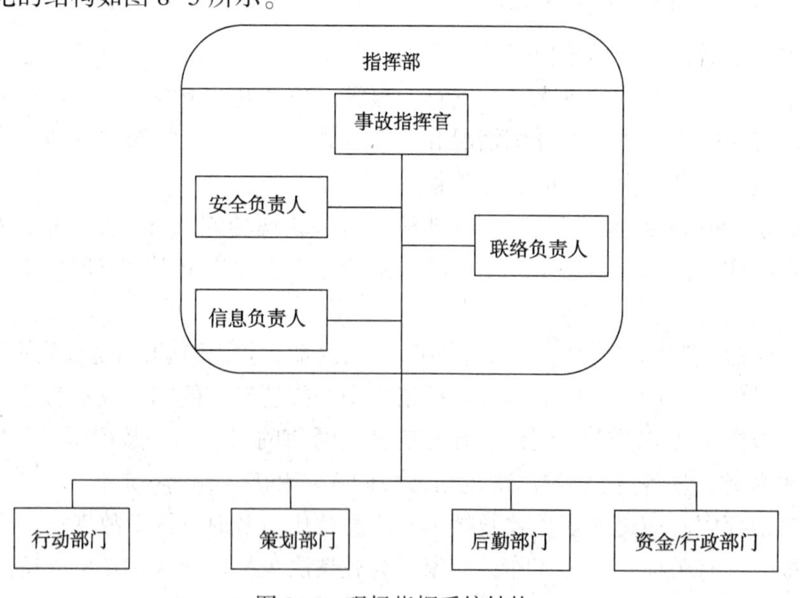

图 8-5　现场指挥系统结构

1. 事故指挥官

事故指挥官负责现场应急响应所有方面的工作，包括确定事故目标及实现目标的策略，批准实施书面或口头的事故行动计划，高效地调配现场资源，落实保障人员安全与健康的措施，管理现场所有的应急行动。事故指挥官可将应急过程中的安全问题、信息收集与发布以及与应急各方的通信联络分别指定给相应的负责人，如信息负责人、联络负责人和安全负责人。各负责人立即向事故指挥官汇报。其中，信息负责人负责及时收集、掌握准确完整的事故信息．包括事故原因、大小、当前的形势、使用的资源和其他综合事务，并向新闻媒体、应急人员及其他相关机构和组织发布事故的有关信息；联络负责人负责与有关支持和协作机构联络，包括到达现场的上级领导、地方政府领导等；安全负责人负责对能遭受的危险或不安全情况提供及时、完善、详细、准确的危险预测和评估，制定并向事故指挥官建议确保人员安全和健康的措施，从安全方面审查事故行动计划，制定现场安全计划等。

2. 行动部门

行动部门负责所有主要的应急行动，包括消防与抢险、人员搜救、医疗救治、疏散与安置等。所有的战术行动都依据事故行动计划来完成。

3. 策划部门

策划部负责收集、评价、分析及发布事故相关的战术信息，准备和起草事故行动计划并对有关的信息进行归档。

4. 后勤部门

后勤部负责为事故的应急响应提供设备、设施、物资、人员、运输、服务等。

5. 资金/行政部门

资金/行政部负责跟踪事故的所有费用并进行评估，承担其他职能未涉及的管理职责。事故现场指挥系统模块化结构的一个最大优点是允许根据现场的行动规模，灵活启用指挥系统相应的部分结构，对没有启用的模块，其相应的职能由现场指挥官承担，除非明确指定给某一负责人。当事故规模进一步扩大，响应行动涉及跨部门、跨地区或上级救援机构加入时，则可能需要开展联合指挥，即由各有关主要部门代表成立联合指挥部，该模块化的现场系统则可以很方便地扩展为联合指挥系统。

第二节　应急预案的策划与编制

一、应急预案的重要作用和基本要求

事故应急预案在应急系统中起着关键的作用，它明确了在突发事故发生之前、发生过程中以及刚刚结束之后，谁负责做什么，何时做，以及相应的策略和资源准备等。它是针对各种可能发生的重大事故及其影响和后果的严重程度，为保证迅速、有序、有效地开展应急与救援行动、降低事故损失而预先制定的有关计划或方案。

编制重大事故应急预案是应急救援准备工作的核心内容，是及时、有序、有效地开展应急救援工作的重要保障。应急预案在应急救援中的重要作用和地位体现在：

(1) 确定了应急救援的范围和体系，使应急准备和应急管理有可依、有章可循；

(2) 有利于做出及时的应急响应，降低事故后果的严重程度；

(3) 成为应对各种突发重大事故的响应基础；

（4）当发生超过城市应急能力的重大事故时，便于与省级、国家级应急部门的协调；

（5）有利于提高全社会的风险防范意识。

应急预案的基本要求是：科学性、实用性和权威性。

二、应急预案的分级

事故应急预案由企业（现场）应急预案和政府（场外）应急预案组成（国际的惯例分法）。

现场应急预案由企业负责，场外应急预案由各级政府主管部门负责。现场应急预案和工厂外应急预案应分别制定，但应协调一致。

根据事故后果的影响范围、地点及应急方式，可将事故应急预案分为如下6种级别。

Ⅰ级（企业级）：事故的有害影响局限在一个单位（如某个采油厂、联合站、计量站等）的界区之内，并且可被现场的操作者遏制和控制在该地区域内。这类事故可能需要投入整个单位的力量来控制，但其影响预期不会扩大到社区（公共区）。

Ⅱ级（县、市/社区级）：事故影响可扩大到公共区（社区），但可被该县（市、区）或社区的力量，加上所涉及的工厂或工业部门的力量所控制。

Ⅲ级（地区/市级）：事故影响范围大、后果严重，或是发生在两个县或县级市管辖区边界上，应急救援需动用地区的力量。

Ⅳ级（省级）：对可能发生的特大火灾、爆炸、毒物泄漏事故，特大危险品运输事故以及属省级特大事故隐患、省级重大危险源应建立省级事故应急反应预案。它可能是一种规模极大的灾难事故，或可能是一种需要用事故发生的城市或地区所没有的特殊技术和设备进行处理的特殊事故。这类意外事故需用全省范围内的力量来控制。

Ⅴ级（区域级）：事故后果极其严重，其影响范围可能跨越省、直辖市、自治区。控制事故需邻近省、市的力量援助的，应建立区域级应急预案。

Ⅵ级（国家级）：对事故后果超过省、直辖市、自治区边界以及被列为国家级事故隐患、重大危险源的设施或场所，应制定国家级应急预案。

三、重大事故应急预案的层次和结构

（一）重大事故应急预案的层次

重大事故应急预案可分三个层次——综合预案、专项预案和现场预案，如图8-6所示。

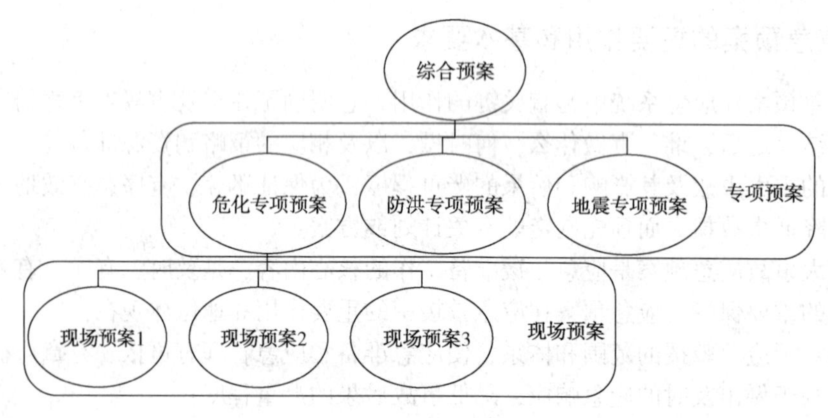

图8-6　重大事故应急预案的三个层次

综合预案是总体、全面的预案，以场外指挥与集中指挥为主，侧重在应急救援活动的组织协调。专项预案主要针对某种特有和具体的事故灾难风险，如地震、重大工业事故等，采取综合性与专业性的减灾、防灾、救灾和灾后恢复行动。专项预案是在综合预案的基础上，充分考虑了某种特定危险的特点，对应急的形势、组织机构、应急活动等进行更具体的阐述，具有较强的针对性。现场预案则以现场设施或活动为具体目标所制定和实施的应急预案，如针对某一重大工业危险源、特大工程项目的施工现场或拟组织的一项大规模公众聚集活动的应急预案。

（二）重大事故应急预案的基本结构

重大事故应急预案的基本结构都可采用“1+4”的结构模式，即由一个基本预案加上应急功能设置、特殊风险管理、标准操作程序和支持附件构成。如图 8-7 所示。

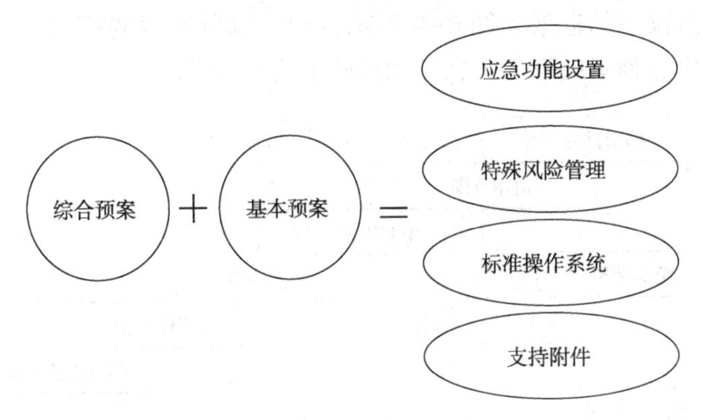

图 8-7　应急预案的基本结构

（1）基本预案

基本预案也称“领导预案”，基本预案是应急预案的总体描述，主要阐述应急预案所要解决的紧急情况，应急的组织体系、方针，应急资源，应急的总体思路，并明确各应急组织在应急准备和应急行动中的职责以及应急预案的演练和管理等规定。

（2）应急功能设置

应急功能是针对各类重大事故应急救援中通常采取的一系列的基本应急行动和任务。如指挥和控制、警报、通信、人群疏散与安置、医疗、现场管制等。应急预案中包含的应急功能的数量和类型，主要取决于所针对的潜在重大事故危险的类型，以及应急的组织方式和运行机制等具体情况。

（3）特殊风险管理

特殊风险管理指根据某事故灾难、灾害的典型特征，需要对其应急功能作出的有针对性的安排。特殊风险管理说明处置此类风险应给设置的专有应急功能所需要的特殊要求，明确这些应急功能的责任部门、支持部门、有限介入部门，为指定该类风险的专项预案提出特殊要求和指导。

（三）实例：某集团公司突发事件应急预案的层次和结构

某集团公司突发事件应急预案的层次分为：集团公司总体应急预案、集团公司专项应急预案和企业突发事件应急预案。

集团公司总体应急预案是应急预案体系的总纲，是集团公司为应对重、特大突发事件而制定的规范性文件，为集团公司专项应急预案和企业应急预案提供指导原则和总体框架。规定了集团公司应急组织机构和职责、应急运行机制、应急管理程序、应急保障等内容。由集团公司应急办公室负责组织制定，经应急领导小组组长审定签发，并报国务院和有关部门备案。

集团公司专项应急预案主要应对某一类型或几种类型突发事件，着重解决特定突发事件的应急处置，是总体应急预案的支持性文件。由集团公司应急办公室组织有关部门制定，经集团公司应急领导小组组长审定签发，并报国务院有关部门备案。

企业突发事件应急预案是企业及其下属单位针对各类突发事件而制定的应急预案，与集团公司专项应急预案相衔接，包括总体预案和各专项预案及应急程序，按照分类管理、分级负责的原则分别制定。企业的突发事件总体应急预案经企业应急领导小组组长审定签发，并报当地政府和集团公司应急办公室备案。

该公司总体应急预案的框架如图 8-8 所示，专项应急预案的框架如图 8-9 所示，企业根据实际情况确定应急预案的框架，在结构模式上为“1+4”。

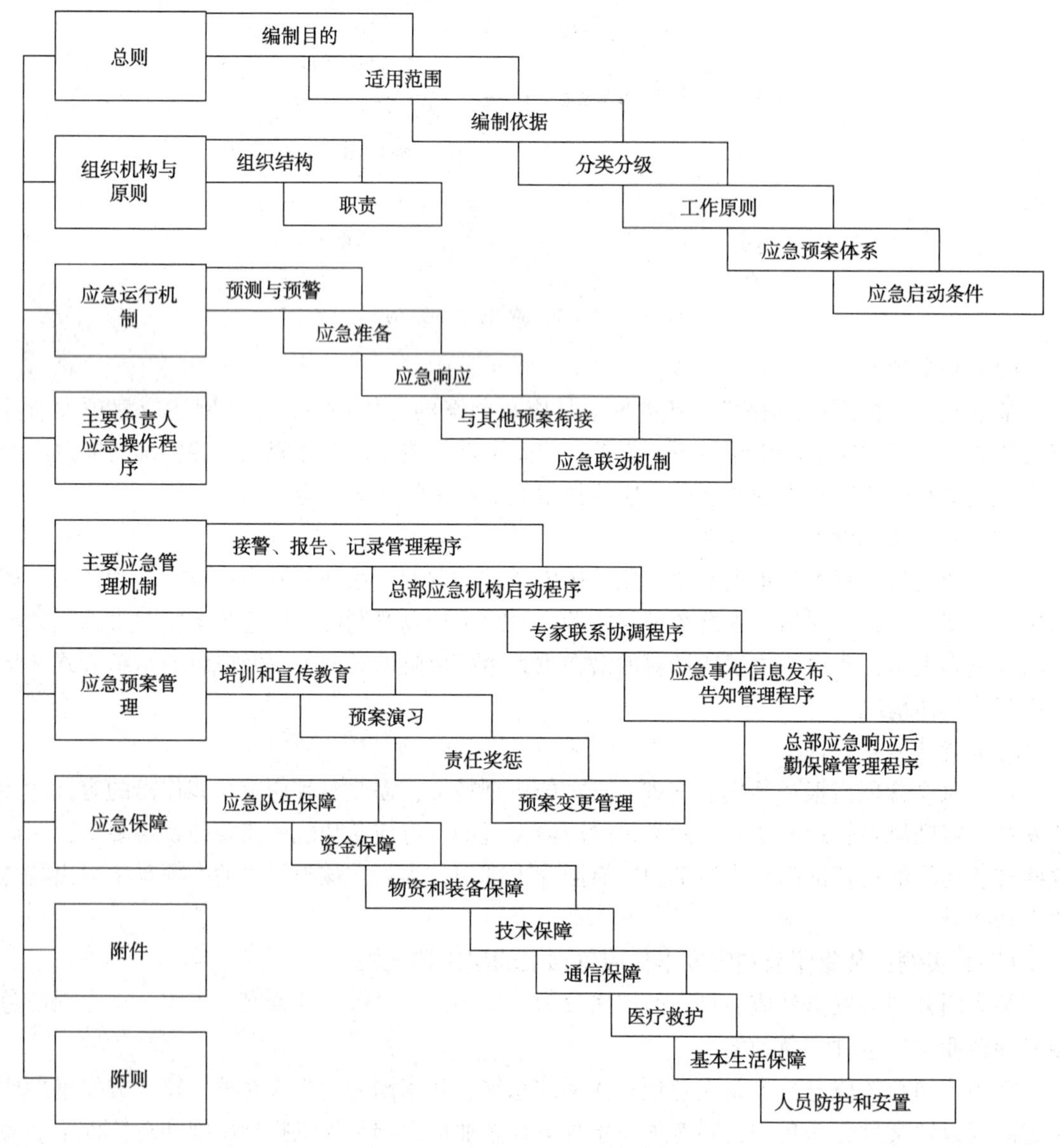

图 8-8　某集团公司总体应急预案框架图

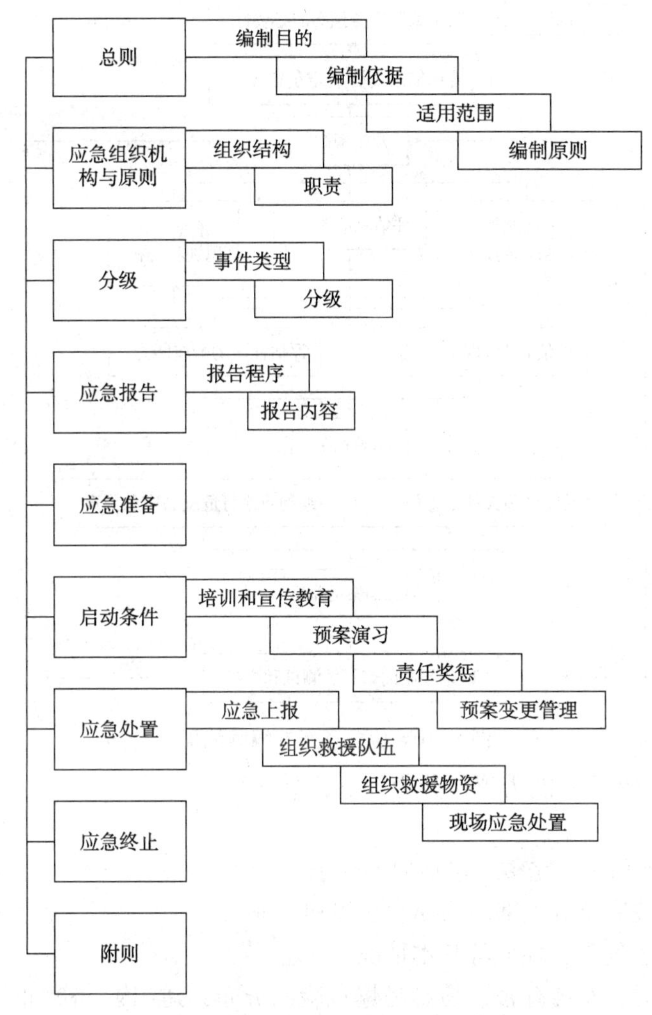

图 8-9　某集团公司应急预案的框架

四、应急预案的编制

应急预案的编制流程如图 8-10 所示，包括下面五个步骤：

(1) 成立由各有关部门组成的预案编制小组，指定负责人。

(2) 危险分析和应急能力评估。辨识可能发生的重大事故风险，并进行影响范围和后果分析(即危险识别、脆弱性分析和风险分析)；分析应急资源需求，评估现有的应急能力。

(3) 编制应急预案。根据危险分析和能力评估的结果，确定最佳的应急策略。

(4) 应急预案的评审与发布。应急预案编制后，应组织开展应急预案的评审工作，包括内部评审和外部评审，以确保应急预案的科学性、合理性以及与实际情况的符合性，应急预案评审完善后，由主要负责人签署发布，并按规定报送上级有关部门备案。

(5) 应急预案的实施。应急预案经批准发布后，应组织落实应急预案中的各项工作，如开展应急预案宣传、教育和培训，落实应急预案并定期检查，组织开展应急演习和训练，建立电子化的应急预案，并对应急预案实施动态管理与更新，不断完善。

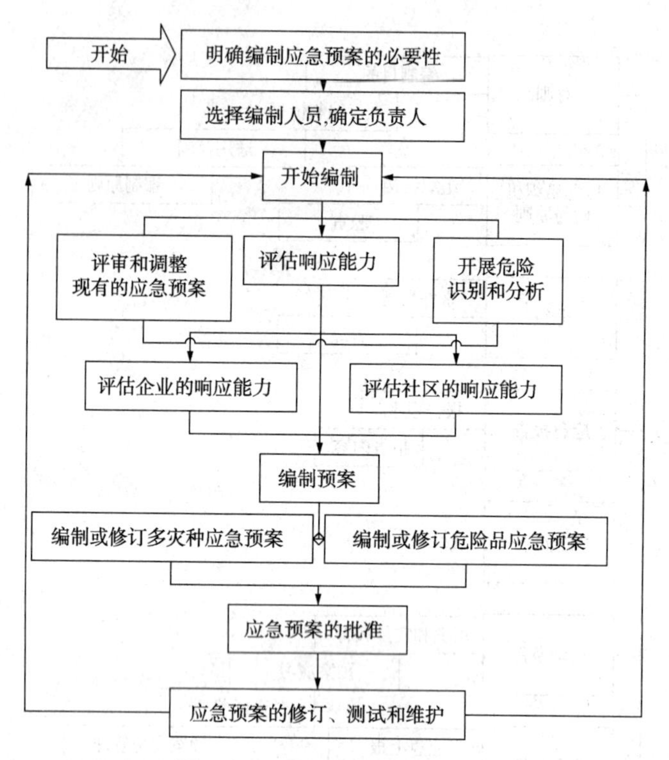

图 8-10　应急预案的编制流程

其中，危险分析和应急能力评估分为以下几个方面：

（1）收集资料

资料收集应做到翔实、完整，包括但不限于：

a. 国家、地方政府及有关部门法律、法规和标准。

b. 地理、交通、气象、环境等基本情况。

c. 区域平面布局：有毒有害、易燃易爆危险品分布，建(构)筑物布局，安全距离、卫生防护隔离等。

d. 生产工艺流程：物料的毒性、腐蚀性、易燃易爆性，温度、压力、流速等工艺参数及控制条件。

e. 生产设备装置：设施的性能、使用说明和操作规程；危险化学品、高温高压设备、设施分布；常见故障与处理措施。

f. 现场生产管理：操作规程、生产记录，劳动组织、培训教育，过去曾发生的事故及危险状况；国内外同类企业曾发生的事故及应急处理方法。

g. 医疗资源、消防资源、专业救援资源等可依托的应急救援基本状况(单位、人员、装备及可承担任务的能力、规模等)。

（2）初始评估

根据自然灾害、事故灾难、公共卫生事件、社会安全事件等四类突发事件、进行系统风险分析，初步确定危险目标(风险预测结果)的类型、特点，包括但不限于：

a. 可能由于危险物质或设备引发火灾或爆炸事故的场所(如井喷失控)。

b. 可能发生有毒有害物质(如硫化氢、氰化物、氯气等)泄漏的场所。

c. 油气田勘探开发作业活动。

d. 海上作业施工活动。

e. 油气储运站库、管道，锅炉、压力容器等特种设备场所。

f. 危险化学品的生产、储存、经营、使用、运输、处置和废弃。

g. 其他存在重大危险源的场所、设施。

h. 公众聚集场所。

i. 气象、地震、地质、海洋等灾害。

j. 公共卫生事件。

k. 群体性、涉外、恐怖袭击等事件。

l. 其他。

(3) 风险评价

对初始评估确定的重要风险目标进一步评价，确定风险的危害程度和概率，并识别可能引发事故的材料、系统、生产过程等。

石油是高风险行业，由前面的危险分析和风险评价可知，在油气开采过程中可能会发生的突发事件主要分为四类：

a. 突发事故灾难事件，主要包括井喷失控、装置爆炸、火灾、海难、海(水)上溢油、危险化学品(含剧毒品)事故、油气管线泄漏、交通运输事故、公共设施和设备事故、作业伤害、突发环境污染和生态破坏事件等。

b. 突发自然灾害事件，主要包括洪汛灾害、破坏性地震灾害、地质灾害、气象灾害、海洋灾害等。

c. 突发公共卫生事件，主要包括突发急性职业中毒事件、重大传染病疫情、重大食物中毒事件和群体性不明原因疾病，以及严重影响公众健康和生命安全的事件等。

d. 突发社会安全事件，主要包括群体性事件、恐怖袭击事件和涉外突发事件、油气产品供应事件等。

某集团公司参照国家有关规定，将这些突发应急事件按照性质、严重程度和影响范围的因素分为三级。

Ⅰ级突发事件(集团公司)：是指突然发生，事态非常严重，对员工、相关方和人民群众的生命安全、设备财产、生产经营和工作秩序带来严重危害或威胁，已经或可能造成特大人员伤亡、特大财产损失或特大环境污染和生态破坏，造成重大社会影响和集团公司声誉影响，必须统一组织协调、调度各方面的资源和力量进行应急处置的突发事件。

Ⅱ级突发事件(企业)：指突然发生，事态严重，对员工、相关方和人民群众的生命安全、设备财产、生产经营和工作秩序造成严重危害或威胁，已经或可能造成重大人员伤亡、重大财产损失或重大环境污染和生态破坏，造成较大社会影响和企业声誉影响，企业必须调度多个部门和单位力量、资源应急处置的突发事件。

Ⅲ级突发事件(企业下属单位)：指突然发生，事态较为严重，对员工、相关方和人民群众的生命安全、设备财产、生产经营和工作秩序造成一定危害或威胁，已经或可能造成较大人员伤亡、较大财产损失或较大环境污染和生态破坏，造成社会影响和企业声誉影响，企业所属单位需要调度力量和资源进行应急处置的事件。

(4)能力与资源评估

对危险目标控制应具备的资源及能力进行分析，评估企业自身和社会相关方的救援能力。主要包括：组织保证和应急资源能力；控制风险或削减危害的技术；通信、照明、交通条件；现场救护、医疗救治能力；社会及相关方依托能力等。

五、应急预案核心要素及编制要求

（一）核心要素

应急预案是针对可能发生的重大事故所需的应急准备和应急响应行动而制定的指导性文件，其核心内容如下：

(1) 对紧急情况或事故灾害及其后果的预测、辨识和评估。

(2) 应急救援各方组织的详细职责。

(3) 应急救援行动的指挥与协调。

(4) 应急救援中可用的人员、设备、设施、物资、经费保障和其他资源，包括社会和外部援助资源等。

(5) 在紧急情况或事故灾害发生时保护生命、财产和环境安全的措施。

(6) 现场恢复。

(7) 其他，如应急培训和演练，法律法规的要求等。

应急预案是整个应急管理体系的反映，它不仅包括事故发生过程中的应急响应和救援措施，而且还应包括事故发生前的各种应急准备和事故发生后的紧急恢复，以及预案的管理与更新等。因此，一个完善的应急预案按相应的过程可分为六个一级关键要素：①方针与原则；②应急策划；③应急准备；④应急响应；⑤现场恢复；⑥预案管理与评审改进。

这六个一级要素相互之间既相对独立，又紧密联系，从应急的方针、策划、准备、响应、恢复到预案的管理与评审改进，形成了一个有机联系并持续改进的体系。根据一级要素中所包括的任务和功能，应急策划、应急准备和应急响应三个一级关键要素可进一步划分成若干个二级要素。所有这些要素即构成了重大事故应急预案的核心要素。这些要素是重大事故应急预案编制所应当涉及的基本方面，在实际编制时，可根据职能部门的设置和职责分配等具体情况，将要素进行合并或增加，以便于组织编写。

（二）方针与原则

应急救援体系首先应有一个明确的方针与原则作为指导应急救援工作的纲领。方针与原则反映了应急救援工作的优先方向、政策、范围和总体目标，如保护人员安全优先，防止和控制事故蔓延优先，保护环境优先。此外，方针与原则还应体现事故损失控制、预防为主、常备不懈、统一指挥、高效协调以及持续改进的思想。

（三）应急策划

应急预案是有针对性的，具有明确的对象，其对象可能是某一类或多类重大事故类型。应急预案的制定必须基于对所针对的潜在事故类型，有一个全面系统的认识和评价，识别出重要的潜在事故类型、性质、区域、分布及事故后果，同时，根据危险分析的结果，分析应急救援的应急力量和可用资源情况，并提出建设性意见。在进行应急策划时，应当列出国家、地方相关的法律法规，以作为预案、应急工作的依据和授权。应急策划包括危险分析、资源分析和法律法规要求三个二级要素。

1. 危险分析

危险分析的最终目的是要明确应急的对象（可能存在的重大事故）、事故的性质及其影响范围、后果严重程度等，为应急准备、应急响应和减灾措施提供决策和指导依据。危险分析包括危险识别、脆弱性分析和风险分析。危险分析应依据国家和地方有关的法律法规，根据具体情况进行。危险分析的结果应能提供：

(1)地理、人文(包括人口分布)、地质、气象等信息；
(2)功能布局(包括重要保护目标)及交通情况；
(3)重大危险源分布情况及主要危险物质种类、数量及理化、消防等特性；
(4)可能的重大事故种类及对周边的后果分析；
(5)特定的时段(如人群高峰时间、度假季节、大型活动等)；
(6)可能影响应急救援的不利因素。

2. 资源分析

针对危险分析所确定的主要危险，明确应急救援所需的资源，列出可用的应急力量和资源，包括：

(1)各类应急力量的组成及分布情况：
(2)各种重要应急设备、物资的准备情况；
(3)上级救援机构或周边可用的应急资源。

通过资源分析，可为应急资源的规划与配备、与相邻地区签订互助协议和预案编制提供指导。

3. 法律法规

有关应急救援的法律法规是开展应急救援工作的重要前提和保障。应急策划时，应列出国家、省、地方涉及应急各部门职责要求以及应急预案、应急准备和应急救援的法律法规文件，以作为预案编制和应急救援的依据和授权。

(四) 应急准备

应急预案能否在应急救援中成功地发挥作用，不仅仅取决于应急预案自身的完善程度，还取决于应急准备的充分与否。应急准备应当依据应急策划的结果开展，包括各应急组织及其职责权限的明确、应急资源的准备、公众教育、应急人员培训、预案演练和互助协议的签署等。

1. 机构与职责

为保证应急救援工作的反应迅速、协调有序，必须建立完善的应急机构组织体系，包括应急管理的领导机构、应急响应中心以及各有关机构部门等。对应急救援中承担任务的所有应急组织，应明确相应的职责、负责人、候补人及联络方式。

2. 应急资源

应急资源的准备是应急救援工作的重要保障，应根据潜在事故的性质和后果分析，合理组建专业和社会救援力量，配备应急救援中所需的消防手段、各种救援机械和设备、测量仪器、堵漏和清消材料、交通工具、个体防护设备、医疗设备和药品、生活保障物资等，并定期检查、维护与更新，保证始终处于完好状态。另外，对应急资源信息应实施有效的管理与更新。

3. 教育、训练与演习

为全面提高应急能力，应急预案应对公众教育、应急训练和演习做出相应的规定，包括其内容、计划、组织与准备、效果评估等。公众意识和自我保护能力是减少重大事故伤亡不可忽视的一个重要方向。作为应急准备的一项内容，应对公众的日常教育作出规定，尤其是位于重大危险源周边的人群，使他们了解潜在危险的性质和对健康的危害，掌握必要的自救知识，了解预先指定的主要及备用疏散路线和集合地点，了解各种警报的含义和应急救援工作的有关要求。

4. 互助协议

当有关的应急力量与资源相对薄弱时，应事先寻求与邻近区域签订正式的互助协议，并做好相应的安排，以便在应急救援中及时得到外部救援力量和资源的援助。此外，也应与社会专业技术服务机构、物资供应企业等签署相应的互助协议。

（五）应急响应

应急响应包括应急救援过程中一系列需要明确并实施的核心应急功能和任务，这些核心功能具有一定的独立性，但相互之间又密切联系，构成了应急响应的有机整体。应急响应的核心功能和任务包括以下几个方面。

1. 接警与通知

准确了解事故的性质和规模等初始信息，是决定启动应急救援的关键。接警作为应急响应的第一步，必须对接警作出明确规定，保证迅速、准确地向报警人员询问事故现场的重要信息。接警人员接受报警后，应按预先确定通报程序，迅速向有关应急机构、政府及上级部门发出事故通知，以采取相应的行动。

2. 指挥与控制

重大事故的应急救援往往涉及多个救援机构，因此，对应急行动的统一指挥和协调是应急救援有效开展的关键。应建立分级响应、统一指挥、协调和决策程序，以便对事故进行初始评估，确认紧急状态，迅速有效地进行应急响应决策，建立现场工作区域，确定重点保护区域和应急行动的优先原则，指挥和协调现场各救援队伍开展救援行动，合理高效地调配和使用应急资源。

3. 警报和紧急公告

当事故可能影响到周边地区、对周边地区的公众可能造成威胁时，应及时启动警报系统，向公众发出警报，同时通过各种途径向公众发出紧急公告，告知事故性质、对健康的影响、自我保护措施、注意事项等，以保证公众能够及时做出自我防护响应。决定实施疏散时，应通过紧急公告确保公众了解疏散的有关信息，如疏散时间、路线、随身携带物、交通工具及目的地等。该部分应明确在发生重大事故时，如何向受影响的公众发出警报，包括：什么时候，谁有权决定启动警报系统，各种警报信号的不同含义，警报系统的协调使用，可使用的警报装置的类型和位置，以及警报装置覆盖的地理区域。如果可能，应指定备用措施。

4. 通信

通信是应急指挥、协调和与外界联系的重要保障，在现场指挥部、应急中心、各应急救援组织、新闻媒体、医院、上级政府和外部救援机构等之间，必须建立畅通的应急通信网络。该部分应说明主要通信系统的来源、使用、维护以及应急组织通信需要的详细情况等，并充分考虑紧急状态下的通信能力和保障，建立备用的通信系统。

5. 事态监测与评估

事态监测与评估在应急救援和应急恢复决策中具有关键的支持作用。在应急救援过程中必须对事故的发展势态及影响及时进行动态的监测，建立对事故现场及场外进行监测和评估的程序。其中包括；由谁来负责监测与评估活动，监测仪器设备及监测方法，实验室化验及检验支持，监测点的设置，监测点的现场工作及报告程序等。

可能的监测活动包括：事故影响边界，气象条件，对食物、饮用水卫生以及水体、土壤、农作物等的污染，可能的二次反应有害物，爆炸危险性和受损建筑垮塌危险性，污染物质滞留区等。

6. 警戒与治安

为保障现场应急救援工作的顺利开展，在事故现场周围建立警戒区域，实施交通管制，维护现场治安秩序是十分必要的。其目的是防止与救援无关的人员进入事故现场，保障救援队伍、物资运输和人群疏散等的交通畅通，并避免发生不必要的伤亡。此外，警戒与治安还应该协助发出警报、现场紧急疏散、人员清点、传达紧急信息、执行指挥机构的通告、协助事故调查等。对危险物质事故，必须列出警戒人员有关个体防护的准备。

7. 人群疏散与安置

人群疏散是减少人员伤亡扩大的关键，也是最彻底的应急响应。应当对疏散的紧急情况和决策、预防性疏散准备、疏散区域、疏散距离、疏散路线、疏散运输工具、安全庇护场所以及回迁等作出细致的规定和准备，应充分考虑疏散人群的数量、所需要的时间和可利用的时间、风向等环境变化，以及老弱病残等特殊人群的疏散等问题。对已实施临时疏散的人群，要做好临时生活安置，保障必要的水、电、卫生等基本条件。

8. 医疗与卫生

对受伤人员采取及时有效的现场急救以及合理地转送医院进行治疗，是减少事故现场人员伤亡的关键。在该部分应明确针对城市可能的重大事故，为现场急救、伤员运送、治疗及健康监测等所做的准备和安排，包括：可用的急救资源列表，如急救中心、救护车和现场急救人员的数量；医院、职业中毒治疗医院及烧伤等专科医院的列表，如数量、分布、可用病床、治疗能力等；抢救药品，医疗器械，消毒、解毒药品等的城市内、外来源和供给。医疗人员必须了解城市内主要危险对人群造成伤害的类型，并经过相应的培训，掌握对危险化学品受伤害人员进行正确消毒和治疗的方法。

9. 公共关系

重大事故发生后，不可避免地会引起新闻媒体和公众的关注。因此，应将有关事故的信息、影响、救援工作的进展等情况及时向媒体和公众进行统一发布，以消除公众的恐慌心理，控制谣言，避免公众的猜疑和不满。该部分应明确信息发布的审核和批准程序，保证发布信息的统一性；指定新闻发言人，适时举行新闻发布会，准确发布事故信息，澄清事故传言，为公众咨询、接待，安抚受害人员家属作出安排。

10. 应急人员安全

城市重大事故尤其是涉及危险物质的重大事故的应急救援工作危险性极大，必须对应急人员自身的安全问题进行周密的考虑，包括安全预防措施、个体防护等级、现场安全监测等，明确应急人员进出现场和紧急撤离的条件和程序，保证应急人员的安全。

11. 消防和抢险

消防和抢险是应急救援工作的核心内容之一，其目的是为尽快地控制事故的发展，防止事故的蔓延和进一步扩大，从而最终控制住事故，并积极营救事故现场的受害人员。尤其是涉及危险物质的泄漏、火灾事故，其消防和抢险工作的难度和危险性巨大。该部分应对消防和抢险工作的组织，相关消防抢险设施、器材和物资、人员的培训、行动方案以及现场指挥等做好周密的安排和准备。

12. 泄漏物控制

危险物质的泄漏以及灭火用的水由于溶解了有毒蒸气都有可能对环境造成重大影响，同时也会给现场救援工作带来更大的危险，因此必须对危险物质的泄漏进行控制。该部分应明确可用的收容装备（泵、容器、吸附材料等）、洗消设备（包括喷雾洒水车辆）及洗消物资，并建立洗消物资供应企业的供应情况和通信名录，保证对泄漏物的及时围堵、收容、清消和妥善处置。

（六）现场恢复

现场恢复也可称为紧急恢复，是指事故被控制住后所进行的短期恢复。从应急过程来说意味着应急救援工作的结束，进入到另一个工作阶段，即将现场恢复到一个基本稳定状态。大量的经验教训表明，在现场恢复的过程中仍存在潜在的危险，如余烬复燃、受损建筑倒塌等，所以应充分考虑现场恢复过程中可能的危险。该部分主要内容应包括：宣布应急结束的程序；撤离和交接程序；恢复正常状态的程序；现场清理和受影响区域的连续检测；事故调查与后果评价等。

（七）预案管理与评审改进

应急预案是应急救援工作的指导文件，具有法规权威性，所以应当对预案的制定、修改、更新、批准和发行作出明确的管理规定，并保证定期评审或在应急演习、应急救援后进行评审，针对实际情况以及预案中所暴露出的缺陷，不断地更新、完善和改进。

1. 应急预案管理过程

应急预案管理过程如图 8-11 所示。

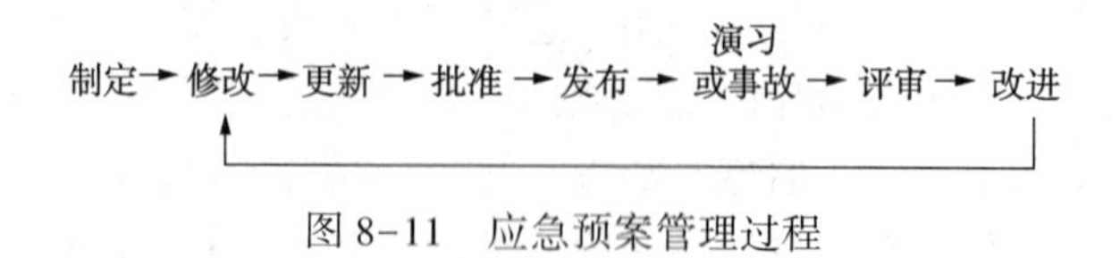

图 8-11　应急预案管理过程

2. 应急预案的评审方式

应急预案的评审方式为：内部评审、外部评审、同级评审、上级评审、社区评议、政府评审。

3. 应急预案评审检查表

应急预案评审检查表包含：初始事故信息；发布页；权力与职责；目录；术语和定义；危险分析；运行机制；使用说明；修改记录；报警，接晋；指挥与控制；通信；警报系统和紧急公告；公众信息与社区关系；资源管理；卫生与医疗；应急响应人员安全；室内保护；疏散程序；消防和救援；执法；事态评估；人道主义服务；市政工程；现场清理；文件化和追踪调查；应急预案测试和更新；培训。

六、应急预案的文件体系

应急预案要形成完整的文件体系，以使其作用得到充分的发挥，成为应急行动的有效工具。一个完整的应急预案是一个包括总预案、程序、说明书、记录的四级文件。

一级文件——总预案。它包含了对紧急情况的管理政策、计划的目标、应急组织的职责等内容。

二级文件——程序。它说明某个行动的目的和范围。程序的内容十分具体，比如该做什么、由谁去做、什么时间和什么地点等。它的目的是为应急行动提供信息参考和行动指导。要求程序格式简单明了，以确保应急队员在执行应急步骤时不会产生误解。格式可以是文字叙述、流程图表或是两者的组合等，应根据每个应急组织的具体情况选用最适合本组织的程序格式。

三级文件——说明书。它是对程序中的特定任务及某些行动细节进行说明，供应急组织内部人员或其他个人使用，如应急队员职责说明书、应急监测设备使用说明书等。

四级文件——记录。它包括在应急行动期间所做的通信记录、应急队员进出事故危险区的记录、向政府部门递交报告的记录等。

从记录到总预案，层层递进，组成了一个完善的预案文件体系，从管理角度而言，可以根据这四类文件等级分别进行归类管理，既保持了预案文件的完整性，又因其清晰的条理性便于查阅和调用，保证应急预案能有效得到运用。

七、编制应急预案的注意事项

(1)制定的应急预案应当是快速、有序和高效的。

(2)应急预案应当简明，便于人员在实际紧急情况下使用。

(3)应急预案的主要部分应当是整体应急反应策略和应急行动，具体实施程序应放在应急预案附录中详细说明。

(4)应急预案应有足够的灵活性，适应随时变化的实际紧急情况。

(5)根据工厂规模和复杂程度不同，应急预案也存在各种形式。编制小组应使总体应急预案的格式适用于每个工厂的具体情况。

(6)应确定如何保证应急预案的更新和进行培训及演习。

(7)应急预案应也包括至少以下应急反应要素：应急资源的有效性、事故评估程序、指挥、协调和反应组织的结构、通报和通信联络程序、应急反应行动、培训、演习和预案保持。

(8)应急预案的编制过程不是单独、短期的行为，它是整个应急准备中的一个环节。完美的应急预案应该不断进行评价、修改和测试。

第三节　应急预案的演练

一、应急救援训练与演习的目的

(1)在紧急事故发生前暴露应急预案和程序的缺点；

(2)辨识出缺乏的资源(包括人力和设备)；

(3)改善各种反应人员、部门和机构之间的协调水平；

(4)在企业应急管理的能力方面获得大众认可和信心；

(5)增强应急反应人员的熟练性和信心；

(6)明确每个人各自的角色和职责；

(7)努力增加企业应急预案与政府、社区应急预案之间的合作与协调；

(8)提高整体应急反应能力。

二、应急训练和演习类型

应急训练的基本内容主要包括基础培训与训练、专项训练、战术训练及自选科目训练等。

（1）基础训练：主要是指队列训练、体能训练、防护装备和通信设备的使用训练等内容。目的是使应急人员具备良好的体能、战斗意志和作风，明确各自的职责，熟悉城市潜在重大危险的性质、救援的基本程序和要领，熟练掌握个人防护装备的穿戴、通信设备的使用等。

（2）专业训练：主要包括专业常识、堵源技术、抢运和清消，以及现场急救等技术。专业训练关系到应急队伍的实战能力。

（3）战术训练：可分为班（组）战术训练和分队战术训练。战术训练是各项专业技术的综合运用，通过训练，使各级指挥员和救援人员具备良好的组织指挥能力和实际应变能力。

（4）自选科目训练：可根据各自的实际情况、选择开展如防化、气象、侦查技术、综合演练等项目的训练，进一步提高救援队伍的救援水平。

应急预案演习是对应急能力的综合检验。应急预案演习包括桌面推演和实战模拟演习。组织由应急各方参加的应急训练和演习，使应急人员进入"实战"状态，熟悉各类应急处理和整个应急行动的程序，明确自身的职责，提高协同作战的能力。同时，应对演练的结果进行评估，分析应急预案存在的不足，并予以改进和完善。

演习又可分为单项演习、联合演习、综合演习。单项演习是指为发展和熟练某些基本操作和完成特定任务的技巧而进行的演习或练习；联合演习是指为包括三级应急组织之间、国家与省级应急组织之间或国家与厂应急组织之间联合进行的演习；综合演习是指多个部门或专业组协同进行的演习。

三、应急训练和演习的评估

（一）评估的主要目的

（1）辨识应急预案、程序中的缺陷；

（2）辨识培训和人员需要；

（3）确定设备和资源的充分性；

（4）确定培训、训练、演习是否达到预期目标。

训练和演习评估通常包括评估人审查、参加者汇报、训练和演习的改正三个阶段。

（二）评估报告的内容

（1）训练或演习总结，包括目的、目标及场景的评论；

（2）重大偏差、缺陷的总结；

（3）建议和纠正措施；

（4）完成这些纠正措施的日程安排。

四、应急训练和演习的注意事项

（1）可设立专门的小组来负责训练和演习的设计、监督和评价。

（2）负责人应拥有完整的训练和演习记录，作为评价和制定下一步计划的参考资料。

（3）可邀请非受训部门应急人员参加，为训练和演习过程和结果的评价提供参考意见。

（4）应尽量避免训练和演习给社会生活造成干扰。

同时应注意：境内或过境危险特点；现有响应能力；演习费用；关键人员的支持力度；可获取的各种资源（省、市、地方和个人）；演习对正常工作的影响程度；政府对演习的要求。

第四节 应急设备与资源

应急设备与资源是开展应急救援工作必不可少的条件。为保证应急工作的有效实施，各应急部门都应制定应急救援装备的配备标准。平时应做好装备的保管工作，保证装备处于良好的使用状态，一旦发生事故就能立即投入使用。

应急救援装备的配备应根据各自承担的应急救援任务和要求选配。选择装备要根据实用性、功能性、耐用性和安全性，以及客观条件配置。事故应急救援的装备可分为两大类；基本装备和专用装备。

一、基本装备

一般指应急救援工作所需的通信装备、交通工具、照明装置和防护装备等。

(1)通信装备。目前，我国应急救援所用的通信装备一般分为有线和无线两类。在救援工作中，常采用无线和有线两套装备配合使用。移动电话(手机)和固定电话由于使用方便、拨打迅速，在社会救援中已成为常用的工具。在近距离的通信联系中，也可使用对讲机。另外，传真机的应用缩短了空间的距离，使救援工作所需要的有关资料及时传送到事故现场。

(2)交通工具。良好的交通工具是实施快速救援的可靠保证，在应急救援行动中常用汽车和飞机作为主要的运输工具。国外，直升机和救援专用飞机已成为应急救援中心的常规运输工具，在救援行动中配合使用，提高了救援行动的快速机动能力。目前，我国的救援队伍主要以汽车为交通工具，在远距离的救援行动中，借助民航和铁路运输。

(3)照明装置。重大事故现场情况较为复杂，在实施救援时需要良好的照明。因此，需对救援队伍配备必要的照明工具，保证救援工作的顺利进行。照明装置的种类较多，在配备照明工具时，除了应考虑照明的亮度外，还应根据事故现场的特点，注意其安全性能。工程救援所用的电筒应选择防爆型电筒。

(4)防护装备。有效地保护自己，才能取得救援工作的成效。在事故应急救援行动中，对各类救援人员均需配备个人防护装备。个人防护装备可分为防毒面罩和防护服。救援指挥人员、医务人员和其他不进入污染区域的救援人员多配备过滤式防毒面具。对于工程、消防和侦检等进入污染区域的救援人员应配备密闭型防毒面罩。目前，常用正压式空气呼吸器。防护服应能防酸碱。

二、专用装备

专用装备主要指各专业救援队伍所用的专用工具(物品)。各专业救援队在救援装备的配备上，除了本着实用、耐用和安全的原则外，还应及时总结经验自己动手研制一些简易可行的救援工具。特别在工程救援方面，一些简易可行的救援工具，往往会产生意想不到的效果。

检测装备，应具有快速准确的特点。现多采用检测管和专用气体检测仪，优点是快速、安全、操作容易、携带方便，缺点是具有一定的局限性。国外采用专用监测车，车上除配有取样器、监测仪器外，还装备了计算机处理系统，能及时对水源、空气、土壤等样品就地实行分析处理，及时检测出毒物和毒物的浓度，并计算出扩散范围等救援所需的各种数据。医疗急救器械和急救药品的选配应根据需要，有针对性地加以配置。急救药品，特别是特殊解毒药品的配备，应根据化学毒物的种类备好一定的数量，解毒药品与适用中毒症状见表 8-1。为便于紧急调用，需编制事故医疗急救器械和急救药品配备标准，以便按标准合理配置在现场紧急情况下需要使用的大量的应急设备与资源。如果没有足够的设备与物质保障(例如消防设备、个人防护设备、清扫泄漏物的设备)或设备选择不当，将导致对应急人员或附近的公众造成严重的伤害，即使受过很好的训练的应急队员也无法减缓紧急事故。

表 8-1　解毒药品与适用中毒症状

解毒药品名称	适用中毒症状	解毒药品名称	适用中毒症状
亚甲蓝注射液	解氰化物中毒	盐酸钠珞酮注射液	解乙醇及药物急件中毒
解磷注射液	解有机磷中毒	硫酸阿托品注射液	中毒抢救配套用药
氯解磷定注射液	解有机磷中毒	高锰酸钾片	中毒抢救配套用药
乙酰胺注射液	解氟乙酰胺中毒	季德胜蛇药片	解蛇咬中毒
青霉胺片	解金属中毒		

事故现场必需的常用应急设备与工具有：

(1)消防设备(依赖于消防队的水平)；输水装置、软管、喷头、自用呼吸器、便携式灭火器等。

(2)危险物质泄漏控制设备：泄漏控制工具、探测设备、封堵设备、解除封堵设备。

(3)个人防护设备：防护服、手套、靴子、呼吸保护装置等。

(4)通信联络设备：对讲机、移动电话、电话、传真机、电报等。

(5)医疗支持设备：救护车、担架、夹板、氧气、急救箱等。

(6)应急电力设备：主要是备用的发电机。

(7)资料：计算机及有关数据库和软件包、参考书、工艺文件、行动计划、材料清单、事故分析和报告及检查表、地图、图纸等。

(8)重型设备：翻卸车、推土机、起重机、叉车、破拆设备等。

三、现场地图和图表

应急信息图表是应急救援的重要工具。在发生事故时，地图能提供出现场的主要特征，将有利于应急者识别潜在的后果。

对于应急预案，地图是必需的。这些地图最好能由计算机快速方便地变换和产生。理想情况是，地图应该是现场计算机辅助系统的一部分。紧急情况下，所使用的地图不应太复杂。它的详细程度和水平最好由绘图者和应急者来决定。使用的符号要符合预先规定的或是政府部门的相关标准。现场经常有变化，例如，新路线的开通和原有路线的更新。把它们变化的数据标到地图上是很重要的。定期地更新将确保地图的信息质量，确保应急者有最新的地图版本。现场的地图能够提供应急者和管理者对事故现场的恢复及确认易受影响的工序、设备和公共设施。应急指挥能使用地图来追踪应急人员、应急效果、其他的特定事故的信息。紧急情况下应急救援所需的现场地图和图表见表 8-2。

表 8-2 应急救援所需的现场地图和图表目录

厂区规划	物料运输	公用工程	现场外特征
1. 材料储存区域 (1)储罐 (2)仓库 (3)铁路轨道、汽车路线 2. 工艺区域 (1)设备 (2)建筑物 (3)控制室 (4)实验室 3. 服务区域 (1)办公室 (2)实验室 (3)动力室 (4)紧急修理厂 (5)诊所 4. 路径 (1)现场道路 (2)出口、入口 (3)现场出路 (4)船坞	1. 主要的工艺管线 (1)装卸材料 (2)储存区域、工艺区域 2. 泵 3. 传送带 4. 组合阀	1. 消防管道 (1)消防栓 (2)监控器 (3)泡沫站 2. 水管网(道) 3. 蒸汽管道 4. 加热、冷却液体管道 5. 气体服务 (1)氮气 (2)空气及其他气体 6. 电力分配 (1)主线 (2)开关箱 (3)变压器 7. 下水道管线 (1)雨水 (2)化学品废水 (3)公共厕所 (4)污水坑 (5)扬升站 (6)油水分离器 (7)pH 值、可燃性气体监控站	到敏感位置或区域的距离和方向 (1)学校、医院及其他基础设施 (2)居民区 (3)桥梁、隧道、高速公路等

第五节 HSE“两书一表”

一、什么是 HSE“两书一表”

HSE 管理体系是一个文件化的管理体系，这些文件分为三个层次，即管理手册、程序文件和支持文件(作业文件，“两书一表”)。管理手册是政策性文件，描述了企业 HSE 管理的承诺、方针和目标，企业对健康、安全与环境管理的主要控制环节、控制程序；程序文件描述了企业内部对 HSE 管理体系所涉及的活动和要求；支持文件是程序文件的补充，是管理行为的指南。这三个层次的文件有各自的作用，且非常重要。

对于具体的作业、活动或服务(特别是一些独立的项目)，为了全面应用和落实 HSE 管理内容，有效的控制和削减风险，应编制项目的 HSE 作业计划书。对固定场所和风险相对固定的施工作业，应编制 HSE 作业指导书。对于一些特殊和关键的岗位，可编制岗位作业指导书，用来指导具体岗位的操作和作业，已达到 HSE 管理的要求，为了保证 HSE 管理体系的有效运行，督促施工作业活动按规定要求来实施，规范其行为，可进行常规检查；为了保证检查的质量，还应编制与 HSE 作业指导书、HSE 作业计划书配套的 HSE 现场检查表。这就是 HSE 管理系统的“两书一表”。

HSE“两书一表”是 HSE 管理在作业现场的具体化，它可以帮助或指导作业者、操作者按照 HSE 管理体系的要求做好具体工作，避免事故的发生。

HSE 作业指导书和 HSE 作业计划书在管理体系文件中同属支持文件，是基层作业队伍在生产作业中实施 HSE 管理、降低和控制 HSE 风险、预防事故最重要的操作指南。

二、编制 HSE“两书一表”的目的和意义

HSE 风险管理的重点在基层，风险削减措施和应急措施的重点是落实。为了使 HSE 管理体系识别风险和控制危害落实到工作岗位，也是基层组织运行 HSE 管理体系的具体体现和预防事故的有效措施。

HSE“两书一表”立足于风险管理理论和安全、环保责任制，通过静态、动态风险控制，从人员、机器、环境(人、机、环)三方面，做到了 HSE 责任“一岗一责制”，使 HSE 管理由文件化进一步落实到员工的具体化，促进了 HSE 管理工作的工作到位、责任到位、全过程风险控制措施到位。

三、HSE 作业指导书和 HSE 作业计划书的作用与关系

HSE 作业指导书根据工作范围，综合基层组织常规作业的管理规定和岗位操作规程，重点解决 HSE 管理体系在基层的“人、机”管理问题；HSE 作业计划书重点解决 HSE 管理体系在基层落实的“环”(环境变化)适应问题。通过在“两书”中明确作业 HSE 风险、岗位职责、风险削减和控制方法及要求，指导员工进行作业和操作，防止事故发生。

HSE 作业指导书的内容和要求一般不随项目改变而变化，是同类作业中相对固定的作业要求，是相对静态的。HSE 作业计划书是在 HSE 作业指导书控制和削减常规共同风险作业要求的基础上，针对作业项目环境的变化和特殊性，进一步识别和评估风险。通过补充、变更、细化有关控制和削减风险的关键措施，制定更为切合实际、更具个性化和约束力的用于现场操作的 HSE 作业文件。HSE 作业计划书是 HSE 指导书的支持性文件，其属性相对动态。

在石油工程作业项目中，钻井、井下作业及修井等因其作业流动性强、环境风险变化大，故需要编制 HSE 作业指导书和 HSE 作业计划书；而开采作业因其场所固定，其 HSE 风险相对固定，故一般只需编制 HSE 作业指导书。

四、HSE“两书一表”编制的基本原则和要求

HSE“两书一表”的编制应遵循“5W1H”的原则，即明确：由谁来做(Who)，做什么(What)，什么时候做(When)，在哪里做(Where)，为什么这样做(Why)，如何做(How)。要针对基层岗位员工的知识水平，力求简明扼要、通俗易懂，使员工易学易懂，便于掌握和方便使用。

HSE“两书一表”编制的基本要求包括：

(1)编制工作要以风险评价为基础，突出对风险的事前控制。

(2)要在编制前做好调查研究，使编制出的 HSE“两书一表”内容符合实际情况，对具体工作具有指导意义。

(3)要针对不同的项目、活动或服务，有针对性的编制 HSE“两书一表”，不能千篇一律且无针对性。

(4)要注意发挥专家和各方人员的作用，将集体的智慧和经验融入 HSE“两书一表”。

总之，HSE“两书一表”是 HSE 管理体系文件的重要组成部分，它对现场的施工作业、活动或服务都具有较强的指导意义，应在 HSE 管理工作中予以重视。

第六节　HSE 作业指导书的编制

一、HSE 作业指导书的编制原则和要求

HSE 作业指导书主要体现 HSE 管理中“共同性”“普遍性”“通用性”和“指导性”原则；贯彻 HSE 管理体系及相关法律、法规要求，方针、目标和政策；削减和控制岗位 HSE 风险。一般来说，HSE 作业指导书的使用时间长、范围广，内容固定或“静态”不变。是用于指导本公司同类作业中的 HSE 管理，并保持相对稳定，一般不随项目改变而改变。

HSE 指导书是指导实施 HSE 管理的正式书面文件，应体现严肃性、严谨性、规范性。HSE 作业指导书的编制没有统一的具体要求，应根据作业(项目)的特点、性质和风险特征来编制。通常应明确作业风险，所有的岗位职责，风险削减措施方法，安全操作规程或岗位安全操作方法等。

二、HSE 作业指导书的内容

HES 作业指导书通常有两种形式：一种是立足于整个作业(工序)活动的 HSE 作业指导书，另一种是立足于岗位操作的 HSE 作业指导书(指导卡)。

(一) 作业(工序)HSE 作业指导书

作业(工序)HSE 作业指导书用于指导整个作业活动的 HSE 管理，包括相对固定风险及相关信息的管理，可包括岗位操作指南。内容通常应主要包括但不限于以下内容：

(1)HSE 管理组织机构；

(2)岗位职责；

(3)作业及岗位风险，HSE 危害，有害因素识别与评价；

(4)岗位风险源与分布；

(5)风险削减与控制措施；

(6)应急措施；

(7)HSE 相关的标准、规章制度；

(8)作业安全操作规程、规定、指南等。

(二) 岗位 HSE 作业指导书(指导卡)

岗位 HSE 作业指导书(指导卡)是指为了指导具体岗位的工作而编制的指导性文件。它具有很强的针对性，可以作为 HSE 作业计划书的附件使用，也可以单独使用。对于具体操作岗位，特别是一些关键岗位，具有很好的指导性。在具体作业、活动或服务过程中，能起到非常积极的作用。岗位 HSE 作业指导书(指导卡)一般包括以下五个方面的内容：

(1)岗位的一般要求。主要是指对承担本岗位操作的人员应具备的基础知识、技术素质、学历水平、工作经历等方面的要求，胜任本岗位工作应具备的现场经验和应急能力，以及担任本岗位工作应参加的培训和持证要求。

(2)岗位职责。主要是描述本岗位的工作职责，特别是 HSE 管理的职责。本部分内容要尽量详细、具体，对岗位工作有指导意义。

(3)岗位风险及控制程序。主要是根据本岗位的职责，描述出本岗位在各种作业情况下的风险源、危害、控制程序、注意事项等。

(4)本岗位关键任务。项目、活动或服务中风险的控制措施应该分配到相应的岗位，这些措施需要各个岗位作为重点或关键任务来完成，这就形成了本岗位的关键任务。

(5)岗位反应程序。这是对关键任务的补救。对于已识别出的风险采取了控制措施而未起到作用时，或者未能对风险采取控制措施而出现了事故时，应采取应急反应措施。在这一部分中，应描述出对于已识别的各种风险，本岗位应如何采取应急措施，采取哪些应急措施等，表述要详细、具体，且具有可操作性。

对于施工作业或服务的操作岗位，特别是一些对 HSE 有较大影响的关键岗位，一般应编制岗位 HSE 作业指导书。其特点是岗位针对性强。岗位 HSE 作业指导书还可以编制成小册子，以便携带和使用。

应该明确的是，无论是作业(工序)HSE 作业指导书还是岗位 HSE 作业指导书，都是以风险识别为基础的，都是将对风险的控制措施和补救措施详细地分配到各个关键岗位上，从而起到了有效地控制事故发生和减少事故损失的作用。

某集团公司《关于进一步规范 HSE 作业指导书和 HSE 作业计划书编制工作的指导意见》中要求 HSE 指导书的主要内容由以下五部分组成：

(1)岗位任职条件；

(2)岗位职责；

(3)岗位操作规程；

(4)巡回检查及主要检查内容；

(5)应急处置程序。

第七节　HSE 作业计划书的编制

HSE 作业计划书是指针对某一个特定的项目活动或服务而规划的一份较为详细的 HSE 管理工作作业文件。它是根据项目作业、活动或服务的 HSE 评价，在对危险源全面辨识的基础上，形成的控制、避免和消除危害的基本工作程序书面文件。可用于指导实际作业、活动或服务。HSE 作业计划书的编制应该在基层组织主要负责人(队长、项目经理)主持下，由生产技术人员、班组长、关键岗位员工及安全员共同参与完成。计划书编制完成后，应组织培训，并对相关方进行告知。

一、HSE 作业计划书的编制原则

编制 HSE 作业计划书应遵循“针对性”“实用性”“可操作性”和“计划性”的原则。尽可能做的简单、实用，使计划书的内容易于理解、管理、操作，达到职责清、程序清和目标清的要求。HSE 管理措施、预案和计划都应根据该作业项目的实际地理环境、工艺设计以及 HSE 管理方针、目标和要求来制定，并从经济效益、社会效益和环境效益三个方面来考虑，制定出的方案和措施能有效地付诸实施。

HSE 作业计划书在编制时，应针对具体实施的作业项目，充分考虑业主、承包商以及其他相关方的要求。HSE 作业计划书应在开工前编制完毕，经项目方评审通过后方可实施。

编制 HSE 作业计划书的主要依据包括施工所在国家(地区)法律、法规及标准；施工设

计；业主及相关方面要求；环境调查及踏勘资料及其他相关资料。

二、HSE 作业计划书的内容

HSE 作业计划书具有很强的针对性，它是在对作业项目有关的地理环境、气象、外部依托、工区与营区地域、法律法规及其他等等要求进行详细地调查和踏勘基础上，结合 HSE 作业指导书，通过补充、细化相关内容编制而成的。

HSE 作业计划书是对具体的作业、活动或服务进行控制和指导，是一个工具或者作业指南。由国际上的一些著名石油公司以及国内各油田开发应用 HSE 作业计划书的经验来看，HSE 作业计划书一般应包括但不限于以下内容。

（一）组织概况

介绍承担项目组织的基本情况，主要内容为：

(1)企业所在地和企业性质；

(2)经营范围和业务性质；

(3)经济实力和经营状况；

(4)人员构成与技术水平；

(5)HSE 管理状况和 HSE 绩效等。

（二）项目的 HSE 承诺、方针、目标

本部分在对外竞标时具有十分重要的作用，概括阐明企业或承担项目的组织的 HSE 承诺、方针、目标以及基层组织的一关的 HSE 管理理念，包括在作业活动中遵守法律法规的承诺和应尽的社会责任和义务。

（三）组织机构及岗位职责情况

本部分介绍组织机构和 HSE 组织机构的设置情况及岗位设置情况，明确岗位职责，包括岗位的 HSE 责任。通常应给出组织的机构图，阐明管理模式。

对于组织机构与岗位职责描述，应做到上至项目 HSE 管理委员会、管理层、监督层、车间(小队)干部、各班组长，下至每一个员工，形成一个线型网络图，并把每个人的职责描述清楚。在规定每个人的职责时，应注意明确三个方面的要求：一是谁对你负责，二是你负什么责任，三是你对谁负责。并强调两点机制：一是职责制定后，应下发给每个人，使每个人都清楚自己的责任，并牢记在心。二是建立监督机制，使每个人的职责都得到监督考核。

（四）项目(过程)概况

针对作业项目、活动或服务，提出明确的承诺和具体的 HSE 目标，来引导作业项目、活动或服务向既定目标发展。本部分主要描述项目的简要情况，包括以下几个方面：

(1)项目的地理位置、气象条件。通过环境调查，描述作业区域的地理位置、地形地貌、气象条件以及可能发生的自然灾害等。

(2)环境情况。包括作业区域周围工业民用建筑、地下设施、交通通信、医疗卫生条件以及社会治安、风俗人情、地方病、传染病等情况。

(3)项目内容、作业及作业性质和项目(过程)工艺流程简介。简要说明项目作业的内容、流程；主要介绍该项目采用的工艺技术情况，包括工艺技术的可靠性以及该工艺技术设计的设备、设施配备情况。一般应以工艺流程图来表示。

（五）项目作业风险、危害因素识别与评价

本部分是编制 HSE 作业计划的基础，应明确两部分内容：一是对危害全面分析的清单（危害控制和削减清单、补救措施清单）。二是组织对于实际发生的危害进行识别和控制，即在实际施工中如何识别、控制和消除危害。

一般情况下至少应写清楚危害及影响的确认、危害及影响评价、风险削减与控制措施的制定三个主要内容，所制定的风险削减与控制措施应具有可操作性，便于实施。另外，可将识别出的风险用关联图的形式表示出来，以附件形式附在 HSE 计划书的后面。

（六）HSE 关键任务的分配

针对风险评价所列的措施清单，分配 HSE 关键任务，把每项控制措施和补救措施分配到每个岗位，形成关键岗位 HSE 任务清单，清单至少应该包括危害及危害发生的地点、环节、潜在后果，危害发生的频率、削减与控制措施、责任人、监督人等。

（七）项目风险削减与控制措施

本部分是 HSE 作业计划书的关键内容，是直接关系到项目或过程如何实际操作的工作程序，直接指导具体施工作业。应当表述清楚每一项施工活动由谁组织，由谁督导，如何进行等。应从“人、机、环”等方面进行考虑，制定详细风险削减与控制措施。

（八）项目 HSE 资源配置

本部分描述组织对于该项目的总体资源配置计划，包括上级给予的人、财、物配置以及公司用于 HSE 方面的奖励资金，用于隐患治理和防止污染的费用等。

（1）组织对人员配置的重视和严格程度，承担项目的组织人员对完成项目所具备的能力（包括该项目人员资格、能力以及该项目人员培训情况等）。

（2）组织为完成该项目对投入必要资金和设备做出的规划：

a. 该项目设备、设施配置情况；

b. 设施完整性；

c. HSE 专用设施（如消防设施、器材，安全防护设施、环保设施、劳保防护用品等）配备情况；

d. 后勤保障、物质储备情况等。

（3）组织为更好地完成项目采用的先进技术和成熟工艺。

（九）HSE 培训

HSE 培训工作十分重要，因此，在制定 HSE 作业计划书时必须对培训工作计划作出规定：一是要明确项目的培训计划；二是要明确项目的培训内容；三是要明确项目的培训时间和实施要求。

1. 项目前培训的主要内容

（1）HSE 基础知识；

（2）相关法律法规和标准；

（3）组织的 HSE 政策；

（4）相关方的 HSE 政策；

（5）隐患识别技术；

（6）特殊工种技能；

（7）操作技能；

（8）消防、救生知识等。

2. 应急培训的主要内容

(1)该项目事故类别、性质和危害特点；

(2)事故先兆的识别和判断知识；

(3)事故报告；

(4)人员救生；

(5)紧急撤离等。

3. 培训要求

队伍达到新的施工作业地区，针对新地区的情况进行培训，包括对 HSE 作业指导书，HSE 作业计划书的学习、培训。

(1)引进或使用新设备前应进行培训；

(2)采用新的工艺技术前应进行培训；

(3)新员工上岗前或岗位转换前应培训；

(4)员工技能或素质不满足要求应培训。

(十) 应急计划

应急计划是 HSE 作业计划书的重要组成部分。一般情况下，编制应急计划应做好以下工作。

(1)对该项目可能发生的事故、险情进行识别和分类；

(2)明确事故应急组织；

(3)确定事故应急抢险原则；

(4)确定事故应急状态起始和解除原则；

(5)明确事故应急后勤保障系统，主要包括：通信系统、消防系统、医疗救生系统、物资供应系统、应急调度系统；

(6)明确应急可依托的力量；

(7)制定详细的应急行动程序。

应急计划的核心内容是发生事故和险情时的抢险、急救、撤离等行动程序，因此一定要制定的具有可操作性、清晰明了，保证出现紧急情况时能够迅速进入行动程序，减少事故损失。

例如，出现火灾事故后的应急计划应包括以下内容：

(1)谁来报警，如何报警；

(2)谁来组织抢险，控制火险；

(3)谁来组织人员撤离；

(4)安全区设在什么位置；

(5)逃生或撤离路线；

(6)如何急救。

(十一) 现场 HSE 监督

本部分规定了组织对现场 HSE 表现的监督方式、程序和办法，一般情况下监督有以下三种方式：

(1)最高管理者或管理者代表的监督。这种监督主要是通过间接获取 HSE 信息或听取下级汇报以了解项目的 HSE 情况，并进行监督。

(2)企业管理部门的监督。这种监督主要是间接获取 HSE 信息后而进行监督。当然，有的是采用现场抽查的方式进行监督。

(3)由组织指定或委派现场HSE监督人员进行监督。这种方式比较有效而且针对性较强。

无论采用什么方式进行监督，都应明确监督人员的职责和权力，并应确定工作程序、工作方式等，从而形成对施工项目的有效HSE监督。

(十二)审核和评审

在HSE作业计划书中应明确施工过程中的审核程序和施工结束后的评审程序以及职责分配情况。同时，在审核和评审后应编制相应的审核和评审报告，以便总结该项目的HSE管理工作，指导以后工作。

(十三)主要附件

本部分主要是HSE作业计划书中需要用图形、表格或其他形式进行说明的一些内容，如井场平面布置图、营地平面布置图、工艺流程图、危险点源图、应急程序图、逃生路线图、消防设施图等。

在以上这些内容中，项目作业风险、危害识别与评价，HSE关键人物的分配，风险削减与控制措施，以及应急计划是HSE作业计划书的核心，它们充分体现了对事故的事前管理和预防为主的原则。某集团公司《关于进一步规范HSE作业指导书和HSE作业计划书编制工作的指导意见》中要求的HSE作业计划书的主要内容由以下五部分组成：

(1)项目概况、作业现场及周边情况；

(2)人员能力及设备状况；

(3)项目新增危害因素辨识与主要风险提示；

(4)风险控制措施；

(5)应急预案。

由于HSE作业计划书是在施工前编制的，对于作业周期短、作业场所移动的作业项目(如钻开发井、井下小修、压裂作业、测井、录井、固井等在同一区块作业)，可在HSE作业计划书中增加《风险管理单》。在施工过程中，对随时间、环境变化而带来的新增危害因素及时进行辨识，在原计划书的基础上，制定相应的风险削减及控制措施，填写《风险管理单》，作为对HSE作业计划书的补充。

HSE作业计划书和HSE作业指导书的编制和应用，应从组织的特点和性质出发。采用HSE作业计划书，还是采用HSE作业指导书，还是都采用，必须从实用出发，避免重复烦琐。在石油钻井、修井、井下作业中宜同时采用HSE作业计划书和HSE作业指导书两种形式，而采油等作业适宜采用HSE作业指导书的形式。

第八节　HSE现场检查表的编制

HSE现场检查表，又称HSE管理监测检查表，它是检测现场HSE管理实施效果，评价HSE管理体系运行有效性的重要工具。通过HSE现场检查表对监测检查的记录，有利于发现事故隐患，降低作业HSE风险，促进HSE管理体系的顺利运行。

一、HSE现场检查表的特点

(1)全面性

由于HSE现场检查表是组织中熟悉检查对象的人员，经过充分讨论后编制出来的，因此可以做到系统化、完整化，不漏掉任何能导致危害的关键因素，克服了盲目性，起到了提高检查质量的作用。

(2)直观性

HSE 现场检查表通常采用提问的方式，有问有答，给人印象深刻，能使人直观地意识到正确的行为方式，并起到教育作用。

(3)广泛性

HSE 现场检查表不仅可以用于系统安全设计、审查、验收、检查、评价，还可以对职工进行 HSE 教育，实行 HSE 现场标准化作业。HSE 现场检查表在工厂、车间、班组都可以使用。其简明易懂，使用方便的特点，确保了 HSE 现场检查表适用于不同知识结构的工作人员，因此具有广泛性。

二、HSE 现场检查表的编制原则和要求

针对不同的检查项目和要求，HSE 现场检查表可以编制成不同的表格形式，使检查制度、检查内容与要求、检查结果或结论表格化，防止漏检，方便检查工作进行。在编制 HSE 现场检查表时，要遵循“针对性”“实用性”“简明性”的原则，编制规范表格。HSE 现场检查表通常要求采用封闭表格形式，不宜采用三线表格形式。

三、HSE 现场检查表的内容

HSE 现场检查表一般分为上级主管部门使用的 HSE 现场检查表，现场监督人员使用的 HSE 现场检查表和作业单位自检自查的 HSE 现场检查表。虽然这三种检查表使用的方式不同，但对于同一施工项目来说内容应该是基本一致的。根据 HSE 检查项目的类型，可设置不同的栏目。HSE 现场检查表通常应包括表头和表格两部分。

(1)HSE 现场检查表的表头内容包括：作业项目名称，作业施工队(平台)号，检查人、检查人、记录人，检查日期，编码序号等。

(2)HES 现场检查表表格内容应根据检查项目来设置，通常包括但不局限于以下内容：检查项目(包括被检查部位、岗位、设备名称)；检查标准或者要求；检查结果；存在的问题以及整改意见；责任人；整改日期等。

四、HSE 现场检查表的类型

通常的 HSE 现场检查表主要包括但不局限于以下类型：

(1)HSE 管理实施情况检查表。此表格主要反映基层实施 HSE 管理的情况，内容包括：

a. 基层 HSE 管理小组人员配备和职责落实情况；

b. 是否按照 HSE 管理运作；

c. 有关 HSE 管理的规章制度的制定情况；

d. HSE 作业指导书、HSE 作业计划书执行情况；

e. HSE 检查的执行情况；

f. 有关 HSE 管理的法律、法规、规程、规定等文件资料以及资料管理情况；

g. 对员工进行 HSE 管理的宣传、教育和培训情况；

h. 有关 HSE 规章制度、措施是否上墙，危险部位警示或警示牌布置和管理情况等。

(2)开工前或重大施工作业前的安全检查表。其内容包括工作场所、设备设施、消防及防护设施、营地、人员等安全检查。

(3)设备设施检查表。其内容包括设备及部件的工况、安全防护设施、监测报警设施、环保卫生设施等情况。

(4)每周营房安全与卫生检查表。此表是为每周的例行的营房检查、营地安全与卫生情况所设置的表格，内容包括浴室、厕所、营房宿舍、厨房、餐厅、值班室的清洁卫生、防火及用电安全等。本表格设计可根据实际情况设计成多种形式，如卫生检查结果可给出检查屏蔽的等级等。

(5)易燃易爆及有毒危险品安全检查表。此表格检查项目包括易燃易爆及有毒危险品名称、数量、用途、危害类型、存放保管要求和管理人等。

(6)医疗设施配备情况检查表。此表格的内容包括医疗设施状况、医疗器材和药品的配备情况等。此表格也可规定要求施工作业队应当配备的医疗器材和药品数量、规格，以便对照检查。

(7)应急设施情况检查表。检查内容包括设备设施、应急措施、应急预案制定和实施情况、培训演习情况等。

表 8-3 和表 8-4 是某钻井试修公司钻井、修井 HSE 现场检查表。

表 8-3　某钻井试修公司钻井、修井 HSE 现场检查表(A1)

井　号　　　井　　　参加人员　　　被检查单位签字　　　检查时间　　年　　月　　日

检查项目	序号	检查内容	检查情况	存在问题及整改计划	标准记分	标准得分	备注
常规资料	1	是否按时传达上级下发的文件精神			4		
	2	以岗位责任制为中心抽查不同工种对岗位的熟知情况及演练情况			4		
	3	是否向施工区域周围村民宣传 H_2S 防护知识			2		
	4	是否建立安全管理规定及实施细则			2		
	5	是否建立修井班组报表，内容是否齐全			1		
	6	是否对施工进行技术交底			1		
	7	是否将公司的应急预案落实到各个岗位操作人员			2		
	8	任务书的编制是否规范，安全技术措施是否详细具体			2		
	9	是否对施工项目可能遭遇的复杂情况制定相应的预防措施			2		
	10	施工项目的开工动员会、队委会、班前会是否对井控工作详细安排部署			2		

续表

检查项目	序号	检查内容	检查情况	存在问题及整改计划	标准记分	标准得分	备注
	11	是否对施工井一星期进行一次安全自查			4		
	12	对查出的问题是否进行整改项的安排、落实			4		
	13	设备检查表的内容是否真实有效，是否进行整改项的安排、落实			2		
	14	是否执行了施工井的开工许可证制度			2		
	15	是否对值班车辆驾驶员进行定期安全培训教育			1		
HSE管理计划书与管理记录资料	16	是否按时上交每次HSE作业计划书，并进行审批、登记			6		
	17	HSE作业计划书的格式内容是否有缺项			3		
	18	是否制定HSE管理记录			3		
	19	是否按时召开HSE会议			1		
	20	是否将识别出的风险，制定后措施分解到岗位操作人员			3		
	21	是否按时填写了施工井的HSE总结			2		
	22	是否做到施工前的风险评价、过程评价、安全评价，是否对评价的内容进行分类管理，是否落实到个人			2		
	23	是否制定全年安全工作计划，是否实施，是否缺项			4		
	24	对应急预案是否进行仿真演练			3		
	25	是否对指定的应急预案进行定期评价和修订			2		
防喷演习资料	26	是否建立井控例会制度，是否有记录			2		
	27	是否建立井控领导小组			1		
	28	是否对防喷演习的情况进行评价并修订			1		
	29	历次防喷演习是否有记录			1		
	30	是否建立防喷演习制度			1		
	31	防喷演习的时间、内容、参加人员是否真实可靠			1		
	32	在现场进行一次防喷演习，检查各岗位是否按标准要求操作			1		
	33	灌钻井液是否有记录，是否如实填写			1		

表 8-4　某钻井试修公司钻井、修井 HSE 现场检查表(A2)

井　号　　井　　参加人员　　被检查单位签字　　检查时间　　年　　月　　日

检查项目	序号	检查内容	检查情况	存在问题及整改计划	标准记分	标准得分	备注
生产生活现场检查	1	是否按本井要求配置了防爆风扇，井口安装两个以上 200W 以上防爆灯			1		
	2	施工区域有无警戒线标识			1. 5		
	3	井口是否有 1 个以上防毒标识牌及防火标识牌			1		
	4	厨房是否距井口 50m 以上，材料房、值班房是否距离井口 20m 以上			1		
	5	是否按本井施工要求配备了 8 只空气呼吸器以及 H_2S 报警仪，摆放整齐			1. 5		
钻台检查	6	钻台平面是否干净整洁			0. 5		
	7	井架、天车是否牢固，天车有无护罩			1		
	8	是否安装了防撞天车，防撞天车是否可靠			1		
钻台检查	9	钻台、井口工具是否清洁、整齐、规范			1		
	10	二层平台上有无安全带，二层平台护栏、扶梯是否装齐牢固			0. 5		
	11	钻台上是否有 1 个以上安全标示牌或防毒标识牌			1		
	12	钻台上是否安装 4 个以上防爆灯，位置是否满足施工照明需要			1		
	13	管线地锚固定间距是否为 15m 以上，全场管线拐弯以及出口处是否用双卡固定			1		
井口防喷装置液控系统检查	14	防喷器手动锁紧杆是否规范安装			0. 5		
	15	防喷器与大四通连接螺栓是否齐全且紧、平、正，且试压合格			1		
	16	远程控制台是否距井口 25m，是否面向钻台，是否置于活动房内			1. 5		
	17	是否安装远程控制液压管汇架，液压管线是否与防喷管线有交叉			2		
	18	配置的内防喷工具是否齐全，是否保养且处于良好的待用状态			1		
压井放喷管线检查	19	压井管线及阀门压力等级是否与防喷器相匹配			0. 5		
	20	是否按施工要求安装了回收管线，防喷管线是否试压，其长度及固定是否符合本井施工要求			1		
消防器材检查	21	井场是否有 10 个以上灭火器，灭火器是否可用			1		
	22	灭火器外观是否整洁完好，压力表指针是否在有效位置，是否在有效期以内			1. 5		

续表

检查项目	序号	检查内容	检查情况	存在问题及整改计划	标准记分	标准得分	备注
消防器材检查	23	灭火器的粉管、喷嘴、保险销是否完好，是否由专人管理			1		
	24	消防箱内有无杂物，消防带、消防枪有无损坏、丢失			1		
	25	消防器材的检查记录是否齐全，是否按时上报材料			1		
	26	防火标志是否齐全、完好			1		

思 考 题

1. 事故应急救援的任务与特点是什么？
2. 事故应急救援管理过程有几个阶段，各阶段的工作有哪些？
3. 简述我国事故应急救援体系的基本构成和响应程序。
4. 什么叫事故应急预案？事故应急预案的作用和层次是什么？
5. 事故应急预案的核心要素及内容要求是什么？
6. 策划事故应急预案时应考虑哪些因素？
7. 事故应急预案的文件体系包括哪些内容？
8. 简述事故应急预案的编制过程。
9. 事故应急预案演练的目的和基本要求是什么？
10. 事故应急预案演练的类型、基本任务有哪些？
11. 事故应急预案演练效果的评审方法及内容是什么？
12. HSE 作业指导书和 HSE 作业计划书编写的基本原则和要求是什么？
13. HSE 作业指导书和 HSE 作业计划书的作用与关系如何？
14. 作业(工序)HSE 作业指导书和岗位 HSE 作业指导书有何区别？
15. HSE 作业计划书一般包括哪些内容？
16. HSE 现场检查表有何特点，其作用是什么？

第九章　石油工程“三防”技术与人身安全

石油工程作业过程中，由于生产对象是易燃易爆和有毒物质——石油和天然气（特别是含硫原油和天然气），决定了石油工程作业过程易发生火灾爆炸和人员中毒事故。无论是生产场所，还是储存场所，设备和管线中大多数介质都是油或天然气，客观上具备了发生火灾爆炸事故的条件，稍有不慎可能就诱发火灾爆炸事故。另外，高压生产使生产管线、压力容器泄漏，增加了危险性。因此任何地方疏忽，都可能酿成火灾爆炸事故。油气生产过程中烃类气体，特别是含硫油气生产中，H_2S 的逸出，会导致人员中毒造成灾难性后果。因此，石油工程作业中防止火灾、防止爆炸和防中毒（以下简称“三防”）以及现场急救尤其重要。

第一节　防火防爆技术

一、火灾和爆炸事故的特点

（一）严重性

石油工程集钻井、采油、集输为一体，其过程中容易发生工伤事故（如触电、高处坠落、物体打击或机械伤害等）。会危及人身安全或给国家财产造成一定损失。同时，石油工程作业中有大量的易燃易爆物品，如果生产措施或操作不当，容易造成严重的火灾和爆炸事故。据统计，1994~2003 年，我国陆上共发生 15 起严重的钻井井喷失控事故，其中井喷失控后着火的有 7 口，占 47%。石油工程中的火灾和爆炸事故所造成的后果，往往是比较严重的，容易造成重大伤亡事故和财产损失。例如，1986 年 8 月 31 日，某油田井起钻时井喷，9 月 6 日水泥车压井时排气筒引起火灾。火灾持续 24 天，造成 2 人死亡，14 人受伤，1090 户共计 5400 人受灾。1985 年 11 月 21 日，某井，在钻至 2891. 30m 时发生井喷，随后引发火灾，火灾烧毁钻机、井架等物资。火灾扑救历时 60 小时 14 分钟。

（二）复杂性

发生火灾和爆炸事故的原因往往比较复杂。发生火灾和爆炸事故的条件之一的火源，就有明火、化学反应热、物质的分解自燃、热辐射、高温表面、撞击或摩擦、绝热压缩、电气火花、静电放电、雷电和日光照射等多种。例如，四川某井在钻井过程发生强烈井喷，防喷钢芯胶皮刺坏，在抢险中因雷电起火而造成火灾。

（三）突发性

火灾和爆炸事故往往是在人们意想不到的时候突然发生。虽然存在有事故征兆，但一方面是由于目前对火灾和爆炸事故的监测、报警等手段的可靠性、实用性和广泛应用等尚不大理想；另一方面，则是因为至今还有相当多的人员（包括操作者和生产管理人员）对火灾和爆炸事故的规律及其征兆了解和掌握得很不够，致使事故没有得到及时有效的处理而进一步恶化。例如，某厂职工宿舍，夏天屋里有不少苍蝇，职工竟然用液化石油气去喷射苍蝇，致使房间里扩散较高浓度的液化石油气，当划火柴点炉子时引起一场大火，等等。

二、导致火灾和爆炸事故的一般原因

如前所述，火灾和爆炸事故的原因具有复杂性。不过生产过程中发生的工伤事故主要是出于操作失误、设备的缺陷、环境和物料的不安全状态、管理不善等引起的。因此，火灾和爆炸事故的主要原因基本上可以从人、设备、环境、物料和管理等方面加以分析。

对大量火灾与爆炸事故的调查和分析表明，有不少事故的首要原因是操作者缺乏有关的科学知识，在火灾与爆炸险情面前思想麻痹，存在侥幸心理，不负责任，违章作业等引起的，在事故发生之前漫不经心，事故发生时则惊慌失措。其次是设备的原因，如设计错误且不符合防火或防爆的要求，选材不当或设备上缺乏必要的安全防护装置，密闭不良，制造工艺的缺陷等。第三是物料的原因，如可燃物质的自燃，各种危险物品的相互作用，在运输装卸时受剧烈振动撞击等。第四是环境的原因，如潮湿、高温、通风不良、雷击等。第五是管理的原因，如规章制度不健全，没有合理的安全操作规程，没有设备的计划检修制度；生产用窑、炉、干燥器以及通风、采暖、照明设备等失修；生产管理人员不重视安全，不重视宣传教育和安全培训等。

在火灾统计中，将火灾原因分为以下七类：①放火；②生活用火不慎；③玩火；④违反安全操作规程；⑤违反电器安装使用安全规定；⑥设备不良；⑦自燃。

三、防火技术

（一）燃烧与火灾

凡是在时间和空间上失去控制，造成财产损失和人身损害的燃烧现象称为火灾。火灾自从有火那时起便接踵而至，伴随着人类并时刻威胁着人们的生命和财产安全。

1. 燃烧的本质

燃烧是一种放热发光的化学反应，也就是化学能转变成热能的过程。在日常生活、生产中所见的燃烧现象，大都是可燃物质与空气(氧)或其他氧化剂进行剧烈化合而发生放热发光的现象。

简单可燃物质的燃烧，只是元素与氧的化合。如：$C+O_2 = CO_2$；$S+O_2 = SO_2$。

复杂物质的燃烧，则先是物质的受热分解，然后是化合反应，如：$CH_4+O_2 = CO_2+2H_2O$。

反应是否具有放热、发光、生成新物质这三个特征，是区分燃烧和非燃烧的根据。可燃物和空气中的氧所起的反应是最普遍的，是引起火灾爆炸事故的主要原因。

燃烧是一种游离基的链锁反应。可燃物质的分子在高温或光照等外因作用下，吸收能量而活化，分解成活泼的原子或原子团(带有不成对的电子)——游离基或自由基。游离基一旦生成即诱发其他分子迅速地、一个一个地自动分解，生成大量新游离基，从而形成蔓延扩张、循环传递的链锁反应，直到不再产生新的游离基为止。如果在燃烧过程中抑制游离基的产生，链锁反应就会中断，燃烧也会停止。这也是通过化学作用灭火的基本原理。

2. 燃烧条件

(1)燃烧的必要条件

燃烧是有条件的，燃烧必须具备同时存在可燃物质、助燃物质和着火源三个条件，才能产生燃烧。这三个条件也称为燃烧的三要素(也是产生可燃性混合物爆炸的条件)。这三个要素必须同时存在，缺少一个就不可能发生燃烧。

可燃物质分为易燃物质、难燃物质和不可燃物质。易燃物质指在火源作用下能被点燃，并且当火源移去后能继续燃烧，直到烧尽的物质，如汽油、液化石油气、木材等。难燃物质是指在火源作用下能被点燃并阴燃，当火源移去后不能继续燃烧的物质，如聚热源氯乙烯、酚醛塑料等。不可燃物质是指在正常情况下不会被点燃的物质，如钢筋、水泥、沙、石等。

凡是能与空气中的氧或其他氧化剂起燃烧反应的物质，均称为可燃物。可燃物的种类繁多，按其状态分为气态可燃物、液态可燃物和固态可燃物。因大多数的可燃物都是在气态下燃烧，燃烧的速度与可燃物蒸发或分解为气体的速度有关，故一般是气体较易燃烧，其次是液体，再次是固体。

凡是能帮助和支持燃烧的物质，均称为助燃物，如氧气(空气)、氯、高锰酸钾等。最常见的是氧气(空气)。

凡是能引起可燃物质发生燃烧的能源，均称作着火源。着火源包括热、光、电、化学、机械能等。明火、摩擦、撞击、高温表面、自然发热、化学能、电火花、静电、聚集的日光和射线等都能成为着火源。这些形式的能源，往往也是引起爆炸性混合物爆炸的能源。

(2)燃烧的充分条件

在具备以上三个条件的基础上，物质能否充分燃烧，还取决于以下四个条件：

a. 一定的可燃物浓度：物质的燃烧，实质上是物质的气体或蒸气的燃烧，只有当可燃气体或蒸气达到一定的浓度时才会发生燃烧。例如，氢气的浓度低于4%，便不能点燃。

b. 一定的氧气(或助燃气体)含量：如汽油燃烧所需的最低氧含量为14.4%，煤油燃烧所需的最低氧含量为15.0%，氢气燃烧所需的最低氧含量为5.9%。当氧含量较低时，则不能充分燃烧，甚至不燃烧。

c. 一定的点火能量：即要点燃可燃物质，须达燃烧的最小着火能量，如汽油最小点火能量为20MJ，甲烷(8.5%)最小点火能量为0.28MJ，丙烷(5%~5.5%)最小点火能量为0.26MJ，氢(28%~30%)最小点火能量为0.019MJ。

d. 未受抑制的链式反应：对于无焰燃烧，前三个条件同时存在并相互作用，燃烧即可发生。而对于有焰燃烧，除以上三个条件，燃烧过程中还必须存在未受抑制的游离基(自由基)，形成链式反应，使燃烧能够持续下去。

(3)燃烧的过程及类型

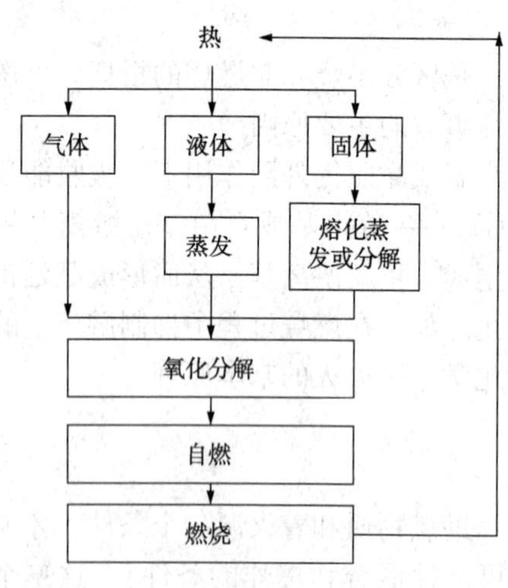

图9-1　物质燃烧过程示意图

a. 燃烧过程

可燃物质燃烧实际上是物质受热分解出的可燃性气体在空气中燃烧。因此，可燃物质的燃烧多在气态下进行。气体最容易燃烧，其燃烧所需的热量只用于本身的氧化分解，并使其达到燃点。液体在火源作用下先蒸发，然后可燃气体氧化、分解进行燃烧。固体燃烧时，如果是简单的物质如硫、磷等，受热时首先熔化，然后蒸发成蒸气进行燃烧，没有分解过程；如果是复杂物质，在受热时先分解，析出气态和液态产物，然后气态产物和液态产物的蒸气燃烧。

可燃物质的燃烧过程是可燃物受热而分解出可燃气体，可燃气体与氧化合产生热量，若产生热量大于散失热量，可燃气体及可燃物质的温度升高，当温度升高到燃点时，可燃物的蒸气发生燃烧而着火。物质的燃烧过程如图 9-1 所示。

b. 燃烧的类型

燃烧有许多种类型，主要是闪燃、着火、自燃和爆炸等。掌握这些燃烧类型的基本概念和有关常识，对于了解物质的火灾危险性，预防和扑救火灾是十分必要的。

①闪燃与闪点

在一定温度下，易燃和可燃液体(包括能蒸发蒸气的少量固体，如石蜡、樟脑、萘等)产生的蒸气与空气混合后，达到一定浓度时遇火源产生一闪即火的现象，这种燃烧现象叫作闪燃。液体发生闪燃的最低温度，叫闪点。在闪点时，它的燃烧速度并不快，生成的蒸气仅能维持一刹那的燃烧，还没来得及供应新的蒸气继续燃烧下去，闪燃就熄灭了。但闪燃往往是着火的先兆。液体的闪点越低，火险就越大的，它是评定液体火灾危险性的主要依据。根据液体的闪点，可将能燃烧的液体火灾危险性分为三类：

Ⅰ. 甲类：闪点在 28℃以下的液体，如汽油、苯、乙醇(即酒精)等。

Ⅱ. 乙类：闪点在 28~60℃之间的液体，如煤油、松节油等。

Ⅲ. 丙类；闪点在 60℃以上的液体，如柴油、润滑油等。

闪点低于或等于 45℃的液体叫易燃液体。闪点大于 45℃的液体叫可燃液体。表 9-1 为几种液体的闪点。

表 9-1　几种液体的闪点

液体名称	闪点/℃	液体名称	闪点/℃
石油	20~100	乙醇	14
乙醚	-45	松节油	32
汽油	-50~30	煤油	28
苯	10~30	柴油	50~90

在实际工作中，要根据不同液体的闪点，采取相应的防火安全措施，并根据液体的闪点选用灭火剂和确定泡沫供给强度等。

②着火与燃点

可燃物质在空气中受着火源的作用而发生持续燃烧的现象，叫作着火。物质着火，需要一定的温度。可燃物质开始持续燃烧所需要的最低温度，叫作燃点(又称着火点)。可燃物质没有达到燃点时，是不会着火的。可燃物质燃点越低，越容易起火。根据可燃物质的燃点高低，可以鉴别其火灾的危险程度，以利于在防火和灭火工作中采取相应的措施。例如，对火场上燃点低的物质，应首先进行冷却保护或疏散，以防止火灾扩大蔓延。

③自燃

可燃物质在空气中没有外来着火源的作用，靠自然或外热而发生的燃烧叫作自燃。可燃物质发生自燃的主要方式是：氧化发热，分解放热，聚合放热，吸附放热，发酵放热，活性物质遇水，可燃物与强氧化剂的混合。

根据热的来源不同，物质的自燃可分为两种：一是本身自燃，就是由于物质内部自行发热而发生的燃烧现象；二是受热自燃，就是物质被加热到一定温度时发生的燃烧现象。

影响液体、气体可燃物自燃点的主要因素有：

Ⅰ. 压力：压力越高，自燃点越低。

Ⅱ. 氧浓度：混合气中氧浓度越高，自燃点越低。

Ⅲ. 催化：活性催化剂能降低自燃点，钝性催化剂能提高自燃点。

Ⅳ. 容器的材质和内径：器壁的不同材质有不同的催化作用。容器直径越小，自燃点越高。

影响固体可燃物自燃点的主要因素有：

Ⅰ. 受热熔融：熔融后可视为液体、气体的情况。

Ⅱ. 挥发物的数量：挥发出的可燃物越多，其自燃点越低。

Ⅲ. 固体的颗粒度：固体颗粒越细，其比表面积就越大，自燃点越低。

Ⅳ. 受热时间：可燃固体长时间受热，其自燃点会有所降低。

④阴燃

没有火焰的缓慢燃烧现象称为阴燃。

⑤爆燃

以亚音速传播的爆炸称为爆燃。

(4)影响燃烧速度的因素

a. 表面积与体积之比。对于同一可燃物，在相同体积下，燃烧表面积越大，燃烧速度越快。

b. 燃烧物质与氧化合的能力。气化能力越大，燃烧速度越快；反之，则越慢。汽油蒸发快，比较容易与氧化合，它的燃烧速度比重质油快。

c. 燃烧物中碳、氧、硫、磷等可燃物的元素的含量。这些含量越多，燃烧速度越快，反之，则小。例如石油含碳、氢大约为96%~99.5%，乙醇含碳、氢大约为65.2%，所以石油燃烧速度大于乙醇。

(5)燃烧产物及其毒性

燃烧产物是指由燃烧或热解作用产生的全部物质。燃烧产物包括燃烧生成的气体、能量、可见烟等。燃烧生成的气体一般是指一氧化碳、氰化氢、二氧化碳、丙烯醛、氯化氢、二氧化硫等。

火灾统计表明，火灾中死亡人数大约80%是由于吸入火灾中燃烧产生的有毒烟气而致死的。火灾产生的烟气中含有大量的有毒成分，如二氧化碳、一氧化碳、二氧化硫、二氧化氮等。二氧化碳是主要的燃烧产物之一；而一氧化碳是火灾中致死的主要燃烧产物之一，其毒性在于对血液中血红蛋白的高亲和性，其对血红蛋白的亲和力比氧气高出250倍。

(6)火灾分类

目前，我国将火灾种类根据物质及其燃烧特性划分为以下五类：

a. A类火灾：固体火灾，指固体可燃物引起的火灾，如木材、棉、毛、麻、纸张等燃烧的火灾。

b. B类火灾：液体火灾或可熔化固体物质火灾，如甲、乙、丙类液体(如汽油、柴油、甲醇、乙醚、丙酮等)燃烧的火灾。

c. C类火灾：气体火灾，如煤气、天然气、甲烷、丙烷、乙炔、氢气等燃烧的火灾。

d. D类火灾：金属火灾，指可燃金属(如钾、钠、镁、铁、铣、锂、铝镁合金等)燃烧的火灾。

e. E类火灾(带电火灾)：指物体带电燃烧的火灾。

(二) 防火技术基本理论

燃烧必须是可燃物、助燃物和火源这三个基本条件相互作用才能发生，那么，采取措施，防止燃烧三个基本条件的同时存在或者避免它们的相互作用，则是防火技术的基本理论。所有防火的技术措施都是在这个基本理论的指导下采取的，或者可以这样说，全部防火技术措施的实质，即是防止燃烧基本条件的同时存在或避免它们的相互作用。例如，在汽油库里或操作乙炔发生器时，由于有空气和可燃物(汽油和乙炔)存在，所以规定必须严禁烟火，这就是防止燃烧条件之一(火源)存在的一种措施。又如安全规则规定气焊操作点(火焰)与乙炔发生器或氧气瓶之间的距离必须在10m以上，乙炔发生器与氧气瓶之间的距离必须在5m以上，电石库距明火、散发火花的地点必须在30m以上等，采取这些防火技术措施是为了避免燃烧三个基本条件的相互作用。

(三) 石油工程中常见的可燃物

1. 可燃气体

在日常生活中遇到的可能导致火灾事故的气体主要是各种燃气，包括管道煤气、天然气、液化石油气等。甲类可燃气体(爆炸浓度下限 < 10%)有氢气、硫化氢、甲烷、乙烷、丙烷、丁烷、乙烯、丙烯、乙炔、氯乙烯、甲醛、甲胺、环氧乙烷、炼焦煤气、水煤气、天然气、油田伴生气、液化石油气等；乙类可燃气体(爆炸浓度下限≥10%)有氨、一氧化碳、硫氧化碳、发生炉煤气等。

(1)可燃气体的危险性

a. 燃烧性。可燃气体一般遇到明火极易发生燃烧，容易引起大面积的火灾。

b. 爆炸性。可燃气体与空气以一定比例混合后，遇明火可发生爆炸。另外，液化可燃气体在容器中因受热等外界因素影响，体积迅速膨胀，也会引起爆炸。

c. 受热自燃性。可燃气体有时不需要接触明火、只要受热达到一定温度就可能发生燃烧。

d. 扩散性。可燃气体一旦泄漏很容易向四周扩散，一旦成灾，往往波及面较大。

e. 毒害腐蚀性。可燃气体大部分有毒，人体吸入后能引起中毒。有的气体燃烧时消耗掉空气中的大量氧气、也会导致人因缺氧而窒息。

(2)气体火灾的特点

a. 容易蔓延扩展。气体比液体和固体物质更容易着火，而且燃烧速度快，特别是有可燃气体泄漏的火场，能迅速蔓延扩展到气体所能充满的有限空间以及所波及的区域，造成大面积火灾。

b. 容易发生爆炸。如果未燃烧的可燃气体大量扩散，积累到一定的浓度，就容易爆炸；盛在容器中的可燃气体再受到一定压力或温度升高到一定限度时，也容易爆炸，危及人的生命。

c. 容易复燃。可燃气体在很多情况下是处于高压状态和压缩状态的，扑救从高压喷出的燃烧气体而导致的火灾是十分困难的。因其燃烧值大、温度高，使灭火人员很难接近。即使一时能够扑灭火焰，灼热的金属喷口还有可能重新点燃继续喷放的未燃气体。有时候误以为气源断绝，火焰被扑灭，就停止冷却气罐及其喷放口，过了一段时间可能会复燃起火或爆炸。因此，在灭火后的一定时间内仍应严加监视，并禁止无关人员，特别是儿童进入现场。发现液化气泄漏，首先应将儿童撤到安全可靠的地方之后，再行组织力量扑救。

2. 可燃液体与易燃液体

可以燃烧的液体种类繁多，使用范围十分广泛。可燃液体是指在常温下容易燃烧的液态物质。凡是闪点在45℃以下的液态物质属于易燃液体。这类物质大部分是有机化合物，其中不少属于石油化工产品。

(1)可燃液体分类

GB 50016—2014《建筑设计防火规范[2018 版]》中将能够燃烧的液体分成甲类液体、乙类液体、丙类液体三类。比照危险货物的分类方法，可将上述甲类和乙类液体划入易燃液体类，把丙类液体划入可燃液体类。甲、乙、两类液体按闭杯闪点划分。

a. 甲类液体(闪点<28℃)有：二硫化碳、氰化氢、正戊烷、正己烷、正庚烷、正辛烷、1-己烯、2-戊烯、1-己炔、环己烷、苯、甲苯、二甲苯、乙苯、氯丁烷、甲醇、乙醇、50°以上的白酒、正丙醇、乙醚、乙醛、丙酮、甲酸甲酯、乙酸乙酯、丁酸乙酪、脂、丙烯脂、呋喃、吡咯、汽油、石油醚等。

b. 乙类液体(28℃≤闪点<60℃)有：正壬烷、正癸烷、二乙苯、正丙苯、苯乙烯、正丁醇、福尔马林、乙酸、乙二胺、硝基甲烷、吡咯、煤油、松节油、芥籽油、松香水等。

c. 丙类液体(闪点≥60℃)有：正十二烷、正十四烷、二联苯、溴苯、环己醇、乙二醇、丙三醇(甘油)、苯酚、苯甲醛、正丁酸、氯乙酸、苯甲酸乙酯、硫酸二甲酯、苯胺、硝基苯、糠醇、机械油、航空润滑油、锭子油、猪油、牛油、鲸油、豆油、菜籽油、花生油、桐油、蓖麻油、棉籽油、葵花籽油、亚麻仁油等。

(2)易燃液体的特性

a. 易燃性。闪点低，密度小，挥发性较大，着火能量小。

b. 易爆性。爆炸是瞬间发生的。易燃液体挥发出来的蒸气与空气混合浓度达到一定程度时，遇明火往往发生爆炸，人们猝不及防，破坏性很大。

c. 流动扩散性。如有渗漏，会很快向四周扩散，扩大其表面积，加快蒸发速度，提高在空气中的蒸气浓度，增加了燃烧爆炸的危险性。

d. 带电性。醚类、酮类、酯类、芳香烃、石油及衍生品、二硫化碳等大部分易燃和可燃液体都是电介质，具有荷电能力。在灌注、输送、喷流过程中能产生静电。

e. 受热膨胀性。易燃液体的热膨胀系数比水大得多，受热易膨胀，蒸气压力增高。当液体储存在密闭的容器里时，有可能会造成密封容器鼓胀，甚至爆裂。

f. 忌氧化剂和酸。易燃液体与氧化剂或酸类接触，容易发生剧烈反应以致引起燃烧爆炸。

g. 毒害性。易燃和可燃液体，大多有一定的毒性，且有的毒性较大。

(3)易燃和可燃液体的化学结构和物理性质与火灾危险性的关系

a. 易燃与可燃液体的沸点越低，其闪点也就越低，火灾危险性也就越大。

b. 易燃和可燃液体的密度越小，其蒸发速度越快，闪点也越低，火灾危险性就越大。易燃和可燃液体的蒸气的密度一般都比空气大，不易扩散，容易发生燃烧爆炸。

c. 同一类有机化合物中，一般是相对分子质量越小的火灾危险性越大。如在醇类化合物中，甲醇的火灾危险性要比相对分子质量较大的乙醇、丙醇的大。

d. 在脂肪族碳氢化合物中，醚的火灾危险性最大，醛、酮、酪类次之，火灾危险性比较小。

e. 在芳香族碳氢化合物中，以氯基、氢氧基、氨基等基团取代了苯环中的氢而形成的各种衍生物的火灾危险性，一般是比较小的。取代的基团数越多，火灾危险性越小。含碳酸基的化合物不易着火，仅含硝基的化合物则很易着火，且所含的硝基越多，爆炸危险性越大。

f. 重质油料的自燃温度比较低(如沥青的自燃温度为280℃)，轻质油料的自燃温度比较高(如苯的自燃温度达555℃)。

g. 大部分易燃和可燃液体(如汽油、煤油、苯、醚、酪等)是高电阻率的电介质，所以都有摩擦产生静电、放电，发生火灾的危险；但醇类、醛类和羧酸酸不是电介质，电阻率低，静电火灾危险性很小。

h. 由于不饱和羧酸构成的可燃液体(如干性植物油)分子中具有不饱和的共轭链结构，在室温下易被空气中的氧所氧化，并逐渐积累热量，因此具有自燃能力。这些不饱和羧酸的不饱和程度越大，自燃能力也越强，存放时的火灾危险性也越大。

3. 可燃固体

通常将能够燃烧的固体分成甲、乙、丙、丁四类，比照危险货物的分类方法，可将甲、乙两类固体划入易燃固体，丙类固体划入可燃固体，丁类固体划归入难燃固体。

甲类固体的燃点与自燃点低，易燃，燃烧速度快，燃烧产物毒性大。常见的有红磷、三硫化磷、五硫化磷、闪光粉、氨基化钠、硝化纤维素(含氮量>12.5%)、重氮氨基苯、二硝基苯、二硝基苯肼、二硝基萘、对亚硝基酚、2，4-二硝基间苯二酚、2，4-二硝基苯甲醚、2，4-二硝基甲苯、可发性聚苯乙烯珠体等。

乙类固体的燃烧性能比甲类固体差，燃烧产物毒性也稍小。常见的有安全火柴、硫黄、镁粉(镁带、镁卷、镁屑)、铝粉、锰粉、钴粉、氨基化锂、氨基化钙、萘、卫生球、2-甲基萘、十八烷基乙酰胺、苯磺酰肼(发泡剂 BSH)、偶氮二异丁腈(发泡剂 N)、樟脑、生松香、三聚甲醛、聚甲醛(相对分子质量低，聚合度 8～100)、火补胶(含松香、硫黄、铝粉等)、硝化纤维漆布、硝化纤维胶片、硝化纤维漆纸、赛璐珞板或片等。

丙类固体主要是燃点大于300℃的高熔点固体及燃点小于300℃的天然纤维。丙类固体的燃烧性能比甲、乙类固体差。常见的有石蜡、沥青、木材、木炭、煤、聚乙烯塑料、聚丙烯塑料、有机玻璃(聚甲基丙烯酸甲酯塑料)、聚苯乙烯塑料、丙烯腈丁二烯苯乙烯共聚物塑料(ABS)、天然橡胶、顺丁橡胶、聚氨酯泡沫塑料、粘胶纤维、涤纶(聚对苯二甲酸乙二醇酯树脂纤维)、尼龙-66(聚己二酰己二胺树脂纤维)、腈纶(聚丙烯腈树脂纤维)、丙纶(聚丙烯树脂纤维)、羊毛、蚕丝、棉、麻、竹、谷物、面粉、纸张、杂草及储存的鱼和肉等。

(四) 防火基本技术措施

防止火灾发生的基本技术措施主要有：

(1)消除着火源。研究和分析燃烧的条件告诉我们这样一个事实，防火的基本原则应建立在消除火源的基础之上。人们不管是在自己家中或办公室里还是在生产现场，都经常处在各种或多或少的可燃物质包围之中，而这些物质又是存在于人们生活所必不可少的空气中，也即具备了引起火灾的上述燃烧基本条件中的两个条件。因此只有消除火源，才能在绝大多数情况下满足预防火灾和爆炸的基本要求。火灾原因调查实际上就是查出是哪种着火源引起的火灾。消除着火源的措施很多，如安装防爆灯具、禁止烟火、接地避雷、隔离和控温等。

(2)控制可燃物。控制可燃物的措施主要有：①在生活中和生产的可能条件下，以难燃和不燃材料代替可燃材料。②降低可燃物质(可燃气体、蒸气和粉尘)在空气中的浓度，如在车间或库房采取全面通风或局部排风，使可燃物不易积聚，从而不会超过最高允许浓度。③防止可燃物质的“跑、冒、滴、漏”。④对于那些相互作用能产生可燃气体或蒸气的物品应加以隔离，分开存放。

(3)隔绝空气。在必要时可以使生产置于真空条件下进行，或在设备容器中充装惰性介质保护，如燃料容器在检修焊补(动火)前用惰性介质置换等。也可将可燃物隔绝空气储存，如将钠存于煤油中、磷存于水中、二硫化碳用水封存放，等等。

(4)防止形成新的燃烧条件，阻止火灾范围的扩大。设置阻火装置，在车间或仓库里筑防火墙，或在建筑物之间留防火间距。设备设施之间要保持一定的安全距离，如井口离油罐至少保持 30m 的安全距离。具体情况可参见表 9-2 和表 9-3。

表 9-2 甲、乙类油气厂、站、库外部区域防火间距 m

<table>
<tr><th colspan="2" rowspan="2">名称</th><th rowspan="2">100 人以上居民区、城镇、公共设施</th><th rowspan="2">相邻厂矿企业</th><th colspan="2">铁路</th><th rowspan="2">公路</th><th colspan="2">架空通信线</th><th rowspan="2">35kV 及以上独立变电所</th><th colspan="2">架空电力线</th></tr>
<tr><th>国家线</th><th>企业线</th><th>国家 Ⅰ、Ⅱ级</th><th>其他</th><th>35kV 以下</th><th>35kV 以上</th></tr>
<tr><td rowspan="5">原油厂、站、库</td><td>一级</td><td>100</td><td>70</td><td>50</td><td>40</td><td>25</td><td rowspan="3">40</td><td rowspan="5">1.5 倍杆高</td><td>60</td><td colspan="2" rowspan="5">1.5 倍杆高</td></tr>
<tr><td>二级</td><td>80</td><td>60</td><td>45</td><td>35</td><td>25</td><td>50</td></tr>
<tr><td>三级</td><td>60</td><td>50</td><td>40</td><td>30</td><td>15</td><td>40</td></tr>
<tr><td>四级</td><td>40</td><td>30</td><td>35</td><td>25</td><td>15</td><td rowspan="2">1.5 倍杆高</td><td>40</td></tr>
<tr><td>五级</td><td>30</td><td>20</td><td>30</td><td>20</td><td>10</td><td>30</td></tr>
<tr><td rowspan="5">气场、站、库</td><td>一级</td><td>120</td><td>120</td><td>60</td><td>30</td><td>30</td><td rowspan="5">40</td><td rowspan="5">1.5 倍杆高</td><td>80</td><td rowspan="5">1.5 倍杆高</td><td rowspan="3">40</td></tr>
<tr><td>二级</td><td>100</td><td>100</td><td>60</td><td>30</td><td>30</td><td>80</td></tr>
<tr><td>三级</td><td>80</td><td>80</td><td>50</td><td>25</td><td>25</td><td>70</td></tr>
<tr><td>四级</td><td>60</td><td>60</td><td>50</td><td>25</td><td>25</td><td>60</td><td rowspan="2">1.5 倍杆高</td></tr>
<tr><td>五级</td><td>50</td><td>50</td><td>40</td><td>20</td><td>20</td><td>50</td></tr>
<tr><td colspan="2">火距</td><td>120</td><td>120</td><td colspan="2">80</td><td>60</td><td>80</td><td>60</td><td>120</td><td>80</td><td>80</td></tr>
</table>

表 9-3 油气井周围建筑物、设施的防火间距 m

名称		自喷井、气井、单井	机械采油井
一、二、三、四级厂、站、库、储罐及容器甲、乙类		40	20
相邻厂矿企业		40	20
100 人以上居民区、村镇、公共福利设施		45	25
铁路	国家线	40	20
	企业专用线	30	15
公路		15	10
架空通信线	国家Ⅰ、Ⅱ级	40	20
	其他通信线	15	10
35kV 以上独立变电所		40	20
架空电力线		1.5 倍杆高	

(五) 常用灭火方法与灭火器材

1. 常用灭火方法

(1)冷却灭火法。冷却灭火法是根据可燃物质发生燃烧时必须达到一定的温度这个条件，将灭火剂直接喷洒在燃烧着的物体上，使可燃物质的温度降到燃点以下，从而使燃烧停止。用水进行冷却灭火，这是扑救火灾的常用方法。

(2)隔离灭火法。隔离灭火法是根据发生燃烧必须具备可燃物质这个条件，将燃烧物体与附近的可燃物隔离或疏散开，使燃烧停止。这种灭火方法也是扑救火灾比较常用的一种方法，适用于扑救各种固体、液体和气体的火灾。采用隔离灭火法的具体措施很多，例如将火源附近的可燃、易燃、易爆和助燃物质从燃烧区转移到安全地点；关闭阀门阻止可燃气体、液体流入燃烧区；排除生产装置、容器内的可燃气体或液体；阻拦流散易燃、可燃液体或扩散的可燃气体；拆除与火源相连的易燃建筑结构，造成阻止火势蔓延的空间地带，用水流封闭的方法，扑救油(气)井火灾。

(3)窒息灭火法。窒息灭火法是根据可燃物质发生燃烧需要足够的空气(氧)这个条件，采取适当措施来防止空气流入燃烧区，或用惰性气体稀释空气中氧的含量，使燃烧物质缺乏或断绝氧气而熄灭。这种灭火力法适用于扑救封闭的房间和生产设备装置内的火灾。

(4)抑制灭火法。抑制灭火法，就是使灭火剂参与燃烧的链锁反应，使燃烧过程中产生的游离基消失，形成稳定分子或低活性的游离基，从而使燃烧反应停止。采用这种方法可使用的灭火剂有干粉、“1211”(一氟一氯一溴甲烷)等。灭火时，一定要将足够数量的灭火剂，准确地喷射在燃烧区内，使灭火剂参与和中断燃烧反应，否则，将起不到抑制燃烧反应的作用、达不到灭火的目的。同时要采取必要的冷却降温措施，以防止复燃。

在火场上采用哪种灭火方法、应根据燃烧物质的性质、燃烧特点和火场的情况，以及消防技术装备的性能进行选择。有些火场，往往要同时使用几种灭火方法，这就要注意掌握进攻时机，搞好配合，充分发挥各种灭火剂的效能，才能迅速有效地扑灭火灾。

2. 常用的灭火器材与灭火原理

(1)水

水的灭火原理包括冷却作用、对氧的稀释作用、对水溶性可燃和易燃液体的稀释作用、水力冲击作用(冲散燃烧物，使燃烧强度降低)。

可以以普通无压力水、加压的密集水流、雾化水及水蒸气等形式进行灭火。加压的密集水流(直流水、开花水)具有很大的动能和冲击力，喷射较远。雾化水液滴的表面积大，与可燃物接触面积大，有利于吸收可燃物热量，降温迅速。水蒸气适用于扑救密闭的厂房、容器及空气不流通地方的火灾。水蒸气浓度在燃烧区超过30%~35%时，即可将火熄灭。

水能用于扑救A类火灾，B类水溶性可燃、易燃液体火灾及C类火灾。不能用于扑救以下物质的火灾：

a. 与水反应能产生可燃气体，容易引起爆炸的物质。例如轻金属遇水生成氢气，电石遇水生成乙炔都能放出大量的热，且氢气、乙炔与空气混合容易发生爆炸。

b. 非水溶性可燃、易燃液体火灾，不能用直流水扑救，但原油、重油可用雾状水扑救。

c. 直流水(密集水)不能用于扑救带电设备火灾，也不能扑救可燃粉尘聚集处的火灾。

d. 储存大量浓硫酸、浓硝酸的场所发生火灾，不能用直流水扑救，以免酸液发热飞溅。

(2)泡沫灭火剂

凡能够与水混溶，并可通过化学反应或机械方法产生灭火泡沫的灭火药剂，称为泡沫灭火剂。目前化学泡沫已淘汰。

泡沫灭火剂一般由发泡剂、泡沫稳定剂、降黏剂、抗冻剂、助溶剂、防腐剂及水组成。

泡沫灭火剂主要用于扑救非水溶性可燃液体及一般固体火灾。特殊的泡沫灭火剂(抗溶性泡沫)还用于扑救水溶性可燃液体(极性液体)火灾。

泡沫灭火剂的灭火原理：

a. 泡沫在燃烧物表面形成的泡沫覆盖层，可使燃烧物表面与空气隔绝。

b. 泡沫层封闭了燃烧物表面，可以遮断火焰的热辐射，阻止燃烧物本身和附近可燃物质的蒸发。

c. 泡沫析出的液体对燃烧表面进行冷却。

d. 泡沫受热蒸发产生的水蒸气可以降低燃烧物附近氧的浓度。

(3)干粉灭火剂

干粉灭火剂又称粉末灭火剂，是一种干燥的、易于流动的微细固体粉末。一般借助于专用的灭火器或灭火设备中的气体压力，将干粉从容器中喷出，以粉雾的形式灭火。按其使用范围，干粉灭火剂主要分为普通干粉灭火剂和多用途干粉灭火剂两大类。

a. 多用途干粉灭火剂。多用途干粉灭火剂又称为ABC干粉灭火剂，成分为磷酸铵盐干粉、硫酸铵盐干粉等。适用于固体物质火灾(A类火灾)，甲、乙、丙类液体如烃类(汽、煤、柴油)、醇、酮、酯、苯类等有机溶剂(B类火灾)，可燃气体火灾(C类火灾)及带电设备的火灾。

b. 普通干粉灭火剂。普通干粉灭火剂又称为BC干粉灭火剂，成分为碳酸氢钾干粉、碳酸氢钠干粉等。适用于甲、乙、丙类液体如烃类(汽、煤、柴油)、醇、酮、酯、苯类等有机溶剂(B类火灾)，可燃气体火灾(C类火灾)及带电设备的火灾。

干粉灭火剂平时储存于干粉灭火器或干粉灭火设备中。灭火时靠加压气体(二氧化碳或氮气)的压力将干粉从喷嘴射出，形成一股夹着加压气体的雾状粉流，射向燃烧物。当干粉与火焰接触时便发生一系列的物理化学作用，而把火焰扑灭。

干粉灭火剂的灭火原理是：

a. 对燃烧的抑制作用。燃烧反应是一种连锁反应。燃料在火焰高温下吸收活化能而被活化，产生大量的活性基团，但在氧的作用下又被氧化成为不活性物(水及二氧化碳等)。干粉灭火剂借助粉粒的作用，可以消耗火焰中活泼的H^+和OH^-。当大量的粉粒以雾状形式喷向火焰时，可以大量地吸收火焰中的活性基团，使其数量急剧减少，并中断燃烧的连锁反应，从而使火焰熄灭。

b、喷出的干粉形成雾状，将火焰包围，可以减少火焰的热辐射。干粉遇到高温会发生分解或放出结晶水，水能起到冷却作用，分解产生的气体，可使空气中的氧浓度降低，这些也都利于灭火。

(4)卤代烷灭火剂

甲烷或乙烷的卤代物常用作灭火剂，分子中的卤族元素常为氟、氯、溴。最常用的卤代烷灭火剂有二氟一氯一溴甲烷、三氟一溴甲烷、二氟二溴甲烷和四氟二溴乙烷。

卤代烷灭火剂主要通过抑制燃烧的化学过程，使燃烧中断，达到灭火目的。其作用是通过夺去燃烧连锁反应中的活泼性物质来完成的，这一过程称为断链过程或抑制过程(与干粉灭火剂的作用相似)。由于完成这一化学过程所需时间往往比较短，所以灭火也就比较迅速。而其他一些灭火剂却大都是通过冷却和稀释等物理过程进行灭火的。卤代烷灭火剂具有不导电、无腐蚀、灭火后不留痕迹的特点，适于扑救各种易燃液体火灾和电气设备火灾，特别适于扑灭精密仪器、档案资料、文物等火灾。扑灭固体纤维物质火灾时要用较高的浓度。

由于卤代烷的反应产物会对臭氧层产生破坏，在非必要场所限制使用卤代烷灭火器。

(5) 二氧化碳灭火剂

二氧化破灭火剂是以液态的形式加压充装在灭火器中的。由于二氧化碳的平衡蒸气压很高，瓶阀一打开，液体立即通过虹吸管、导管和喷嘴并经过喷筒喷出。在喷筒中，液态二氧化碳迅速气化，并从周围空气中吸收大量的热(每千克液态二氧化碳气化时约需 1.42×10^5J 热量)。由于喷筒隔绝了对外界的热传导，因此二氧化碳液体气化时只能吸收自身的热量，导致液体本身温度急剧下降。当其温度下降到-78.5%时，产生细小的雪花状二氧化碳固体(干冰)。

二氧化碳灭火剂的灭火原理：

a. 灭火器喷射出来的是温度很低的气态和固态的二氧化碳。由干冰变成气态二氧化碳时要吸收大量的热，对燃烧物有一定冷却作用。

b. 增加空气中既不燃烧也不助燃的成分，相对地减少空气中的氧气含量(窒息作用)。

实验表明，当燃烧区域空气中氧气的含量低于 12%，或者二氧化碳的浓度达到 30%~35%时，绝大多数的燃烧都会熄火，故窒息作用是二氧化碳灭火剂灭火的主要作用。

二氧化碳是一种惰性气体，对绝大多数物质没有破坏作用，灭火后能很快散逸，不留痕迹，且没有毒害，适合于扑救各种易燃液体和气体火灾。另外，二氧化碳是一种不导电的物质，可以用它扑救各种带电 B 类火灾。

四、防爆技术

(一) 爆炸及其种类

1. 爆炸分类

(1) 按照爆炸能量的来源分类

a. 物理性爆炸。由物理变化(温度、体积和压力等因素)引起的。在物理性爆炸前后，爆炸物质的性质及化学成分均不改变。锅炉的爆炸是典型的物理性爆炸，其原因是过热的水迅速蒸发出大量蒸汽，使蒸汽压力不断提高，当压力超过锅炉的极限强度时，就会发生爆炸。发生物理性爆炸时，气体或蒸气等介质潜藏的能量在瞬间释放出来，会造成巨大的破坏和伤害。

b. 化学性爆炸。物质在短时间内完成化学变化，形成其他物质，同时产生大量气体和能量的现象。例如用来制作炸药的硝化棉在爆炸时放出大量热量，同时生成大量气体(一氧化碳、二氧化碳、氢气和水蒸气等)，爆炸时的体积会突然增大 47 万倍，燃烧在几万分之一秒内完成。由于一方面生成大量气体和热量，另一方面燃烧速度又极快，在瞬间内生成的大量气体来不及膨胀而分散开，因此仍占据着很小的体积。由于气体的压力同体积成反比，气体的体积越小，压力就越大，而且这个压力产生极快，因而对周围物体的作用就像是急剧的一击。同时，爆炸还会产生强大的冲击波，这种冲击波不仅能推倒建筑物，对在场人员也具有杀伤作用。化学反应的高速度，同时产生大量气体和大量热量，这是化学性爆炸的三个基本要素。

(2) 按爆炸反应的相分类

a. 气相爆炸，包括可燃性气体和助燃性气体混合物的爆炸、气体的分解爆炸、液体被喷成雾状物在剧烈燃烧时引起的爆炸(称为喷雾爆炸)、飞扬悬浮于空气中的可燃粉尘引起的爆炸等(表 9-4)。

表 9-4 气相爆炸

类别	爆炸原理	举例
混合气体爆炸	可燃性气体和助燃气体以适当的浓度混合，由于燃烧波或爆炸波炸波的传播而引起的爆炸	空气和氢气、甲烷、乙醚等混合产生爆炸
气体的分解爆炸	单一气体由于分解反应产生大量的反应热引起的爆炸	乙炔、乙烯等分解时产生的爆炸
粉尘爆炸	空气中飞散的易燃性粉尘，由于剧烈燃烧引起的爆炸	空气中飞散的铝粉、煤粉产生的爆炸
喷雾爆炸	空气中易燃液体被喷成雾状在剧烈的燃烧时引起爆炸	喷气作业产生的爆炸

b. 液相爆炸，包括聚合爆炸、蒸发爆炸以及由不同液体混合所引起的爆炸。例如硝酸和油脂、液氧和煤粉等混合时会引起爆炸；熔融的矿渣与水接触或钢水包与水接触时，由于过热发生快速蒸发会引起蒸汽爆炸等(表 9-5)。

c. 固相爆炸，包括爆炸性化合物及其他爆炸性物质的爆炸(如乙炔铜的爆炸)；导线电流过载，由于过热，金属迅速气化而引起的爆炸等(表 9-5)。

表 9-5 液相、固相爆炸

类别	爆炸原因	举 例
混合危险物质的爆炸	氧化性物质与还原性物质反应引起爆炸	硝酸和油脂、液氧和煤粉、高锰酸钾和浓酸引起的爆炸
易爆化合物的爆炸	有机过氧化物、硝基化合物、硝酸酯等燃烧引起爆炸	三硝基甲苯、硝基苯、硝酸甘油等燃烧引起的爆炸
导线爆炸	过载电流流过导线，使金属过热快速气化引起爆炸	导线短路引起爆炸
蒸气爆炸	液相、固相物质由于过热导致快速蒸发引起爆炸	熔融的矿渣与水接触，钢水与水混合产生爆炸
固相转化造成爆炸	固相相互转化放热，造成空气急剧膨胀导致爆炸	无定形锑转化成结晶形锑时由于放热而造成爆炸

(3)按照爆炸的瞬时燃烧速度分类

a. 轻爆。物质爆炸时的燃烧速度为每秒数米，爆炸时无多大破坏力，音响也不太大，如无烟火药在空气中的快速燃烧，可燃气体混合物在接近爆炸浓度上限或下限时的爆炸即属于此类。

b. 爆炸。物质爆炸时的燃烧速度为每秒十几米至数百米，爆炸时能在爆炸点引起压力激增，有较大的破坏力，有震耳的声响。可燃性气体混合物在多数情况下的爆炸，以及被压火药遇火源引起的爆炸等即属于此类。

c. 爆轰。物质爆炸的燃烧速度为 1000～7000m/s。爆轰时的特点是突然引起极高压力，并产生超音速的“冲击波”。由于在极短时间内发生的燃烧产物急速膨胀，像活塞一样挤压其周围气体，反应所产生的能量有一部分传给被压缩的气体层。形成的冲击波由它本身的能量所支持，能迅速传播并远离爆轰的发源地而独立存在，同时可引起该处的其他爆炸性气体混合物或炸药发生爆炸，引发一种“殉爆”现象。

2. 化学性爆炸物质

依照爆炸时所进行的化学变化，化学性爆炸物质可分为以下几种：

(1)简单分解的爆炸物。这类物质在爆炸时分解为元素，并在分解过程中产生热量。属于这一类的有乙炔银、乙炔铝、碘化氮、叠氮铅等。这类容易分解的不稳定物质，其爆炸危险性是很大的，受摩擦、撞击、甚至轻微振动即可能发生爆炸。

(2)复杂分解的爆炸物。这类物质包括各种含氧炸药，其危险性较简单分解的爆炸物稍低，含氧炸药在发生爆炸时伴有燃烧反应，燃烧所需的氧由物质本身分解供给，如苦味酸、TNT、硝化锦等都属于此类。

(3)爆炸性混合物，是指可燃物质与助燃物质组成的爆炸物质。所有可燃气体、蒸气、可燃粉尘与空气(或氧气)组成的混合物，当浓度达到爆炸极限范围内，形成爆炸性混合物。爆炸性混合物的爆炸是石油工业生产中遇到的主要爆炸事故类型。

3. 爆炸极限限与危险度

(1)爆炸极限

可燃气体、粉尘或可燃液体的蒸气与空气形成的混合物遇火源发生爆炸的极限浓度称作爆炸极限，通常用可燃气体在空气中的体积分数(%)来表示，可燃粉尘爆炸的极限浓度则以可燃粉尘在混合物中所占体积的质量比 g/m^3 表示。

可燃气体和空气的混合物，并不是在任何混合比例下都能发生燃烧或爆炸的。当混合物中可燃气体含量接近于反应当量浓度时，燃烧最激烈。若含量减少或增加，燃烧速度就降低。当浓度低于或高于某一极限值时，火焰便不再蔓延。可燃气体或蒸气在空气中刚刚达到足以使火焰蔓延的最低浓度，称为该气体或可燃液体的蒸气的爆炸下限。同样，达到足以使火焰蔓延的最高浓度称爆炸上限。在爆炸上限和爆炸下限之间的浓度范围称爆炸极限范围。如果可燃气体在空气中的浓度低于下限，因含有过量空气，即使遇到着火源，也不会爆炸燃烧。同样，可燃气体在空气中的浓度高于上限，因空气不足，所以也不会爆炸，但接触更多的空气后，仍能燃烧爆炸。这是因为接触更多的空气后，将可燃气体的浓度稀释，达到了爆炸极限范围。石油化工生产中常见物质的蒸气爆炸极限范围见表 9-6。

表 9-6　石油化工生产中常见物质的蒸气的爆炸极限范围

液体名称	爆炸浓度范围/%	
	上限	下限
酒精	18	3.3
甲苯	7	1.5
松节油	62	0.8
车用汽油	7.2	1.7
灯用煤油	7.5	1.4
乙醚	40	1.85
苯	9.5	1.5
乙烷	15.5	3.0
丙烷	9.5	2.1
汽油	7.6	1.4
液化石油气	10	2

各种可燃气体、蒸气和粉尘的爆炸极限范围不一样，有的爆炸极限范围大，有的爆炸极限范围小。例如乙炔的爆炸极限范围是 2.5%～82%；甲烷的爆炸极限范围是 5%～15%。

可燃液体的蒸气的爆炸极限范围与液体所处环境的温度有关系，因为液体的蒸发量随着温度发生变化。例如，酒精在 0℃时，爆炸极限范围是 2.25%～11.8%，在 50℃时，爆炸极限范围则是 2.5%～12.5%。可燃液体在一定温度下，由于蒸发而达到爆炸极限范围，这时的温度叫作爆炸温度极限，液体的爆炸温度下限也就是液体的闪点。

可燃气体的爆炸极限范围，与空气中的含氧量也有关系，含氧量多，爆炸极限范围扩大；含氧量少，爆炸浓度范围缩小。如果掺入惰性气体，发生爆炸的危险就会减少，甚至不发生。

许多可燃固体在粉碎、研磨、过筛等过程也会产生颗粒度很小的粉尘，例如面粉、煤粉、木屑、糖粉以及镁、铝等金属粉末。这些可燃粉尘都能与空气混合形成爆炸混合物，达到爆炸极限范围时，遇火源可发生爆炸。在发生第一次爆炸后，可能引起连续性爆炸。可燃粉尘悬浮在空气中的叫作悬浮粉尘(或浮游粉尘)。从空气中沉降下来或堆积在物体、设备上的叫作沉积粉尘(或堆积粉尘)。沉积粉尘受到冲击波的作用可以变成悬浮粉尘，当浓度达到爆炸极限范围时，形成爆炸性粉尘遇到火即会爆炸。表 9-7 为几种可燃粉尘的爆炸下限。如果可燃粉尘中水分或灰分增多，可以降低其爆炸危险性。在火场上，要及时用喷雾水流润湿和驱散悬浮粉尘，注意避免使用充实水柱冲击堆积粉尘，以防止可燃粉尘发生爆炸。

表 9-7　几种可燃粉尘的爆炸下限

粉尘类别	爆炸下限/(g/m^3)	粉尘类别	爆炸下限/(g/m^3)
镁粉	20	锌粉	6.9
铝粉	35	硫粉	35
镁铝合金	50	土豆粉	40.3
面粉	12.6～25	煤粉	35～45
糖粉	15～19	花生壳粉	85

(2)爆炸危险度

可燃气体、可燃液体蒸气、粉尘的爆炸危险性可用爆炸危险度来表示。爆炸危险度是爆炸极限范围与爆炸下限的比值，计算公式如下：

$$爆炸危险度=\frac{爆炸上限浓度-爆炸下限浓度}{爆炸下限浓度}$$

爆炸危险度说明，可燃气体、可燃液体蒸气、粉尘的爆炸浓度范围越宽，爆炸下限浓度越低，爆炸上限越高，其爆炸危险性就越大。

(二) 爆炸的破坏作用及其影响因素

1. 爆炸的破坏作用形式

(1)冲击波。随爆炸的出现，冲击波最初出现正压力，而后又出现负压力。负压力是气压下降后空气振动产生局部真空而形成的。由于冲击波产生正负交替的波状气压向四周扩散，从而造成附近建筑物的破坏。建筑物的破坏程度与冲击波的能量大小、建筑物的坚固性、建筑物与产生冲击波的中心距离有关。因此，可以根据建筑物在各个距离上受到的不同破坏程度来计算产生的冲击波的能量。实际上，往往同样的建筑物在同一距离内由于冲击波扩散所受到的阻挡作用不同，破坏的程度也不一样。冲击波对建筑物的破坏还与其形状及大小有关，如果建筑物的宽和高都不大，冲击波易于绕过，则破坏较轻，反之则破坏较重。因此，想通过爆炸时附近建筑物的被破坏程度来精确计算产生冲击波的能量是比较困难的，比较实用的是用近似法，即根据相似法计算气浪压力和用经验公式直接进行计算。

(2)振动。在遍及破坏作用的区域内，有一个能使物体振荡、使之松散的力量。

(3)碎片冲击。机械设备、装置、容器等爆炸以后，变成碎片飞散出去会在相当广的范围内造成危害，化工生产中属于爆炸碎片造成的伤亡人数占很大的比例。碎片飞散一般可达100~500m。

(4)火灾。通常爆炸气体扩散只发生在极其短促的瞬间，对一般可燃物质来说，不足以造成起火燃烧，而且有时冲击波还能起灭火作用。但是，建筑物内遗留大量的热或残余火苗，还会把从破坏的设备内部不断流出的可燃气体或可燃液体蒸气点燃，使厂房可燃物起火，加重爆炸的破坏力。

(5)其他破坏作用。噪声、有毒气体等。

2. 爆炸破坏作用的影响因素

(1)爆炸物的数量和性质，主要表现为单位质量的爆炸物爆炸威力的相对比较。

(2)爆炸时的条件，包括震动大小、受热情况、爆炸初期的压力、空气混合物的均匀程度等。

(3)爆炸位置，指在设备内部或均匀介质的自由空间，还包括周围的环境和障碍物。当爆炸发生在均匀介质的自由空间时，从爆炸中心点起，在一定范围内，破坏力的传播是均匀的，并使这个范围内的物体粉碎、飞散。

(三) 防爆基本技术措施

防止产生可燃性混合物化学性爆炸的三个基本条件的同时存在，是预防可燃物质化学性爆炸的基本理论。也可以说，防止可燃物质化学性爆炸全部技术措施的实质，就是制止化学性爆炸三个基本条件的同时存在。

现代用于生产和生活的可燃物种类繁多，数量庞大，而且生产过程情况复杂，因此需要根据不同的条件采取各种相应的防护措施。但从总体来说，预防爆炸的技术措施，都是在防爆技术基本理论指导下采取的。防止泄漏也是防爆的重要措施，除了预防可燃物质从旋转轴滑动面、接缝、腐蚀孔和小裂纹等处的“跑、冒、滴、漏”之外，特别需要注意预防可燃物质从阀门、盖子或管子脱节等处的大量泄漏。为预防形成爆炸性混合物，可采取措施严格控制系统的氧含量和空气中可燃气体或蒸气及粉尘浓度，使其降至某一临界值以下，如在油气生产作业现场安装排风扇，当空气中存在可燃气体或蒸气及粉尘时，启用排风扇使空气中的可燃物混合物的浓度降低到爆炸下限以下。为了保证上述防爆条件所采取的监测措施，以及为消除火源而采取的各种措施都是由防爆技术基本理论所指导的。

第二节　预防中毒技术

某些物质进入机体后，能损害机体的组织与器官，通过生物化学或生物物理作用，使组织细胞的代谢和功能遭受损害，引起机体发生病理变化的过程称为中毒。在一定剂量内引起中毒的物质，称为毒物。

中毒可分为急性、亚急性、慢性三类。大量毒物在短时间内进入机体内，引起一系列中毒症状，甚至死亡者称为急性中毒。少量毒物多次逐渐进入人体内，经过一个时期的积累，达到中毒浓度而出现中毒症状，称为慢性中毒。亚急性中毒介于二者之间。

一、毒物进入人体内的途径

毒物进入人体内的途径主要有呼吸道吸收、皮肤黏膜吸收和消化道吸收三种方式。

呼吸道是毒物进入人体最主要、最常见、最危险的途径。毒物在生产中以气体、蒸气、烟、尘、雾等形态存在，经呼吸道可直接进入人体肺泡，而烟、尘、雾的颗粒直径小于5μm时，特别是小于3μm时，可直接吸入肺泡。

皮肤吸收有多种方式，可通过无损伤皮肤，经皮孔、皮汗腺、毛囊及皮脂腺。经皮表面是皮肤吸收的主要方式，具有脂溶性和水溶性的毒物易通过皮肤表面被人体吸收，如苯、有机磷化物等。毒物经过皮肤吸收的数量与速度，与脂溶性和水溶性浓度等因素有关外，还与作业环境的气温、湿度，皮肤损伤程度和接触面积因素有关。

在生产中毒物经消化道送入人体是较为少见的，一般是误服造成的。

由于呼吸道进入的毒物有部分黏附在鼻咽部位或混在分泌物中，借吞咽过程进入消化道，或由于不好的卫生习惯或在使用毒物的实验室、车间饮食、吸烟、用污染的手取食品造成毒物进入消化道。

二、食物中毒

食物中毒是指患者所进食物被细菌或细菌毒素污染，或食物含有毒素而引起的急性中毒性疾病。根据病因不同可有不同的临床表现。最常见的症状是剧烈的呕吐、腹泻，同时伴有中上腹部疼痛。食物中毒者常会因上吐下泻而出现脱水症状，如口干、眼窝下陷、皮肤弹性消失、肢体冰凉、脉搏细弱、血压降低等，最后可致休克或死亡。必须给患者补充水分，有条件的可输入生理盐水。食物中毒往往发作迅速、涉及人员多，后果严重，是石油石化行业容易出现的中毒。

（一）分类

食物中毒按毒物种类分为以下类型：

(1)细菌性食物中毒。指人摄入含有细菌或细菌素的食品而引起的食物中毒。

(2)真菌性食物中毒。真菌在谷物或其他食品中生长繁殖产生有毒的代谢产物，人和动物食入这种毒性物质发生的中毒称为真菌性食物中毒。一般是由于烹调方法和加热处理不得当，没有破坏食物中的真菌毒素导致的，一般具有比较明显的季节性和地区性。

(3)动物性食物中毒。食入有毒的动物性食物造成的食物中毒，如河豚中毒。

(4)植物性食物中毒。一般因误食有毒植物或有毒植物的种子导致食物中毒，或者烹饪方法不得当而中毒。可引起中毒甚至死亡的植物性食物有毒蘑菇、菜豆、马铃薯、曼陀罗、银杏、苦杏仁、桐油等。植物性中毒多数没有特效疗法，对一些能引起死亡的严重中毒，尽早排出毒物对中毒者的愈后非常重要。

(5)化学性食物中毒。食物中含有有毒的化学物质，食入后导致的中毒称为化学性食物中毒。化学性食物中毒发病特点是发病与进食时间、食用量有关。一般进食后不久发病，常有群体性，病人有相同的临床表现。剩余食品、呕吐物、血和尿等样品中可测出有关化学毒物。在处理化学性食物中毒时应突出一个“快”字，不但对挽救中毒者的生命十分重要，同时对控制事态发展更为重要。

（二）食物中毒的预防

(1)加强食堂管理，落实各种管理制度。

(2)定期在食堂开展消毒、灭虫等清洁活动，杜绝细菌、病毒的传播。

(3)加强生活用水管理。根据油田生产实际，对于一些野外工作单位，应从水质清洁的水源获取生活用水，并对水质做好化验监控等工作。

(4)做好食品采购、加工、储存等环节的管理工作。

(5)个人应养成良好的卫生习惯。

(6)保证餐具卫生。每个人要有自己的专用餐具，饭后将餐具洗干净存放在一个干净的塑料袋内或纱布袋内。

(7)饮食要卫生，生吃蔬菜、瓜果类食物一定要洗净去皮。不吃隔夜变质的饭菜，不食用病死的禽畜肉。剩饭菜食用前一定要热透。

(8)在工作场所工作时特别是接触化学品的场所，禁止饮食。

三、H_2S 中毒

（一）H_2S 来源、危害及诊断

H_2S 为无机硫化物，通常物理状态为无色、剧毒的酸性气体，人的肉眼看不见。H_2S 是一种神经毒剂，亦为窒息性和刺激性气体。油气生产作业中 H_2S 的来源：

(1)某些工作液处理剂在高温高压下的分解作用、细菌作用，产生 H_2S。

(2)强化采油等工艺中所用化学剂分解，会产生 H_2S。

(3)含 H_2S 地层释放 H_2S，通常 H_2S 含量随地层埋深增加而增大，如井深在 2600m，H_2S 的含量在 0.1%~0.5%之间，而井深超过 2600m 或更深，H_2S 含量有可能会超过 2%~23%。在地层温度超过 250℃，热化学作用会加剧而产生大量的 H_2S。

(4)含硫原油、气、水释放 H_2S。

(5)滋生的硫酸盐还原菌，在转化来自地层中的硫酸盐时，释放 H_2S。

(6)炼油化工、天然气净化处理生产、作业过程中产生的 H_2S。

(7)酸洗清管过程中，酸与硫化铁反应产生 H_2S。

H_2S 是一种神经毒剂，亦为窒息性和刺激性气体。H_2S 中毒主要从口腔吸入、皮肤接触。其毒作用的主要靶器官是中枢神经系统和呼吸系统，亦可伴随心脏等多器官损害。对毒作用最敏感的组织是脑和黏膜接触部位。H_2S 在体内大部分经氧化代谢形成硫代硫酸盐和硫酸盐而解毒，在代谢过程中谷胱甘肽可能起激发作用；少部分可经甲基化代谢而形成毒性较低的甲硫醇和甲硫醚，但高浓度甲硫醇对中枢神经系统有麻醉作用。体内代谢产物可在 24h 内随尿排出，部分随粪便排出，少部分以原形经肺呼出，在体内无蓄积。

轻度中毒主要是刺激症状，表现为流泪、眼刺痛、流涕、咽喉部灼热感，或伴有头痛、头晕、乏力、恶心等症状。检查可见眼结膜充血、肺部可有干啰音，脱离接触后短期内可恢复。

接触高浓度 H_2S 后以脑病表现显著，出现头痛、头晕、易激动、步态蹒跚、烦躁、意识模糊、谵妄、癫痫样抽搐可呈全身性强直阵挛发作等；可突然发生昏迷；也可发生呼吸困难或呼吸停止后心跳停止。眼底检查可见个别病例有视神经盘水肿。部分病例可同时伴有肺水肿。脑病症状常较呼吸道症状出现为早。X线胸片显示肺纹理增强或有片状阴影。

接触极高浓度H_2S后可发生电击样死亡，即在接触后数秒或数分钟内呼吸骤停，数分钟后可发生心跳停止；也可立即或数分钟内昏迷，并呼吸骤停而死亡。死亡可在无警觉的情况下发生，当察觉到H_2S气味时可立即嗅觉丧失，少数病例在昏迷前瞬间可嗅到令人作呕的甜味。死亡前一般无先兆症状，可先出现呼吸深而快，随之呼吸骤停。

H_2S不同浓度下对人体的危害见表9-8。

表9-8 不同浓度H_2S对人体的危害

H_2S浓度/10^{-6}	危害程度
0.13~4.6	可嗅到臭鸡蛋气味，对人体伤害不大
4.6~10	起初有刺热感，一段时间后消失
10~20	必须佩戴防毒面具
50	接触15min以上嗅觉会消失，头痛眩晕，对眼睛产生刺激
100	刺激咽喉，眼睛，接触1h以上致死
200	立即破坏嗅觉系统，时间稍长便致死
500	失去理智平衡，2~15min致死
700	很快失去知觉，停止呼吸，致死
1000	立即失去知觉，停止呼吸，不及时抢救导致死亡
2000	立刻死亡，难以抢救

（二）H_2S中毒的预防与急救

1. 预防H_2S中毒措施

(1)对员工进行H_2S防护的技术培训，了解H_2S的理化性质、中毒机理、主要危害和防护及现场急救方法，提高员工对H_2S逸出的危害的认识及防护能力。

(2)在可能产生H_2S的场所设立防H_2S中毒的警示标志和风向标，作业员工尽可能在上风口位置作业。

(3)配备H_2S自动监测报警器或便携式H_2S监测仪，并保证报警器和监测仪灵敏可靠。

(4)在可能产生H_2S场所工作的员工每人应配备防毒面具和空气呼吸器，并保证有效使用。

(5)当空气中H_2S达到报警浓度，应立即带上防护器具并按应急预案的要求进行处置或撤离到上风口方向的安全区。

(6)在有可能产生H_2S场所作业时，应有人监护。一旦发生H_2S急性中毒，立即实施救护。

(7)制定行之有效的防H_2S应急预案，并进行演练，提高员工的应急处置能力。

(8)必须对作业区2km以内的住宅、学校、厂矿等情况进行调查，并告之可能会遇到H_2S逸出的危害。当这种危害发生时，应有可行的通信联系方法，通知人员迅速撤离。

(9)在含H_2S的油气作业现场，应安装排风扇，当有H_2S逸出时，一是启用排风扇强制扩散，使空气中的H_2S浓度迅速降低到危害浓度以下；二是把毒气源从井口引出，点火燃烧，使H_2S迅速转化为有慢性污染的SO_2(当然也应防止SO_2的慢性中毒问题)。

2. H_2S中毒的急救

发生H_2S中毒事故后，现场抢救极为重要。因为空气中含极高浓度的H_2S时，常在现场引起多人电击样死亡，如能及时抢救可降低死亡率，减少住院人数，减轻病情。当有人员中毒时，应立即使中毒者脱离现场至新鲜空气处，采取相应急救措施，解开衣服、裤带等，注意保暖，有条件应立即给予吸氧。对呼吸停止者进行人工呼吸，必要时进行胸外心脏按压。现场抢救人员应有自救、互救知识，以防抢救者进入现场后自身中毒。

当呼吸和心跳恢复后，可给中毒者饮些兴奋性饮料和浓茶、咖啡，并专人护理。如眼睛轻度损伤，可用干净水清洗或冷敷。对于轻微中毒者，也要休息 2d，不得再度受 H_2S 的伤害。因为被 H_2S 伤害过的人，对 H_2S 的抵抗力变得更低了。

四、预防天然气中毒

天然气的主要成分是甲烷、乙烷、丙烷等低分子量烷烃，含有少量硫化氢、二氧化碳、氢、氮等气体。甲烷对人基本无毒，但如果其含量达到 25% 至 30% 以上时，会由于使氧含量相对降低而引起一系列缺氧症状。天然气和油田气中如含 H_2S 及 CO_2，可增加毒性。接触高浓度天然气或油田气，早期常有头昏、头痛、恶心、呕吐、注意力不集中、呼吸和心率加速、不能做精细动作等症状，严重时可出现缺氧窒息、昏迷、呼吸困难以至脑水肿、肺水肿等。长期接触一定浓度天然气或油田气的工人，可能会有头昏、头痛、失眠、记忆力减退、恶心、食欲不振、无力等神经衰弱症状群。

1. 急救措施

发生天然气、油田气中毒事故后，应迅速将中毒患者撤离现场，解开上衣，注意保暖尽快给氧。轻症患者仅作一般对症处理。对有意识障碍的中毒者，以改善缺氧、解除脑血管痉挛、消除脑水肿为主。可吸氧，用地塞米松、甘露醇、呋塞米等静脉滴注，并用脑细胞代谢剂如细胞色素 C、ATP、维生素 B_6 和辅酶 A 等静脉滴注。如呼吸、心跳停止，则应立即进行心肺复苏。

2. 预防措施

(1)提高生产设备的密闭性能；

(2)改善通风设施；

(3)严格遵守操作规程及安全制度；

(4)配备防护器材。

当发生大量天然气或油田气泄漏时，一是要防止火灾爆炸，二是作业人员应佩戴呼吸器防止中毒。

第三节　现场急救

现场急救是指作业人员因意外事故或急症在未获得医疗救助之前，在现场所采取的一系列急救措施。其目的是：(1)防止病情、伤情恶化，维持抢救伤病员生命，为医疗单位进一步抢救打下基础；(2)防治并发症和后遗症，降低致残和死亡率。

生产中，作业人员可能会发生中毒、触电或其他事故，情况一般很危急，学会判断病情危重程度非常重要。在现场急救中，如果是多人受伤，应该先抢救危重病人，后处理轻伤病人。危重病人一般是指昏迷病人；呼吸急促或者呼吸特别缓慢、呼吸不规则或者呼吸停止的病人，心跳急速或心跳极为缓慢，心跳不规则或者心跳停止的病人；血压极高(大于180/100mmHg)，血压极低(小于 80/50mmHg)或者测不出血压的病人；瞳孔放大、瞳孔细小、两侧不等大或者瞳孔对光反射迟钝或消失的病人。

由于作业现场条件所限，参与急救的人员一般不是专业人员，因此对现场急救技术有如下基本要求：①尽量徒手操作，少借助器械；②操作简单易行，容易掌握；③效果确实可靠，否则徒劳或使病情恶化；④救护人员尽可能少。

在各种急救活动中，常用到急救基本技术有通气技术，病人的搬运、止血、包扎、固定技术等。

一、通气

所谓通气就是使病人呼吸道保持畅通。呼吸是人的生命体征之一，呼吸停止直接威胁生命。人类大脑对缺氧的耐受力很低，缺氧达到一定时间和程度脑细胞会出现损伤，一旦发展为不可逆转的损伤，脑细胞就会坏死。

通气障碍表现为呼吸节律和频率会发生改变，并伴有呼吸困难——“三凹征”，即胸骨上切迹、锁骨上窝、肋骨间隙吸气时向内凹陷，同时有发绀，严重时停止呼吸死亡。

通气障碍的原因有舌根后坠，这是由于病人昏迷时全身肌肉松弛，舌肌因松弛在仰卧时后坠堵塞呼吸道，呼吸道炎症或痉挛，呼吸道异物(由于误吸、淹溺导致固体或液体进入呼吸道)。如果病人出现通气障碍应马上进行以下判断和采取相应措施。

(一) 判定病人有无意识

现场发现危重病人，可以轻轻摇动病人肩部，高声喊叫。对无反应者，立即用手指甲掐压人中，约5~10s观察有无意识。

应注意摇动肩部不可用力过重以防加重骨折损伤。压边穴位时间不宜太长应保持在10s左右。伤员一出现眼球活动、四肢活动及疼痛后应立即停止掐压穴位。

(二) 判断病人呼吸是否停止

判断病人呼吸是否存在，要用耳贴近伤员口鼻，头部侧向伤员胸部，观察病人胸部有无起伏；用手指和面部感觉病人呼吸道有无气体排出，用耳听呼吸道有无气流通过的声音。

要使呼吸道保持开放位置，观察时间不应少于5s。无呼吸者应立刻进行人工呼吸。

(三) 判定病人心跳是否停止

1. 方法

判定病人心跳是否停止，主要是触摸颈动脉。施救者一手放在病人前额，使其头部保持后仰。另一手的食指、中指放在齐喉结水平，然后向后外侧移动2~3cm，感知颈动脉有无搏动，如图9-2所示。

图9-2　触摸颈动脉

2. 注意事项

(1)触摸颈动脉不能用力过大，以免影响血液循环；

(2)不要用拇指触摸，触摸时间一般不少于5~10s，禁止同时触摸两侧颈动脉。无心跳者应立刻实施胸外心脏按压术。一旦确认伤员心跳呼吸停止应立即施行心肺复苏术。

(四) 打开气道

1. 方法

迅速将病人搬离危险场所，仰卧放置；检查口鼻有无阻塞，及时清理呕吐物、杂物，松开衣领、内衣、腰带，解除呼吸阻力；用仰头举颌法解除舌根后坠；以上无效时，可以用气管插管通气或气管切开术通气。

（1）仰头举颌法。一手置于病人前额使其头部后仰，另一手的食指与中指举其下颌，如图 9–3 所示。

（2）仰头抬颈法。一手置于病人前额，并压住前额使头后仰，另一手将病人颈部托起，如图 9–4 所示。

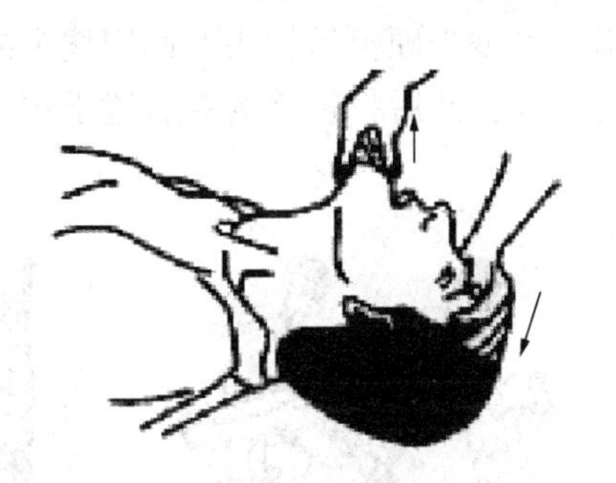

图 9–3　仰头举颌法

图 9–4　仰头抬颈法

2. 气道异物清除

（1）手指清除法。病人仰卧位，打开病人口腔，一手食指伸入口腔，应向前下压舌面并将下颌抬起，发现异物用另一手食指沿患者颊内侧伸入并钩出，莫使异物落入深部。

（2）海姆利希（Heimlich）法。病人处立位、坐位、仰卧位；抢救者站位或跪位，身体紧靠病人背部，一手握拳，拳心置于病人脐部以上剑突以下的腹部，快速向上、向内猛拉膈肌使肺部残气冲出，如此 6~10 次，可排除异物。

（3）背部叩击法。病人立位或坐位，抢救者一手平放患者胸前，支撑病人，使其处于前倾前曲位，另一手掌面用力拍击病人两肩胛背间区域 4~5 次，此法较适于儿童。

二、伤员的搬运

在意外现场，在采取了有关现场急救措施以后，要及时把伤员送往附近医院，以便进行更高一级的救治。

现场伤员搬运的原则是就地取材、因地制宜，视当时伤员受伤情况采取不同的搬运方法。常用的伤员搬运方法有单人肩背式搬运法（见图 9–5）、双人椅式搬运法（见图 9–6）、临时担架搬运法等。

图 9–5　肩背搬运法

图 9–6　双人椅式搬运法

在搬运脊柱损伤的伤员时要特别注意。在搬运时可就地取材，如用担架、门板、床板等(见图 9-7)，一定要保持伤员身体的平稳，对胸、腰椎损伤者宜 3 人一齐平托，一人托肩背、一人托着腰脊、一人托下肢，三人协同用平托法将伤员仰卧位平放在硬板担架上，勿使躯干弯曲或旋转(见图 9-8)，或用滚动法(见图 9-9)。如无硬板而用软毯抬送时宜使病人俯卧。切忌一人背送或一人抱头一人抱腿，致使脊柱弯曲，加强损伤。搬运颈椎损伤病人时，要一人在伤员头前用两手抱病人下颌略施牵引，平卧于硬板后，头两侧用枕头或沙袋围起，如无沙袋，可将较厚实的上衣，自下向上横行折叠，然后将折叠的衣服置于颈前，两袖反系于颈后，固定头颈部。

图 9-7　简易担架制作

图 9-8　平托法

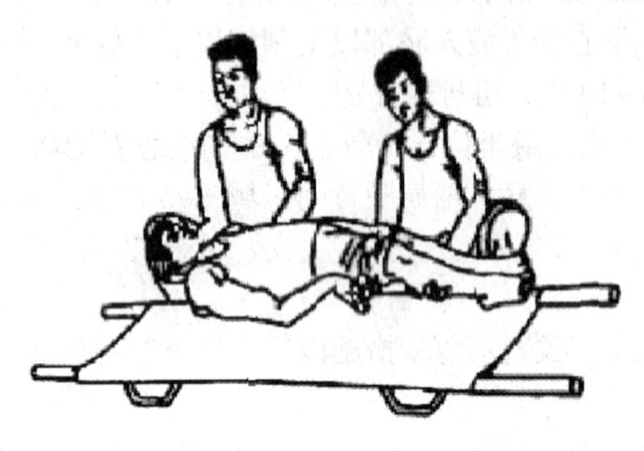

图 9-9　翻滚法

三、止血方法

(一) 判断受损血管的性质

(1) 动脉出血。血色鲜红，呈喷射状，有搏动，出血速度快，出血量大。

(2) 静脉出血。血色暗红，呈涌出状或缓缓外流，无搏动，出血速度不及动脉快，出血量较多。

(3) 毛细血管出血。血色鲜红，呈渗出状，速度比较缓慢，出血量比较少。

(4) 混合出血。一般在动静脉出血时，混合型出血比较常见，且兼具上述三种单纯性出血的特点。

(二) 判断出血的种类

(1) 外出血。皮肤损伤向体外流出血液，能够看见出血情况。

（2）内出血。深部组织和内脏损伤，血液由破裂的血管流入组织或脏器、体腔内，从体表不见血。

（3）了解失血的表现。如果失血的伤病员出现脸色苍白、口唇青紫、出冷汗、四肢发凉、烦躁不安或表情呆滞、反应迟钝、呼吸急促、心慌气短、脉搏微弱或摸不到、血压很低或测不出等症状时，这是休克的表现。表明失血量已达全身血量的20%以上。如果不及时止血继续失血达40%时，会有生命危险。

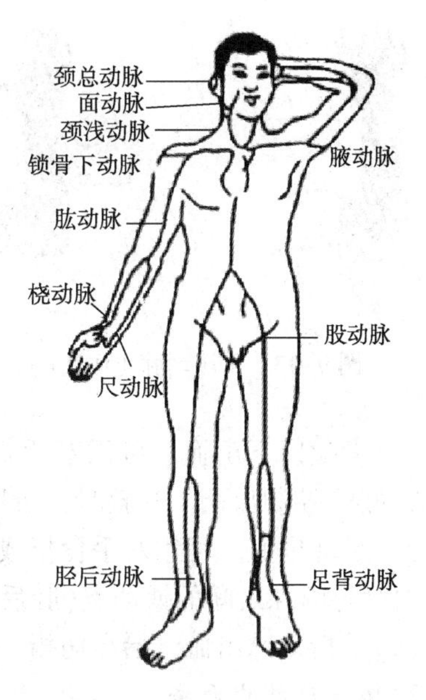

图9-10　全身主要血管压迫点

（三）止血方法

1. 手压止血法

手压止血法通常是用手指或手掌，将中等或较大的血管靠近心端压迫于深部的骨头上，以此阻断血液的流通，起到止血的作用。此法止血只适用于应急状态下，短时间控制出血，应随时创造条件采取其他止血方法。全身主要血管压迫点如图9-10所示。

（1）头顶部出血。头顶部一侧出血，可用食指或手掌压迫同侧耳前搏动点（颞浅动脉）止血，如图9-11所示。

（2）颜面部出血。颜面部一侧出血，可用食指或拇指压迫同侧下颌骨下缘、下颌角前方约3cm的凹陷处。此处可触及一搏动点（面动脉），压迫此点可控制一侧颜面出血，如图9-12所示。

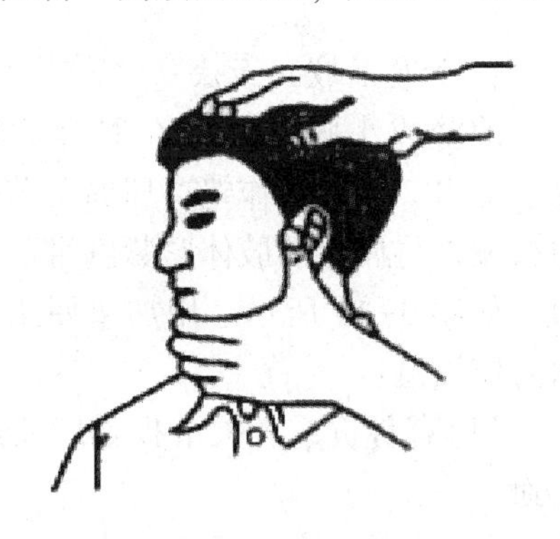
图9-11　手压动脉止血法（1）

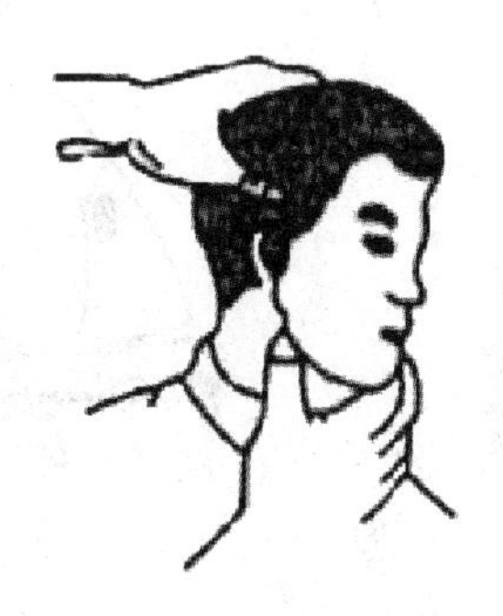
图9-12　手压动脉止血法（2）

（3）头面部出血。头面部一侧出血，可用拇指或其他四指压迫同侧气管外侧与胸锁乳突肌前缘中点之间搏动处（颈总动脉）控制出血。此法非紧急时不用，禁止同时压迫两侧颈总动脉，防止脑缺血而导致伤者昏迷死亡。

（4）肩腋部出血。可用拇指或食指压迫同侧锁骨上窝中部的搏动处（锁骨下动脉），将其押向深处的第一肋骨方向控制出血。

（5）前臂出血。可用拇指或者其他四指压迫上臂内侧肱二头肌与肱骨之间的搏动点（肱动脉）控制出血，如图9-13所示。

（6）手部出血。互救时可用双手拇指或其他四指分别压迫手腕横纹稍上处的内、外搏动点（尺动脉、桡动脉）控制出血，如图9-14（a）所示。

自救时可用另一只手拇指和食指压迫图 9-14(b)所示两点。

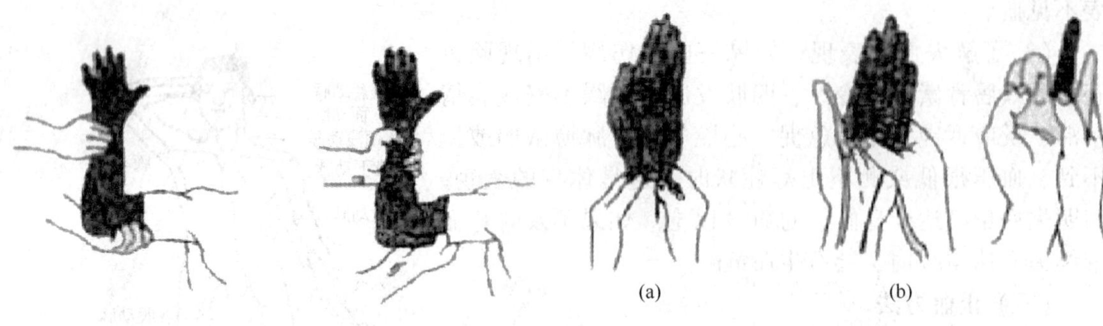

图 9-13　手压动脉止血法(3)　　图 9-14　手压动脉止血法(4)

(7)大腿以下出血。可用双手拇指重叠地压迫大腿上端、腹股沟中点稍下方的搏动点(胫股动脉)控制出血。互救时，可用手掌压迫控制出血。

(8)足部出血。可用双手食指或拇指分别压迫足背中部近脚腕处的搏动点(胫前动脉)和足跟内侧与内踝之间的搏动点(胫后动脉)控制出血。

(9)手指动脉出血。抬高伤指，自行用健侧的拇指、食指压迫伤指指根两侧。

2. 加压包扎止血法

加压包扎止血法适用于静脉、毛细血管或小动脉出血，速度和出血量不是很快、很大的情况下。止血时，先将消毒敷料盖在伤口处，然后用三角巾或者绷带适度加力包扎，以免因过紧影响必要的血液循环，造成局部组织缺血性坏死，而过松又达不到止血的目的。伤口有碎骨存在时，禁用此法。

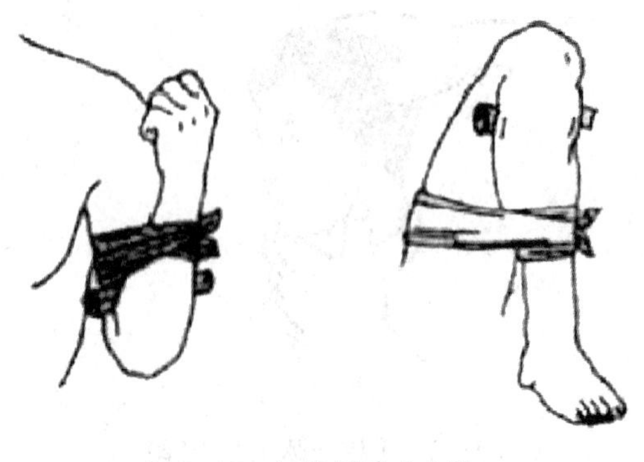

图 9-15　加垫屈肢止血法

3. 加垫屈肢止血法

前臂或小腿出血可在肘窝放辅料、纸卷、毛巾、衣服等作垫，屈曲关节，用三角巾或绷带将屈曲的肢体紧紧缠绑起来控制出血，如图 9-15 所示。用加垫屈指止血法止血时应注意：

(1)有骨折或者关节损伤时不能用此法止血。

(2)使用此法应每隔一小时左右慢慢松开一次，观察 3~5min，防止肢体坏死。

4. 止血带止血法

止血带止血法主要用于暂时不能用其他方法控制的出血，特别是对四肢较大的动脉出血或较大的混合型出血，此法有较好的止血效果。

(1)橡皮止血带止血。先在缠止血带的部位(伤口的上部、近心端)用纱布、毛巾或衣服垫好，然后以左手拇指、食指、中指拿止血带头端，另一手拉紧止血带绕肢体缠两圈，并将止血带末端放入左手食指、中指之间拉回固定。

(2)就便材料绞紧止血法。在没有止血带的情况下，可用手边现成的材料，如三角巾、绷带、布条等，折叠成条带状缠绕在伤口的上方(近心端)，缠绕部位用衬垫垫好，用力勒紧然后打一活结，在结内或结下穿一短棒，旋转此棒使带绞紧，至不流血为止，将棒一端插入活结环内，再拉紧活结头与另一端打结固定短棒。

(3)止血带止血注意事项。一是止血带不能直接缠在皮肤上，止血带与皮肤之间要加垫无菌辅料或干净的毛巾、手帕等；二是止血带应固定在伤口的上部(近心端)，上肢应扎在伤口上1/3处，下肢应扎在大腿中部；三是要确认止血效果和松紧程度，摸不到远端动脉搏动和出血停止即可，四是上止血带后要每隔30~60min松解一次，松开之前用手指压迫止血，每次松解1~2min，之后在另一稍高平面绑扎；五是上好止血带后，必须作出明显标记线，如挂上红、白、黄布条等标记，并尽快将伤者送医院处理，上止血带的总时间不能超过2~3h。严禁用电线、铁丝、绳索代替止血带。

四、伤口的包扎与固定

包扎伤口的目的是保护伤口，减少伤口污染和帮助止血，一般常用的材料有绷带和三角巾。在没有绷带和三角巾的条件下，可临时选用洁净的毛巾、被单或衣物等代替。

(一) 包扎伤口的要点

(1)包扎的基本方法。先在受伤的部位放几块消毒敷料，然后用绷带或三角巾等包扎好。

(2)内脏应外露的伤口的包扎，注意不可将内脏送回腔腹内，应该用干净、消毒的纱布翻成一圈保护，或者用干净饭碗扣住已脱出的内脏，再进行包扎。

(3)异物刺入人体内，切忌拔出，应该先用棉垫等物将异物固定住再包扎。

(二) 绷带包扎法

1. 基本包扎法

(1)环形包扎法。环形缠绕，下一周将上一周完全遮盖(图9-16①)。此包扎扎法可用于包扎额、腕、颈等处伤口。

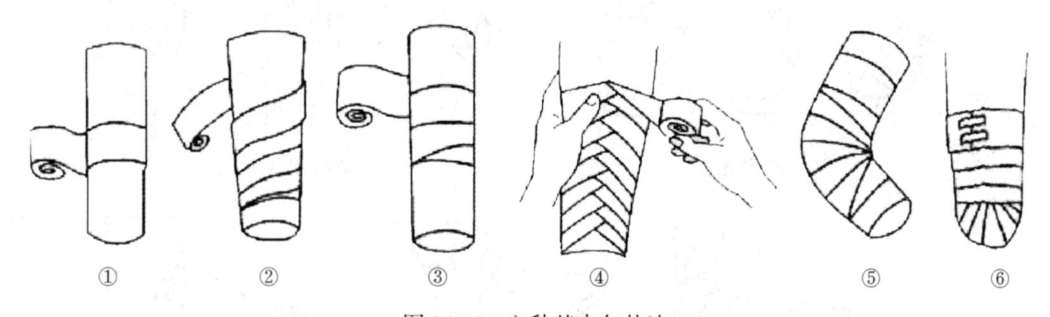

图9-16　六种基本包扎法

(2)蛇形包扎法。斜形延伸，各周互不遮盖(图9-16②)。用于简单包扎固定。

(3)螺旋形包扎法。螺旋状缠绕，每周遮盖上周的1/3~1/2(图9-16③)。此包扎法可用于包扎径围基本一致的部位如上臂、躯干、大腿等。

(4)螺旋回返形包扎法。每周均向下回摺，逐周斜向上又反摺向下时，遮盖其上周的2/3~1/2(图9-16④)。此包扎法可用于包扎径围不一致的部位，如前臂、小腿等处。

(5)“8”字形包扎法。交叉缠绕如“8”字的行径，每周遮盖上周的1/3~1/2(图9-16⑤)。此包扎法多用于肢体径围不一致的部位或屈曲的关节，如包扎肩、髋等部位。

(6)回反形包扎法。从正中开始，分别向两侧分散的一连串回反(图9-15⑥)。此包扎法主要用于包没顶端的部位，如头顶、手指、脚趾等处。

2. 身体各部位的绷扎法

身体各部位的绷扎法见图 9-17 中的 17 个示意图(编号①~⑰)。

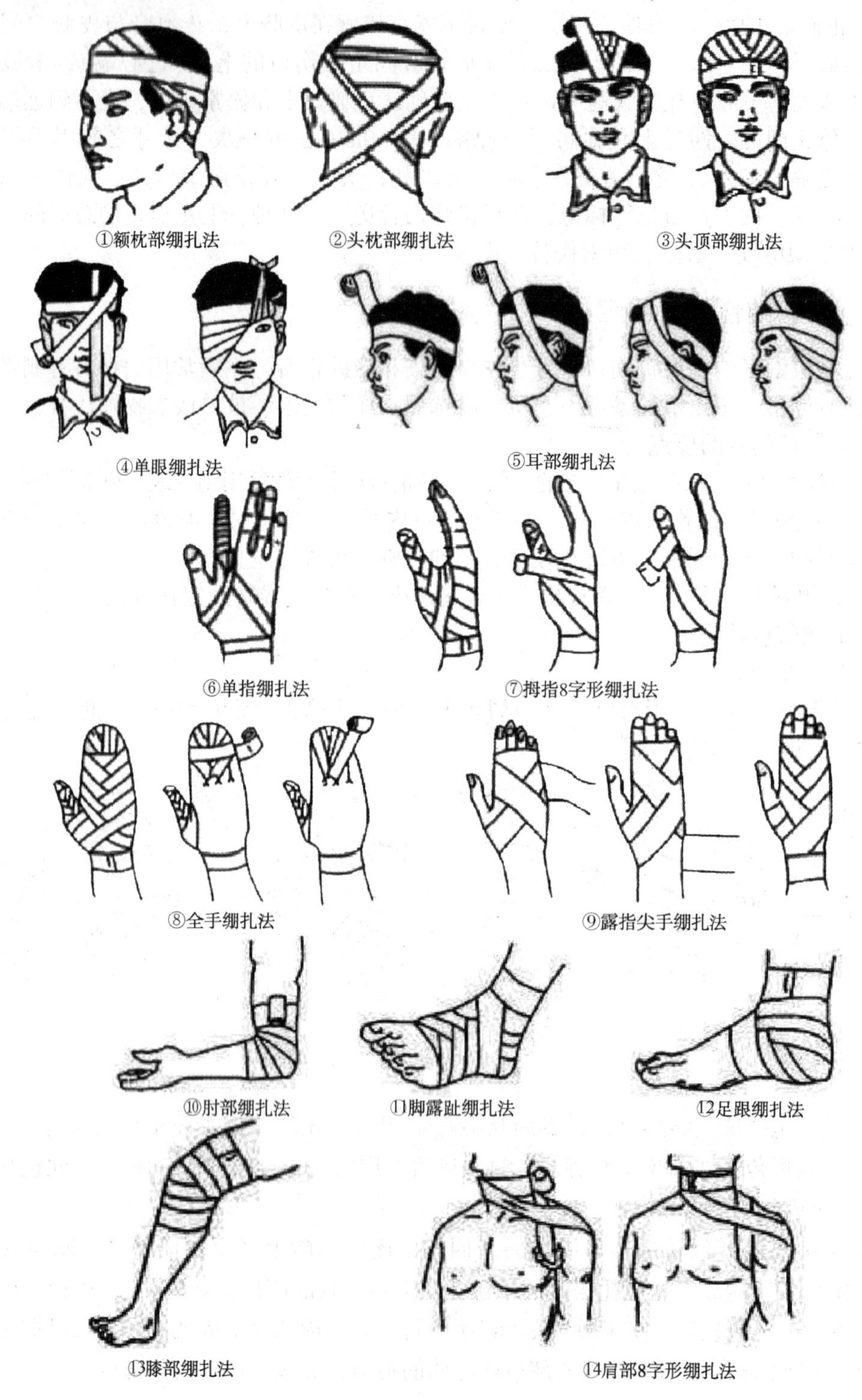

图 9-17　身体各部位的包扎法(一)

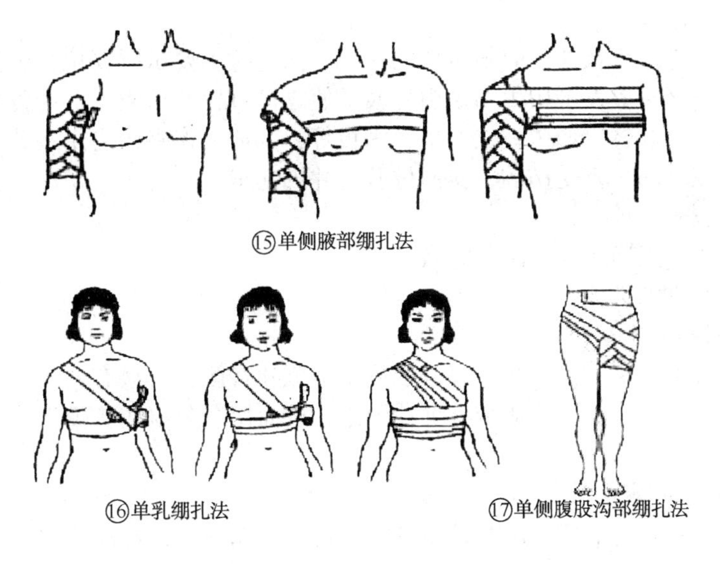

图 9-17　身体各部位的包扎法(二)

(三) 骨折的急救与固定

骨的完整性或连续性中断时称为骨折。对骨折进行临时固定，可以有效地防止骨折断端损伤血管、神经及重要脏器，减少伤员疼痛，防止休克同时也便于搬运伤员到医院进行进一步救治。

1. 骨折的表现

(1)局部表现

①骨折的专有体征。畸形、反常活动、骨擦声或骨擦感，以上三种体征只要发现其中之一，即可确诊。但未见此三种体征时，也可能有骨折，例如嵌插骨折、裂缝骨折等。畸形是指骨折段移位后，受伤体部的形状改变；反常活动是指在肢体没有关节的部位，骨折后可有不正常的活动。骨擦音或骨擦感是指骨折输互相摩擦时，可听到骨擦音或感到骨擦感。

②骨折的其他表现。主要有疼痛与压痛、局部肿胀与瘀斑、肢体活动功能障碍等。

(2)全身表现

多发性骨折、股骨骨折、骨盆骨折、脊柱骨折和严重的开放性骨折时，伤员多伴有广泛的软组织损伤、大量出血、剧烈疼痛或并发内脏损伤，并往往引起休克等全身表现。

2. 骨折的急救

(1)一般处理

凡有骨折可疑的病人，均应按骨折处理，一切动作要谨慎、轻柔、稳妥。首先抢救生命，如病人处于休克状态中，应以抗休克为首要任务，注意保暖，有条件时应即时输血、输液。对有颅脑复合伤而处于昏迷中的病人应注意保证呼吸道通畅。不必脱去骨折病人的衣服、鞋袜等，以免过多搬动患肢，增加疼痛。若患肢肿胀较剧，可以剪开衣服或裤管。

(2)创口包扎

绝大多数的创口出血，用绷带压迫包扎后即可止血，除止血外，还可防止创口再污染。在大血管出血时，可用止血带，应记录开始用止血带的时间。若骨折端已戳出创口并污染，但未压迫血管、神经时，不应立即复位，以免将污物带进创口深处，可待送医院后再作处理。若在包扎创口时，骨折端自行滑回创口内，则需要在送医院后向医师说明。

（3）妥善固定

妥善固定是骨折急救处理时最重要的一项。固定时不要试行复位，因为此时不具备复位的条件，若有显著畸形，可用手力牵引患肢，使之挺直，然后固定。若备有特制的夹板，最为妥善，否则就地取材，如树枝、木棍、木板等，都适于作夹板之用。若一无所有，也可将受伤的上肢绑在胸部，将受伤的下肢同健肢一并绑起来。

（4）迅速运输

将伤员迅速，正确送至医院或急救站。

3. 骨折的常用固定法

（1）前臂骨折固定法

前臂骨折可用两块木板或木棒等分别放于掌侧和背侧，若只有一块，先放于背侧，然后用三角巾或手帕、毛巾等，叠成带状绑扎固定，进而用三角巾或腰带将前臂吊于胸前，如图 9-18 所示。

（2）上臂骨折固定法

在上臂外侧放一块木板，用两条布带将骨折上下端固定，将前臂用三角巾或腰带吊于胸前，如图 9-19 所示。

如果没有上述材料，可单用三角巾把上臂直接固定于胸部，然后再用三角巾或腰带将前臂吊于胸前，如图 9-20 所示。

图 9-18　前臂骨折木板固定

图 9-19　肱骨骨折木板固定

图 9-20　自体固定法

（3）大腿骨伤固定

大腿骨折时，先将一块长度相当于从脚到腋下的木板或木棒、竹片等，平放于伤肢外侧，并在关节及骨突出处加垫，然后用 5~7 条布带或就便材料将伤肢分段平均固定，若与健侧同时固定效果更佳，如图 9-21 所示。

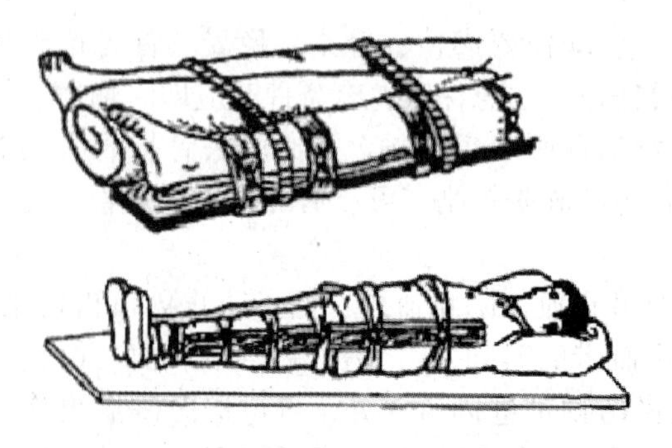

图 9-21　大腿骨折固定法

图 9-22　小腿骨折及木板固定法

(4)小腿骨折固定法

小腿骨折时，将木板平放于伤肢外侧，如可能，内外各放一块更好，其长度应超出上下两个关节之间的距离，并在关节处加垫，然后用3~5条包扎带均匀固定，如果没有木板等固定材料，也可直接固定于健侧小腿上，如图9-22所示。

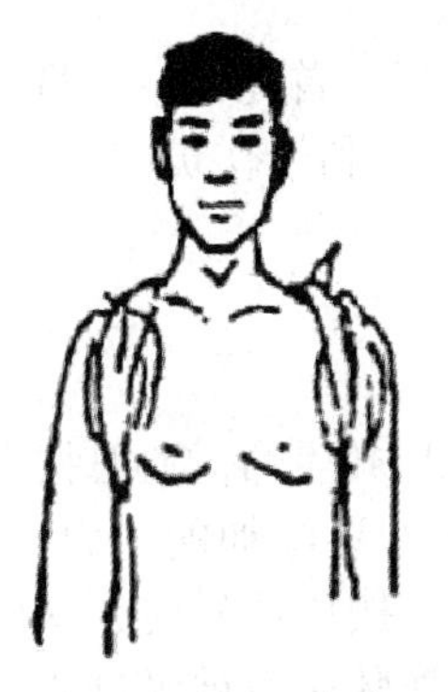
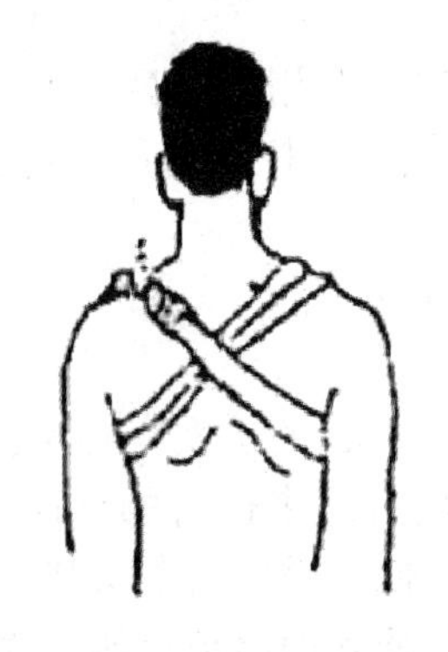

图9-23 锁骨骨折固定法

(5)锁骨骨折固定法

锁骨发生骨折时，先用毛巾或敷料垫于两腋前上方，再将三角巾折叠成带状，两端呈“8”字围绕双肩，拉紧三角巾的两头，在背部打结，尽量使双肩向后张，如图9-23所示。

4. 骨折固定的注意事项

(1)伤口有出血时，应先止血后包扎，然后再行固定。

(2)大腿和脊柱骨折应就地固定，不宜轻易搬动。

(3)固定要牢固，松紧要适度，不但要固定骨折的两个近端，而且还要固定好骨折部位上下的两个关节。

(4)固定四肢时，应先固定好骨折部位上端，然后固定骨折部的下端。

(5)要仔细观察供血情况，如发现指(趾)苍白或紫青，应及时松开，另行固定。

(6)固定部位应适当加垫，不宜直接接触皮肤，特别是骨突出部位和关节处更应适量加棉花、衣物等柔软物，防止引起压迫损伤。

(7)离体断肢应及时包好，随伤员一起迅速送往医院施断肢再植手术。

第四节 心肺复苏

一、人工呼吸

人工呼吸用于自主呼吸停止时的一种急救方法。通过徒手或机械装置使空气有节律地进入肺内，然后利用胸廓和肺组织的弹性回缩力使进入肺内的气体呼出，如此周而复始以代替自主呼吸。

(一) 口对口人工呼吸

1. 方法

(1)人工呼吸首先是在呼吸道畅通的基础上进行；

(2)用按在前额的拇指与食指捏闭伤员的鼻孔，同时打开伤员的口；

(3)抢救者深吸一口气后，贴紧伤员的嘴(要把伤员的嘴全部包住)；

(4)用力快速向伤员口内吹气，观察其胸部有无上抬；

(5)一次吹气完毕后，应立即与伤员口部脱离，轻轻抬起头部，面朝伤员胸部，吸入新鲜空气，准备下一次人工呼吸，同时松开捏鼻子的手，以使伤员呼吸，观察伤员胸部向下恢复原状。如图9-24所示。

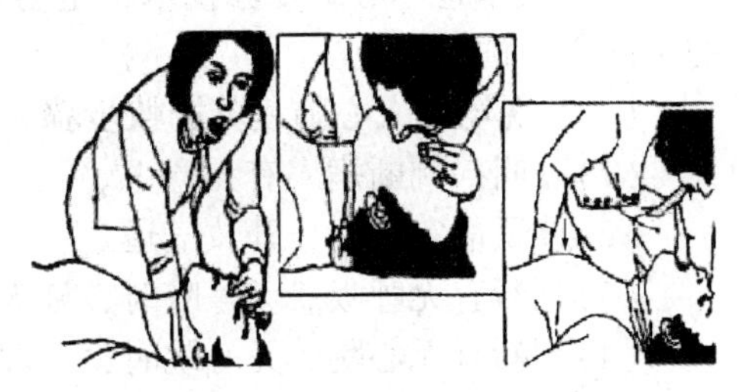

图9-24 口对口人工呼吸

2. 注意事项

在抢救开始以后，首次人工呼吸应连续吹气两口，每次吹入气量约为 800~1200mL，不宜超过 1200mL，以免造成胃扩张。同时要注意观察伤员胸部有无起伏，有起伏，人工呼吸才有效。吹气时，不要按压胸部。

(二) 口对鼻人工呼吸

当伤员牙关紧闭、不能张口、口腔有严重损伤时，可用口对鼻人工呼吸。首先开放伤员气道，捏闭口部，然后深吸气并用力向伤员鼻孔吹气，再打开伤员口部，以利于伤员呼气。观察及注意事项与口对口人工呼吸法相同。

二、胸外心脏按压

胸外心脏按压是对心脏骤停病人实施的急救方法，目的是恢复心跳，抢救生命。心脏按压是利用人体生理解剖特点来进行的，通过外界施加的压力，将心脏向后压于脊柱上使心脏内血液被排出，按压放松时，胸廓因自然的弹性而扩张使胸内出现负压，大静脉血液被吸进心房内，如此反复进行，推动血液循环。

图 9-25　胸外按压术

(1) 按压部位：胸骨中下 1/3 交界处的正中线上或剑突上 2.5~5cm 处。

(2) 按压方法：①抢救者一手掌根部紧贴于胸部按压部位，另一手掌放在此手背上，两手平行重叠且手指交叉互握稍抬起，使手指脱离胸壁。②抢救者双臂应绷直，双肩中点垂直于按压部位，利用上半身体重和肩、臂部肌肉力量垂直向下按压。③按压应平稳、有规律地进行，不能间断，下压与向上放松时间相等；按压至最低点处，应有一明显的停顿，不能冲击式的猛压或跳跃式按压；放松时定位的手掌根部不要离开胸部按压部位，但应尽量放松，使胸骨不受任何压力。④按压的频率应保持在 80~100 次/min，按压与放松时间比例以 1∶1 为宜。与呼吸的比例同上述。⑤按压深度成人一般为 4~5cm，5~13 岁者 3cm，婴、幼儿 2cm。如图 9-25 所示。

(3) 按压有效的主要指标：①按压时能扪及大动脉搏动；收缩压>8.0kPa；②患者面色、口唇、指甲及皮肤等色泽再度转红；③扩大的瞳孔再度缩小；④出现自主呼吸；⑤神志逐渐恢复，可有眼球活动，睫毛反射与对光反射出现，甚至手脚抽动，肌张力增加。

(4) 在胸外按压的同时要进行人工呼吸，更不要为了观察脉搏和心率而频频中断心肺复苏，按压停歇时间一般不要超过 10s，以免干扰复苏成功。按压与人工呼吸的比例按照单人复苏方式应为 30∶2。

三、现场 CPR 技术的步骤和方法

CPR 技术也叫心肺复苏技术，是指对心跳及呼吸同时停止的病人实施的急救技术，目的是恢复心跳和呼吸。

(一) 现场单人心肺复苏抢救步骤

(1) 呼叫，判断病人有无意识。

(2) 放置适宜体位，开放气道。

(3) 判断有无呼吸。无呼吸时，施人工呼吸。

(4) 判断有无心跳。无心跳时，立即实施胸外按压术。

(5) 每按压 15 次，做 2 次人工呼吸。

(6) 开始抢救 1min 后检查一次脉搏、呼吸、瞳孔，之后每隔 4~5min 检查一次，每次检查时间不宜超过 5s，最好由协助者检查。

(7) 转移伤员过程中，心肺复苏不能中断超过 5min。

(二) 双人心肺复苏的抢救方法

双人抢救是指两人同时进行心肺复苏术，即一人进行心脏按压，另一人进行人工呼吸。

(1) 两人协调配合，吹气须在胸外按压松弛时间内完成。

(2) 按压频率为每分钟 80~100 次。

(3) 按压与呼吸比例为 5∶1，即 5 次胸外心脏按压后进行 1 次人工呼吸。

(4) 人工呼吸者除了应清理呼吸道、吹气外，还需要经常触摸脉搏，观察瞳孔等，如图 9-26 所示。

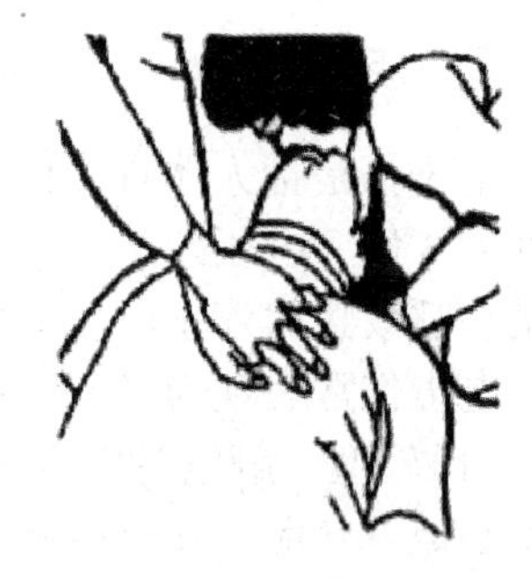

图 9-26　双人心肺复苏

(三) 现场 CPR 注意事项

(1) 首先检查患者呼吸道是否阻塞。口腔内如有异物应及时清除（包括义齿），为人工呼吸或气管插管打下基础。因为维持循环与呼吸功能同等重要，两者缺一不可。

(2) 准确、及时判断心跳停止，果断有效地进行胸外心脏按压，是保障抢救成功的关键。在胸外按压的同时建立良好的静脉通路，以保障复苏药物及时有效地发挥作用。

(3) 操作者准确、熟练、动作要到位。应注意按压正确部位、操作手法的准确性。按压应平稳、均匀、有规律。

(4) 按压部位不宜过低，以免损伤肝、胃等内脏。压力要适宜，过轻不足以推动血液循环；过重会使胸骨骨折，导致气血胸。

(5) 心肺复苏施救应坚持 20~30min，如为低温、溺水、触电、药物中毒、高血钾症等患者，可适当延长心肺复苏实施的时间。

第五节　常见伤害急救

一、烧伤

烧伤可能会由不同的外部热源接触皮肤导致，比如火焰、化学品、摩擦、电流、辐射和高温等。因此烧伤也可以据此分成化学烧伤、电烧伤、辐射烧伤和烫伤等。若处理不当，容易造成死亡。

轻度烧伤应尽可能立即浸泡在冷水中。化学烧伤应用大量的水长时间冲洗。如在诊所或急诊室，应用肥皂和水仔细清洁创面，去掉所有的残留物。如果污物嵌入较深，可在局部麻醉下，用刷子擦洗。已破或容易破的水疱通常都要去除。创面清洁后，才能涂敷磺胺嘧啶银等抗生素软膏。常用纱布绷带来保护创面免受污染和进一步创伤。保持创面清洁非常重要，因为一旦表皮损伤就可能开始感染并很容易扩散。抗生素可能有助于预防感染，但要根据情况应用。上肢或下肢烧伤，应让患肢保持在比心脏高的位置，以减轻水肿。如果是关节部位的Ⅱ度或Ⅲ度烧伤，必须用夹板固定关节，关节活动可使创伤恶化。很多烧伤患者都需要应用止痛剂止痛。根据患者以前免疫接种情况，确定是否需要注射破伤风抗毒素。

威胁生命的严重烧伤需要立即治疗，最好到有烧伤专科的医院治疗。急救人员应用面罩给伤员输氧，减轻火灾中一氧化碳和有毒气体对伤员的影响。应保持患者呼吸道通畅，检查是否有其他威胁生命的创伤，并补充液体和预防感染。

有时严重烧伤病人需要送入高压氧舱治疗，必须在烧伤后24h内进行。如有呼吸道和肺部灼伤，可行气管插管。是否需要插管可根据呼吸的频率等因素决定，呼吸太快或太慢都不能使肺有效吸入足够的空气和把足够的氧输送到血液中去。面部烧伤或喉头水肿影响呼吸需要插管。有时在封闭空间或爆炸引起的火灾中，患者的鼻和口内发现烟灰或鼻毛烧焦，怀疑有呼吸道灼伤时，也需要插管。呼吸正常时，用氧气面罩给氧。

大面积烧伤可引起威胁生命的体液丢失，必须静脉补充液体。深度烧伤可能引起肌球蛋白尿，这是因为肌球蛋白从受伤的肌肉中释放出来损害肾脏。如果液体补充不够，就会引起肾衰竭。

二、电击伤

电击伤是指人体直接接触电源或雷击，电流通过人体造成的损伤。交流电比直流电的危害性大3倍。电压越高，电流越强，电流通过人体的时间越长，损伤也越重。电击伤严重者心跳、呼吸骤然停止而立即死亡。

电击伤常表现为轻型、重型和局部烧伤三种症状。

(1)轻型。触电时伤员感到一阵惊恐不安，脸色苍白或呆滞，接着由于精神过度紧张而出现心慌、气促、甚至昏厥，醒后常有疲乏、头晕、头痛等症状，一般很快恢复。

(2)重型。肌肉发生强直性收缩，因呼吸肌痉挛而发生尖叫。呼吸中枢受抑制或麻痹，可表现呼吸浅而快或不规则，甚至呼吸停止。心率明显增快，心律不齐，而导致心室颤动、血压下降、昏迷，很快死亡。

(3)局部烧死。主要见于接触处和出口处，局部呈焦黄色，与正常组织分界清楚，少数人可见水疱，深层组织的破坏较皮肤伤面广泛，以后可形成伤疤。如果损伤局部血管壁可致出血或营养障碍，如果损伤腋动脉、锁骨下动脉等血管而致出血，有致命危险。

面对有人员触电，应立即依照以下步骤急救：

(1)迅速切断电源，拉开电闸或用木棍、竹竿等不导电物将电源与病员分开。

(2)立即行人工呼吸，心跳停止时，应立即施行心外或心内按压。并坚持不懈，至复苏或出现尸斑时为止。

(3)处理灼伤和外伤，预防感染。

(4)纠正心律失常。

三、冻伤

人体受到寒冷刺激而发生的全身或局部的损伤称为冻伤。

(一) 病理病因

冻伤是人体受到寒冷侵袭而引起的全身或局部性损伤，以北方冬季常见，石油工程多在野外作业，尤其易发生冻伤。冻伤以暴露部位出现充血性水肿红斑，温度高时皮肤瘙痒为特征，严重者可能会出现患处皮肤糜烂、溃疡等现象。该病病程较长，冬季还会反复发作，不易根治。

引发冻伤的因素如下：

(1)气候因素：寒冷的气候，包括空气的湿度、流速以及天气骤变等。潮湿和风速都可加速身体的散热。

(2)局部因素：如鞋袜过紧、长时间站立不动及长时间浸在水中均可使局部血液循环发生障碍，热量减少，导致冻伤。

(3)身体因素：如疲劳、虚弱、紧张、饥饿、失血及创伤等均可减弱人体对外界温度变化调节和适应能力，使局部热量减少导致冻伤。

（二）冻伤的预防与治疗

冻伤的预防：

（1）注意锻炼身体，提高皮肤对寒冷的适应力。

（2）注意保暖，保护好易冻部位，如手足、耳朵等处，要注意戴好手套、穿厚袜、棉鞋等。鞋袜潮湿后，要及时更换。出门要戴耳罩，注意耳朵保暖。平时经常揉搓这些部位，以加强血液循环。

（3）在洗手、洗脸时不要用含碱性太大的肥皂，以免刺激皮肤。洗后，可适当擦一些润肤脂、雪花膏、甘油等油质护肤品，以保护皮肤的润滑。

（4）经常进行抗寒锻炼，用冷水洗脸、洗手，以增强防寒能力。

（5）患慢性病的人，如贫血、营养不良等，除积极治疗相应疾病外，要增加营养，保证机体足够的热量供应，增强抵抗力。

冻伤的治疗：基本治疗目标是迅速复温，防止进一步的冷暴露以及恢复血液循环。冻伤的早期治疗包括用衣物或用温热的手覆盖受冻的部位或其他身体表面使之保持适当温度，以维持足够的血供。需要快速水浴复温，水浴温度应为37~43℃，适用于各种冻伤。除非有禁忌，止痛剂应在快速解冻时服用，以便止痛。当皮肤红润柔滑时，表明完全解冻了。禁忌用冰块擦拭冻僵的肢体、干热或缓慢复温，这可进一步损伤组织；对受伤部位的任何摩擦都是禁止的。

应予以支持疗法，如卧床休息、高蛋白/高热量饮食、保护伤口以及避免创伤。伴有冻伤的低体温患者，最重要的是肢体复温以前先完成体液复苏和恢复核心体温，以预防突然出现的低血压和休克。建议使用抗凝剂以预防血栓形成和坏疽，己酮可可碱、布洛芬和阿司匹林可能有效。应用抗菌药物以预防感染，并及时免疫注射破伤风抗毒素。恢复过程长达数月。侵袭近端指趾骨、腕骨或跗骨的损伤，有可能需要截肢。

四、中暑

（一）高温中暑病因与发病机理

在下丘脑体温调节中枢的控制下，正常人的体温处于动态平衡，维持在37℃左右。人体基础代谢、各种活动、体力劳动及运动，均靠糖及脂肪分解代谢供能发热，热量借助皮肤血管扩张、血流加速、排汗、呼吸、排泄等功能，通过辐射、传导、对流、蒸发方式散发。人在气温高、湿度大的环境中，尤其是体弱或重体力劳动时，若散热障碍、导致热蓄积，则容易发生中暑。

（二）中暑的临床表现

起病前往往有头痛、眩晕和乏力。早期受影响的器官依次为脑、肝、肾和心脏。根据发病时患者所处的状态和发病机制，临床上分为两种类型：劳力性和非劳力性（或典型性）中暑。劳力性主要是在高温环境下内源性产热过多；非劳力性主要是在高温环境下体温调节功能障碍引起散热减少。劳力性中暑多在高温、湿度大和无风天气进行重体力劳动或剧烈体育运动时发病。患者多为平素健康的年轻人，在从事重体力劳动或剧烈运动数小时后发病，约50%患者大量出汗，心率可达160~180次/min，脉压增大。此种患者可发生横纹肌溶解、急性肾衰竭、肝衰竭、弥漫性血管内凝血（DIC）或多器官功能衰竭，病死率较高。非劳力性中暑在高温环境下，多见于居住拥挤和通风不良的城市老年体衰居民。其他高危人群包括精神分裂症、帕金森病、慢性酒精中毒及偏瘫或截瘫患者。表现皮肤干热和发红，84%~100%病例无汗，直肠温度常在41℃以上，最高可达46.5℃。病初表现行为异常或癫痫发作，继而出现谵妄、昏迷和瞳孔对称缩小，严重者可出现低血压、休克、心律失常和心力衰竭、肺水肿和脑水肿。约5%病例发生急性肾衰竭，可有轻、中度DIC，常在发病后24h左右死亡。

（三）中暑的程度

（1）先兆中暑症状：高温环境下，出现头痛、头晕、口渴、多汗、四肢无力发酸、注意力不集中、动作不协调等症状。体温正常或略有升高。如及时转移到阴凉通风处，补充水和盐分，短时间内即可恢复。

（2）轻症中暑：体温往往在38℃以上。头晕、口渴外还有面色潮红、大量出汗、皮肤灼热等表现，或出现四肢湿冷、面色苍白、血压下降、脉搏增快等表现。如及时处理，往往可于数小时内恢复。

（3）重症中暑：高热、体温在40℃以上，皮肤干燥、无汗、灼热、身体绯红、呼吸快而弱、脉搏可高达150次，收缩压升高、脉压增宽，会发生休克、头痛、眩晕、精神错乱甚至昏迷、惊厥。

（四）中暑处理

（1）先兆中暑与轻症中暑

发现自己或其他人有先兆中暑和轻症中暑表现时，首先要做的是迅速撤离引起中暑的高温环境，选择阴凉通风的地方休息；并多饮用一些含盐分的清凉饮品。还可以在额部、颈部涂抹清凉油、风油精等，或服用人丹、十滴水、藿香正气水等中药。如果出现血压降低、虚脱时应立即平卧，及时上医院静脉滴注盐水。

（2）重症中暑

对于重症中暑病人，除了立即把中暑病人从高温环境中转移至阴凉通风处外，还应该迅速将其送至医院，同时采取综合措施进行救治。若远离医院，应将病人脱离高温环境，用湿床单或湿衣服包裹病人并给强力风扇，以增加蒸发散热。在等待转运期间，可将病人浸泡于湖泊或河流，或甚至用雪或冰冷却，也是一种好办法。若病人出现发抖，应减缓冷却过程，因为发抖可增加核心体温（警告：应每10min测1次体温，不允许体温降至38.3℃，以免继续降温而导致低体温）。在医院里，应连续监测核心体温以保证其稳定性。避免使用兴奋剂和镇静剂，包括吗啡；若抽搐不能控制，可静脉注射地西泮和巴比妥盐。应经常测定电解质以指导静脉补液。严重中暑后，最好卧床休息数日，数周内体温仍可有波动。

思　考　题

1. 燃烧的本质是什么？

2. 常见的着火源有哪些？在油气生产作业中应采取哪些措施来控制着火源，以防止火灾或爆炸事故的发生？

3. 为什么通常可燃气体比可燃液体、可燃固体的火灾危险性更大？

4. 哪些物质可形成爆炸性混合物？爆炸极限范围受哪些因素的影响？

5. 防火、防爆的基本措施有哪些？

6. 常用的灭火方法有哪些？其作用原理是什么？

7. 油气生产作业中的H_2S的来源有哪些？它会产生什么危害？

8. 在含硫油气田生产作业中应采取什么样的措施防止H_2S中毒？

9. 如何判定病人有无意识、呼吸是否停止、心跳是否停止？

10. 如何判断出血类型？

11. 常用的止血方法有哪些？

12. 骨折固定时应注意哪些事项？

13. 简述心肺复苏的抢救步骤。

参 考 文 献

[1] 董国永．钻井作业 HSE 风险管理[M]．北京：石油工业出版社，2001.

[2] 彭力，李发新．危害识别与风险评价技术[M]．北京：石油工业出版社，2001.

[3] 柴建设，别凤喜，刘志敏．安全评价技术[M]．北京：化学工业出版社，2008.

[4] 刘刚，金业权．钻井井控风险分析及控制[M]．北京：石油工业出版社，2011.

[5] 李文华．石油工程 HSE 风险管理[M]．北京：石油工业出版社，2008.

[6] 郑社教．石油 HSE 管理教程[M]．北京：石油工业出版社，2008.

[7] 荆波．海洋石油勘探开发安全概论[M]．北京：石油工业出版社，2006.

[8] 中国石油天然气集团公司 HSE 指导委员会．钻井作业 HSE 风险管理[M]．北京：石油工业出版社，2001.

[9] 周文，侯红．HSE 管理体系[M]．东营：中国石油大学出版社，2016.

[10] 国家能源局．石油天然气工业 健康、安全与环境管理体系：SY/T 6276—2014[S]．北京：石油工业出版社，2015.

[11] 国家能源局．陆上石油工业安全词汇：SY/T 6455—2010[S]．北京：中国标准出版社，2010.

[12] 国家能源局．浅海钻井安全规程：SY 6307—2016[S]．北京：石油工业出版社，2016.

[13] 国家能源局．海上试油作业安全规范：SY/T 6604—2012[S]．北京：石油工业出版社，2012.

[14] 国家能源局．硫化氢环境井下作业场所作业安全规范：SY/T 6610—2017[S]．北京：石油工业出版社，2017.

[15] 中华人民共和国国家市场监督管理总局，中国国家标准化管理委员会．石油天然气钻井井控技术规范：GB/T 31033—2014[S]．北京：中国标准出版社，2015.

[16] 国家能源局．石油天然气钻井、开发、储运防火防爆安全生产技术规程：SY/T 5225—2012[S]．北京：石油工业出版社，2012.

[17] 国家能源局．浅海钻井安全规程：SY/T 6307—2016[S]．北京：石油工业出版社，2016.

[18] 国家能源局．浅海采油与井下作业安全规程：SY/T 6321—2016[S]．北京：石油工业出版社，2016.

[19] 国家能源局．井下作业安全规程：SY/T 5727—2014[S]．北京：石油工业出版社，2015.

[20] 国家能源局．硫化氢环境钻井场所作业安全规范：SY/T 5087—2017 [S]．北京：石油工业出版社，2017.

[21] 国家能源局．硫化氢环境井下作业场所作业安全规范：SY/T 6610—2017[S]．北京：石油工业出版社，2017.

[22] 国家能源局．石油企业职业病危害因素监测技术：SY/T 6284—2016[S]．北京：石油工业出版社，2016.

[23] 国家能源局．石油天然气工程可燃气体检测报警系统安全规范：SY/T 6503—2016[S]．北京：石油工业出版社，2016.

[24] 国家发展和改革委员会．陆上石油天然气生产环境保护推荐作法：SY/T 6628—2005[S]．北京：石油工业出版社，2005.

[25] 中国石油天然气集团公司安全环保与节能部．HSE 管理体系基础知识[M]．北京：石油工业出版社，2012.

[26] 张会森，HSE 事故案例选编[M]．北京：石油工业出版社，2015.

[27] 徐德蜀，王起全．健康、安全、环境管理体系[M]．北京：化学工业出版社，2006.

[28]《应急救援系列丛书》编委会．石油天然气勘探开发应急救援必读[M]．北京：中国石化出版社，2008.

[29] 赵正宏．应急救援基础知识[M]．北京：中国石化出版社，2019.

[30]《安全环保法律法规 石油石化员工实务读(2017 年版)》编写组．安全环保法律法规石油石化员工实务

读本[M]. 北京：石油工业出版社，2017.
[31] 汪跃龙，薛朝姝. 石油安全工程[M]. 西安：西北工业大学出版社，2015.
[32] 于胜泓，郭志伟. 井下作业安全手册[M]. 北京：石油工业出版社，2010.
[33] 郭书昌，肖永胜. 试油试采安全手册[M]. 北京：石油工业出版社，2010.
[34] 郭书昌，刘喜福. 钻井工程安全手册[M]. 北京：石油工业出版社，2009.
[35] 谢梅波，赵金洲，王永清. 海上油气田开发工程技术和管理[M]. 北京：石油工业出版社，2005.
[36] 胡广霞. 防火防爆技术[M]. 北京：中国石化出版社，2018.
[37] 王登文，周长江. 油田生产安全技术[M]. 北京：中国石化出版社，2003.
[38] 邵辉，赵庆贤，葛秀坤. 风险管理导论[M]. 北京：中国石化出版社，2012.
[39] 彭力，李发新. 风险评价技术应用与实践(上册)[M]. 北京：石油工业出版社，2001.
[40] 彭力，李发新. 风险评价技术应用与实践(下册)[M]. 北京：石油工业出版社，2001.
[41] Srinivasan Chandrasekaran. Health, Safety, and Environmental Management in Offshore and Petroleum Engineering [M]. Wiley, 2016.
[42] Bada, A. J., Adegboyega, A. S. (2015, August 4). HSE Training Evaluation And Effectiveness Of Sustaining HSE Culture. Society of Petroleum Engineers[M]. 2015, doi: 10.2118/178399-MS.
[43] Prewitt, A. (2003, January 1). Quality in HSE Management Systems. Society of Petroleum Engineers. doi: 10.2118/79803-MS.
[44] Misra, A. (2012, January 1). Human Factors in HSE Performance. Society of Petroleum Engineers. doi: 10.2118/161386-MS.
[45] Hinton, J. J. (2008, January 1). Making HSE Management Systems Real. Society of Petroleum Engineers. doi: 10.2118/111541-MS.
[46] Bybee, K. (2009, August 1). HSE Management in a Drilling Environment. Society of Petroleum Engineers. doi: 10.2118/0809-0061-JPT.